Découvrez l'histoire par les archives de presse

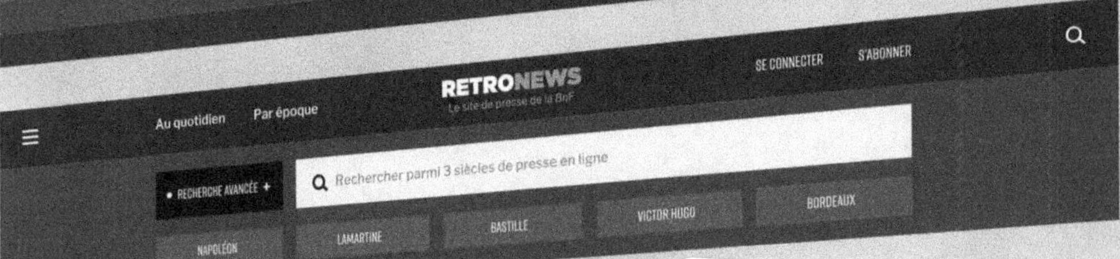

RETRONEWS

Le site de presse de la BnF

www.retronews.fr

BULLETIN

DES

SÉANCES DE 1861

Paris. — Typ. de PILLET fils aîné, rue des Grands-Augustins, 5.

BULLETIN

DES

SÉANCES DE 1861

PUBLIÉ PAR MM.

ADOLPHE WURTZ ET FÉLIX LE BLANC

SECRÉTAIRES DE LA SOCIÉTÉ

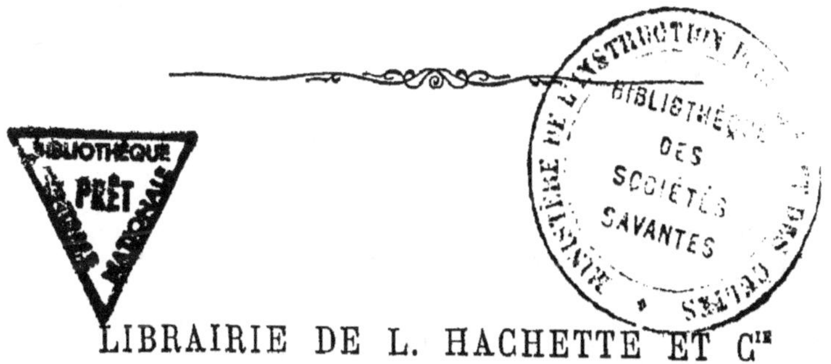

LIBRAIRIE DE L. HACHETTE ET CIE

à Paris, 14, rue Pierre-Sarrazin

LONDRES, 18, KING WILLIAM STREET, STRAND

LEIPZIG, 15, POST STRASSE

1861

BULLETIN

DE LA

SOCIÉTÉ CHIMIQUE DE PARIS.

EXTRAITS DES PROCÈS-VERBAUX DES SÉANCES.

SÉANCE DU 11 JANVIER 1861.

Présidence de M. Cloëz.

Sont élus membres résidents :

MM. BALARD, membre de l'Institut, 72, rue de l'Ouest.

BOULANGER, 21, quai Bourbon.

ASSELINE, 18, rue Labruyère.

BILLEQUIN, au Conservatoire des Arts et Métiers.

La Société confère, par la voie du scrutin, à M. DUMAS, président sortant, le titre de président d'honneur perpétuel.

Elle procède ensuite, aux termes du règlement, au renouvellement partiel du bureau et du conseil.

Sont élus :

Président pour l'annnée 1861........   M. PASTEUR.

Vice-présidents, en remplacement des deux vice-présidents sortants et de M. Pasteur, nommé président.....   MM. H. SAINTE-CLAIRE DEVILLE, BALARD, J. REGNAULD.

Membres du Conseil...............   MM. FREMY, CAHOURS, BERTHE-LOT, DEBRAY.

M. GUIGNET communique le résultat des recherches entreprises en commun avec M. CLOEZ sur un nouvel acide obtenu par la réaction d'un mélange d'acide azotique et de bichromate de potasse sur la nitrobenzine.

M. Vigier expose les résultats de ses recherches sur les phosphures métalliques, dont plusieurs sont cristallisés. Il présente les phosphures de sodium, de zinc, d'étain, de cadmium.

SÉANCE DU 25 JANVIER.

Présidence de M. Pasteur.

M. Félix Boudet, au nom d'une commission composée de MM. Wurtz, Félix Le Blanc et Boudet, lit un rapport sur la situation des fonds de la société et sur la gestion du trésorier. Sur la proposition de la commission, la société vote à l'unanimité des remercîments à M. Cloëz, trésorier, pour le zèle qu'il n'a cessé de témoigner pour les intérêts de la Société. Conformément au règlement, ce rapport sera imprimé et distribué aux membres.

M. Sawitsch communique le résultat de ses recherches sur un nouveau mode de production de l'acétylène pur, par la réaction de l'amylate de soude sur l'éthylène bromé.

M. Bardy communique les résultats de recherches entreprises en commun avec M. Riche sur un acide obtenu par la réaction de l'acide azotique sur l'huile de goudron de houille.

M. Grandeau présente, au nom de M. Schützenberger, le résultat de recherches sur la *lutéoline* (matière colorante de la gaude).

M. Grandeau présente encore, au nom de M. Schützenberger, le résultat des recherches de ce dernier chimiste sur la fixation de l'azote sur les matières organiques non azotées, par l'action de l'ammoniaque sous pression sur ces substances.

M. Pasteur fait observer que M. le baron P. Thenard a fait antérieurement une communication à la Société sur des faits analogues.

M. Boutlerow adresse à la société un mémoire sur l'acide éthyl-lactique identique avec l'acide valérolactique décrit précédemment par par ce chimiste, et une note de M. Miasnikoff relative à l'acétylène. Ce gaz a été obtenu en décomposant par l'acide chlorhydrique le produit de l'action de l'éthylène bromé brut sur l'azotate d'argent ammoniacal.

M. Terreil communique quelques observations relatives aux liqueurs putrescibles pouvant donner lieu ou non, sous l'influence de l'air, aux développements de corps organisés.

M. Pasteur présente à ce sujet quelques observations.

MÉMOIRES COMMUNIQUÉS DANS LES SÉANCES DE JANVIER.

Nouvel acide obtenu par l'oxydation de la nitrobenzine, par MM. S. CLOEZ et Ernest GUIGNET.

La nitrobenzine est oxydée à l'ébullition par une dissolution de permanganate de potasse, comme nous l'avons annoncé dans une précédente communication. Il se forme du carbonate, de l'oxalate et du nitrate de potasse, plus un sel de potasse contenant un acide particulier très-peu soluble dans l'eau.

Cet acide se précipite quand on ajoute de l'acide chlorhydrique à la dissolution séparée par filtration de l'oxyde de manganèse provenant de la réduction du permanganate.

Quand on fait bouillir de la nitrobenzine avec une dissolution de permanganate de potasse, il se produit des soubresauts assez violents qui rendent l'opération difficile à conduire. Aussi avons-nous cherché à remplacer le permanganate par un autre agent d'oxydation d'un emploi plus commode et d'un prix moins élevé.

Un mélange d'acide nitrique et de bichromate de potasse attaque facilement la nitrobenzine à la température de l'ébullition qui, cette fois, a lieu sans le moindre soubresaut. Il faut avoir soin de mettre la nitrobenzine en grand excès. L'opération est terminée quand la couleur orangée du bichromate a complétement disparu pour faire place à la couleur verte du nitrate de chrome.

C'est sans doute à cause de la solubilité de la nitrobenzine dans l'acide nitrique que l'oxydation par l'acide chromique du bichromate peut s'opérer plus facilement que par le permanganate. En effet, si l'on remplace l'acide nitrique par l'acide sulfurique étendu d'eau, qui ne dissout presque pas de nitrobenzine, la réduction du bichromate n'est complète qu'après plusieurs jours d'ébullition. Le produit de la réaction est d'ailleurs le même qu'avec l'acide nitrique.

Le nouvel acide étant soluble dans la nitrobenzine à l'aide de la chaleur, se dépose par le refroidissement en petits cristaux blancs qui restent en suspension dans l'excès de nitrobenzine employée dans la réaction. On sépare cette nitrobenzine par décantation et on l'agite vivement avec un excès d'ammoniaque qui dissout le nouvel acide, plus un acide formant un sel d'un jaune foncé qui ressemble beaucoup à l'acide picrique.

La dissolution ammoniacale est précipitée par l'acide chlorhydrique. Le nouvel acide se dépose; on le lave à l'eau distillée afin d'enlever le sel ammoniac et en même temps l'acide jaune qui l'accompagne.

La dissolution de nitrate de chrome est traitée de la même manière; elle donne aussi une certaine quantité du même acide.

Voici quelles sont les principales propriétés de ce nouveau produit :

Il est incolore, d'une saveur piquante et un peu amère; il se présente en fines aiguilles groupées irrégulièrement. Il est fusible à une température peu élevée et volatil sans résidu; il cristallise très-nettement par sublimation en aiguilles brillantes et flexibles.

Très-peu soluble dans l'eau froide, plus soluble dans l'eau bouillante, il se dissout aisément dans l'alcool, l'éther et même dans la nitrobenzine. Il est soluble à chaud dans l'acide acétique et cristallise par le refroidissement.

Plusieurs analyses exécutées snr divers échantillons du nouvel acide provenant soit de l'action du permanganate, soit de celle du bichromate de potasse sur la nitrobenzine, nous ont conduit à la formule suivante :

$$C^{18}H^7(AzO^4)O^6.$$

	(1)	(2)	(3)	(4)	Calculé : $C^{18}H^7(AzO^4)O^6$
Carbone	50,81	53,92	51,38	51,44	49,80
Hydrogène	3,55	3,79	3,92	3,85	3,20
Azote	»	6,31	6,34	»	6,45
Oxygène	»	35,98	38,36	»	40,55
		100,00	100,00		100,00

Dans ces analyses, l'azote a été dosé en volume, le nouvel acide résistant à l'action de la chaux sodée.

Les nombres indiqués plus haut ne s'accordent pas avec la formule de l'acide nitrophénique, ni avec celle de l'acide nitrobenzoïque, dont les propriétés présentent une certaine analogie avec celles de notre nouvel acide.

Pour établir la formule avec certitude, nous nous occupons d'analyser le sel d'argent et d'étudier les transformations que les agents d'oxydation ou de réduction pourront faire subir à ce nouveau produit.

Si nos expériences ultérieures confirment la formule précédente, le

(1-2) Échantillons provenant de l'action du permanganate.

(3-4) Échantillons produits par le bichromate et l'acide nitrique, plus purs que les précédents.

nouvel acide devrait être regardé comme un produit d'oxydation de l'acide nitrocinnamique :

$$C^{18}H^7(AzO^4)O^4,$$

dont il ne différerait que par deux équivalents d'oxygène en plus.

Nous avons d'ailleurs opéré sur la nitrobenzine du commerce, et l'acide que nous avons étudié peut provenir de l'oxydation d'un corps étranger contenu dans ce produit commercial.

Note sur plusieurs phosphures métalliques, par M. P. VIGIER.

Certains phosphures métalliques peuvent être obtenus définis et cristallisés en faisant réagir la vapeur de phosphore sur le métal en fusion dans un courant d'hydrogène ou d'azote.

Pour combiner facilement le phosphore au zinc on introduit, dans un tube de porcelaine placé sur un fourneau long et muni à chaque extrémité de deux petits ballons tubulés, deux nacelles contenant l'une du zinc et l'autre du phosphore; la première, à une distance telle qu'elle corresponde au milieu du fourneau; la seconde, en dehors, du côté où arrive l'hydrogène sec.

On chauffe la partie du tube où est la nacelle de zinc, et lorsqu'on s'aperçoit que le zinc distille, ce qui est très-facile, grâce aux deux ballons qui permettent de voir tout ce qui se passe dans le tube, on fait bouillir le phosphore au moyen d'une lampe à alcool ou de quelques charbons ardents : les deux vapeurs se combinent avec éclat et l'excès de phosphore se condense dans le deuxième ballon. Par le tube de dégagement de ce ballon on voit de l'hydrogène phosphoré s'enflammer au moment de la réaction. Provient-il de la combinaison directe du phosphore avec l'hydrogène ou d'une décomposition partielle du phosphure formé ? J'expliquerai bientôt ce fait important.

Quand le tube de porcelaine est refroidi, on le brise : on trouve alors dans la nacelle de beaux cristaux prismatiques de 1 à 2 centimètres de longueur, bien définis, présentant un chatoiement semblable à ceux de bismuth ; une matière grise boursouflée, friable ; enfin, contre les parois du tube, des aiguilles prismatiques et une matière fondue à cassure très-brillante. L'analyse de ces trois substances m'a démontré qu'elles avaient la même composition PZn³, c'est-à-dire celle d'un phosphure de zinc pur.

Ce corps ne se décompose à l'air qu'à une température élevée en formant du phosphate de zinc. Il est moins fusible que le zinc et se laisse attaquer à chaud par les acides chlorhydrique et sulfurique en dégageant de l'hydrogène phosphoré PH^3. L'acide nitrique le dissout complétement, réaction qui m'a servi pour en faire l'analyse. Quand on le pulvérise il répand une légère odeur de phosphore. C'est ce phosphure que j'ai donné en juillet 1859 à M. Cahours, qui l'a fait réagir sur l'iodure d'éthyle et a obtenu un composé d'iodure de zinc et d'iodure de tétréthylphosphonium.

Dans la préparation du phosphure de zinc il se forme presque toujours à l'extrémité du tube de porcelaine des petites aiguilles transparentes, de couleur rouge et de la même forme cristalline que le phosphure.

Marggraf de Berlin, en 1740, voulant combiner le phosphore au zinc, avait mis ces deux corps dans une cornue de grès et les avait soumis à l'action de la chaleur. Le phosphore avait distillé laissant le zinc attaqué seulement à sa surface. Dans la voûte de la cornue il aperçut de petites houppes d'aiguilles rougeâtres dont il ne put donner la composition. Depuis ce temps les chimistes les appellent *fleurs de Marggraf*. Je crois pouvoir aujourd'hui en donner la composition et le mode de formation :

Les cristaux de phosphure de zinc, au contact d'un peu d'oxygène, se phosphatent sans changer de forme et retiennent du phosphore rouge qui se produit pendant la réaction. Plusieurs expériences m'ont prouvé que les fleurs de Marggraf étaient du phosphate de zinc cristallisé coloré par du phosphore rouge. J'ai pu en obtenir une plus grande quantité en opérant avec des tubes en grès qui, comme on sait, sont poreux et se laissent traverser par l'air.

Dans le procédé que j'ai indiqué plus haut, si l'on remplace le zinc par du cadmium en élevant un peu moins la température, on obtient du phosphure de cadmium fondu et cristallisé, gris, cassant comme celui de zinc, mais en aiguilles plus petites. Lorsqu'on laisse pénétrer de l'air dans le tube il se produit des aiguilles de phosphate de cadmium et de phosphore rouge absolument semblables aux fleurs de Marggraf.

Le phosphure d'étain se fait de la même manière que les deux précédents; il conserve la forme de la nacelle, et à sa surface on peut suivre l'enchevêtrement de ses cristaux, qui sont très-brillants lorsqu'ils sont séparés les uns des autres par une cassure faite dans la masse.

Du phosphure de sodium et de son emploi dans la préparation des bases phosphorées. — Le phosphore se combine énergiquement avec les métaux alcalins.

Quand on projette du phosphore sur du sodium fondu dans un

creuset en fer placé dans une cloche pleine d'acide carbonique on obtient du phosphure de sodium; mais l'on n'a pas un corps défini et la préparation en est dangereuse.

Pour se rendre maître de la réaction et avoir un composé défini, voici comment on peut agir :

On verse dans une cornue tubulée munie de son récipient de l'huile de naphte ou des huiles de houille bien rectifiées bouillant environ à 120°. On introduit un globule de sodium et un morceau de phosphore, on chauffe, et dès que les deux corps sont en fusion, ils se combinent en produisant une légère lueur et une chaleur telle que le liquide distille rapidement. On voit alors le sodium surnager entouré de pellicules noirâtres qui se détachent et tombent au fond de la cornue. Avec une baguette de verre on écrase cette matière pour qu'elle ne retienne pas des globules de sodium emprisonnés, et la combinaison continue à s'effectuer. On ajoute peu à peu le phosphore jusqu'à ce qu'il soit en excès; ce dont on est convaincu quand on voit le phosphore cristalliser sur les parois de la cornue refroidie.

On traite ensuite le phosphure formé par du sulfure de carbone, et lorsqu'il est complétement débarrassé de phosphore, on le dessèche au bain-marie dans un courant d'acide carbonique.

On obtient ainsi du phosphure de sodium noirâtre pulvérulent.

Ce composé se conserve dans l'air sec, mais se détruit promptement dans l'air humide. Au contact de l'eau et des acides, il donne un dégagement considérable d'hydrogène phosphoré.

Le chlore l'attaque vivement en le transformant en chlorure de sodium et perchlorure de phosphore.

Le potassium et le calcium se comportent de la même manière que le sodium; il en sera certainement de même des autres métaux alcalins.

Le phosphure de sodium mis dans une cornue en présence des éthers iodhydriques, les transforme avec la plus grande facilité en iodure de sodium et en radicaux phosphorés.

J'ai obtenu ainsi la triméthylphosphine et la triéthylphosphine avec leurs iodures, et en quantité assez grande pour faire espérer qu'on pourra compléter l'étude de ces corps si intéressants.

Transformation de l'éthylène monobromé en acétylène, par M. Valérien SAWITSCH.

En décomposant par une dissolution alcoolique de potasse le bromure $C^2H^3BrBr^2$ (1) (préparé en recueillant directement dans le brome

(1) C = 12, H = 1.

le produit de l'action de la potasse sur le bromure d'éthylène) on obtient l'*éthylène bibromé* (1), toujours accompagné d'une petite quantité d'autres substances ; ainsi, en dirigeant les vapeurs qui se dégagent pendant la réaction dans une dissolution ammoniacale d'oxydule de cuivre, on constate chaque fois la formation d'un précipité rouge foncé, floconneux, qui a les propriétés suivantes : à l'état sec il détone violemment par un léger choc aussi bien que par la chaleur; introduit dans la vapeur de brome, il se décompose également avec explosion et production de lumière ; au contact des acides chlorhydrique et sulfurique concentrés, il donne immédiatement lieu à un dégagement gazeux qui se produit aussi, mais seulement à chaud, par l'action des acides dilués (2).

Les propriétés de ce corps explosif se trouvant parfaitement identiques avec celles que possède la combinaison rouge que donne l'acétylène avec les solutions ammoniacales de cuivre, on était conduit à supposer la présence d'un dérivé de ce gaz dans le bromure $C^2H^3BrBr^2$, et partant à rechercher l'acétylène dans les produits de décomposition du bromure d'éthylène par la potasse alcoolique ; en effet, une partie de l'éthylène monobromé qui prend naissance dans cette réaction pourrait perdre par un excès de potasse un équivalent d'acide bromhydrique et se transformer en acétylène :

$$C^2H^3Br - HBr = C^2H^2.$$

Un essai tenté dans ces conditions avec une dissolution ammoniacale d'oxydule de cuivre m'ayant fourni une certaine quantité du corps explosif, j'ai voulu étudier l'action des alcoolates sur l'éthylène monobromé. L'expérience a été entreprise avec 45 grammes environ de ce corps ; on l'a traité par l'amylate de sodium dans un grand matras de verre vert clos et chauffé au bain-marie. Au bout d'une heure il s'est formé un précipité abondant de bromure de sodium, et le contenu du matras est devenu parfaitement liquide, par suite de la régénération de l'alcool amylique. En ouvrant avec précaution le vase clos préalablement refroidi au moyen de glace et de sel marin, on a recueilli sur l'eau plus de 4 litres d'un mélange gazeux, qui a été traité par une solution ammoniacale de chlorure de cuivre; le précipité rouge, très-abondant, obtenu de cette manière, a été bien lavé, puis décomposé à chaud par l'acide chlorhydrique faible ; il s'est dégagé un

(1) *Zeitschrift für Chemie und Pharmacie*, par MM. Erlenmeyer et Lewinstein, 4ᵉ année, p. 1.

(2) *Loc. cit.*, p. 4.

peu moins d'un litre d'un gaz incolore, possédant une odeur particulière et brûlant avec une flamme très-éclairante.

$2^{cc},9$ de ce gaz, brûlés avec un grand excès d'oxygène dans un tube eudiométrique, ont absorbé $7^{cc},4$ d'oxygène et ont fourni $5^{cc},9$ d'acide carbonique, ce qui correspond à $2^{cc},55$ d'oxygène et 2 centimètres cubes d'acide carbonique pour 1 centimètre cube de gaz analysé. Un volume d'acétylène absorbe précisément 2 volumes 1/2 d'oxygène et donne deux volumes d'acide carbonique.

Le résultat de cette analyse, joint aux propriétés du gaz et de sa combinaison avec le cuivre, ne laisse aucun doute sur sa nature : il est identique à l'acétylène, obtenu pour la première fois par Edm. Davy (1) et étudié surtout par M. Berthelot (2) dans ces derniers temps. Il prend naissance (3) en vertu de l'équation suivante :

$$C^2H^3Br + \left.\begin{array}{c}C^5H^{11}\\Na\end{array}\right\}O = \left.\begin{array}{c}C^5H^{11}\\H\end{array}\right\}O + NaBr + C^2H^2.$$

J'insiste sur ce mode nouveau de préparation de l'acétylène, parce qu'il permettra probablement de transformer les autres hydrocarbures de la formule générale C^nH^{2n} en hydrocarbures de la série C^nH^{2n-2}, dont l'acétylène C^2H^2 est le premier terme connu. C'est ce que je me propose de vérifier par l'expérience ; je m'occupe en ce moment d'essayer l'action des alcoolates et de la potasse en dissolution alcoolique sur le propylène monobromé, dans l'espoir d'obtenir le second terme de la série, c'est-à-dire le corps dont la composition est représentée par la formule C^3H^4.

Toutes ces recherches ont été faites au laboratoire de M. Wurtz.

Sur l'acide éthyl-lactique, par M. A. BOUTLEROW.

Dans la réaction de l'éthylate de soude sur l'iodoforme, outre l'acide acrylique, on obtient un acide plus compliqué $C^5H^{10}O^3$, que j'ai nommé provisoirement acide valérolactique ; et j'ai déjà fait remarquer que sa formation pourrait être envisagée comme l'addition directe d'une molécule d'acide acrylique à une molécule d'alcool :

$$C^3H^4O^2 + C^2H^6O = C^5H^{10}O^3.$$

Les résultats des recherches suivantes augmentent singulièrement

---

(1) L'éthylène monobromé se transforme tout aussi facilement par la potasse alcoolique en vase clos à 100°.

(2) *Handbuch der org. Chemie*, v. Léopold Gmelin, 4e édition, т. IV, p. 500.

(3) *Comptes rendus*, т. L, p. 805.

la probabilité d'une telle supposition, et démontrent en même temps que le corps en question n'est autre chose que l'acide éthyl-lactique identique avec celui que M. Wurtz a obtenu en traitant, par un alcali, l'éther diéthylique de l'acide lactique.

La découverte intéressante de M. Lautemann, concernant la réduction de l'acide lactique par l'acide iodhydrique, m'a porté à étudier la manière dont l'acide $C^5H^{10}O^3$, obtenu dans la réaction de l'éthylate de de soude sur l'iodoforme, se comporte envers cet agent, et ces études, ayant établi la véritable nature de l'acide $C^5H^{10}O^3$, ont complétement vérifié la prévision de M. Wurtz (1) : l'acide éthyl-lactique, bien que ne pouvant être dédoublé par l'action des alcalis, est facilement attaqué par l'acide iodhydrique, et sous cette influence le groupe éthylique qu'il renferme est mis en liberté sous forme d'iodure d'éthyle.

Lorsqu'on chauffe de l'acide éthyl-lactique (valérolactique) avec de l'eau et de l'iodure rouge de phosphore, ou avec de l'acide iodhydrique aqueux très-concentré (s'il est peu concentré il n'agit point à 100°), on voit bientôt une substance huileuse éthérée se déposer au fond du liquide. C'est l'éther iodhydrique qu'on sépare facilement par la distillation. Traité par une petite quantité de lessive de potasse, afin d'éloigner l'iode libre, lavé à l'eau et rectifié, il se présente à l'état de pureté. On le reconnaît facilement à son point d'ébullition et à ses autres propriétés; de plus, j'en ai établi la nature en le convertissant en éther oxalique et en dosant la quantité d'iodure d'argent formé dans cette réaction : 1,2768 de substance ont fournit 1,941 d'iodure d'argent.

En centièmes :

Expérience.	Théorie.
I = 82,15	81,41

Si, au moyen d'un alcali, on sature la liqueur aqueuse acide dont 'iodure d'éthyle s'est séparé, et si après y avoir ajouté un excès d'acide tartrique on la distille, on obtient de l'acide propionique dilué.

J'ai présumé que la formation de ce dernier acide est due à une réduction de l'acide lactique qui se forme en premier lieu :

$$C^5H^{10}O^3 + HI = C^3H^6O^3 + C^2H^5I,$$
$$\text{ou} \quad C^5H^{10}O^3 + 3\,HI = C^3H^6O^2 + C^2H^5I + H^2O + 2I.$$

J'ai fait réagir les deux substances en quantités équivalentes. J'ai préparé deux mélanges : l'un composé de 1 équiv. d'acide éthyl-lactique et de 1 équiv. d'acide iodhydrique aqueux très-concentré; l'autre de 1 équiv. d'acide éthyl-lactique et de 3 équiv. d'acide iodhydrique;

(1) *Annales de Chimie et de Physique*, T. LIX, p. 174.

je les ai enfermés dans des tubes scellés à la lampe et chauffés pendant quelque temps au bain-marie. La décomposition fut bientôt complète. Après avoir séparé l'iodure d'éthyle formé, j'ai traité les liqueurs acides par l'oxyde de plomb en poudre fine, jusqu'à décoloration parfaite; j'ai filtré, et j'ai ensuite éloigné le plomb dissous par l'hydrogène sulfuré. L'excès d'hydrogène sulfuré a été chassé par l'ébullition. Le liquide provenant de la réaction des substances prises à équivalents égaux, saturé par le carbonate de zinc, a fourni à l'évaporation une abondante cristallisation de lactate de zinc. Pendant la dessiccation au bain-marie, ce sel a perdu 17,48 centièmes de son poids. La formule $C^3H^5ZnO^3$ + 1 $^1/_2$ H^2O exige 18.15.

La solution, obtenue par la réaction de 3 équiv. d'acide éthyl-lactique, a été saturée par le carbonate de soude et le sel de soude converti en sel d'argent, qu'on a obtenu cristallisé sous forme de petites paillettes brillantes. C'était du propionate d'argent.

À l'analyse, les deux sels ont fourni les résultats suivants :

Le premier a donné :

	Expérience.	Théorie.
C^3 =	29,52	29,56
H^5 =	4,00	4,10
Zn =	26,69	26,39
O^3 =	39,79	39,45

Le sel d'argent a donné :

	Expérience.	Théorie.
C^3 =	19,42	19,88
H^5 =	2,48	2,76
Ag =	59,73	59,66
O^2 =	18,37	17,70

Pour établir l'identité de l'acide obtenu au moyen de l'éthylate de soude et de l'iodoforme avec l'acide éthyl-lactique de M. Wurtz, j'ai préparé l'éther du premier en traitant son sel d'argent par l'iodure d'éthyle, et j'ai comparé cet éther avec le lactate diéthylique préparé par le procédé de M. Wurtz. Les deux substances ont été reconnues identiques : elles possédaient la même odeur et bouillaient à la même température. J'ai encore traité l'éther obtenu au moyen de l'éther chlorolactique et de l'éthylate de soude, par de la chaux caustique et de l'eau dans un tube scellé à la lampe ; l'éthyl-lactate de chaux obtenu ainsi cristallisait de la même manière que le valérolactate de chaux décrit dans un de mes mémoires précédents. D'un autre côté, j'ai pu constater que le sel de zinc de l'acide obtenu par l'éthylate de soude et l'iodoforme ne cristallise point, mais se dessèche au contraire en une masse gommeuse, comme M. Wurtz l'a constaté pour l'éthyl-lactate de zinc.

Enfin, j'ai transformé le sel de chaux de l'acide éthyl-lactique, obtenu par le procédé de M. Wurtz, en sel d'argent ; et en étudiant les propriétés de celui-ci, j'ai pu me convaincre de son identité avec le sel que j'ai décrit sous le nom de valérolactate d'argent. Le dosage de l'argent métallique m'a donné 48,22 centièmes, tandis que la théorie exige 48,00.

Il est très-probable que l'action de l'acide iodhydrique et de ses congénères offre un moyen général d'élimination pour les groupes différents qui remplacent l'hydrogène typique, mais non l'hydrogène basique. Le dédoublement des divers composés de la nature organique (glucosides, etc.) par des acides étendus appartient peut-être jusqu'à un certain point au même ordre de phénomènes.

Les acides obtenus par M. Heintz seront aussi, sans aucun doute, facilement dédoublés par l'acide iodhydrique en acide glycolique et en iodures des radicaux alcooliques respectifs. Leur analogie avec l'acide éthyl-lactique serait ainsi démontrée.

Pensant, avec M. Kolbe, que l'acide anisique n'était autre chose que l'acide méthyl-oxybenzoïque ou méthyl-salicylique, j'ai cru qu'il serait intéressant d'étudier la manière dont il se comporte envers l'acide iodhydrique.

En effet, M. Konst. Zaitzeff, qui s'est chargé de ce travail, a constaté dès à présent, dans cette réaction, la formation de l'iodure de méthyle. Son travail est en cours d'exécution, et j'espère qu'il jettera quelque lumière sur la constitution de l'acide anisique, sur la relation qui existe entre cet acide et l'huile de Gaultheria, et entre l'anisate de méthyle et le salicylate diméthylique obtenu par M. Cahours.

Sur l'acétylène, par M. M. MIASNIKOFF.

En faisant quelques expériences avec l'éthylène bromé C^2H^3Br, j'ai été conduit à la découverte d'un mode intéressant de formation de l'hydrocarbure C^2H^2, récemment décrit par M. Berthelot sous le nom d'acétylène. Ce mode de formation donne aussi un moyen simple et élégant pour préparer l'acétylène. Si dans une solution de nitrate d'argent ammoniacale refroidie, on fait passer des vapeurs d'éthylène bromé brut, préparé de la manière ordinaire, il se dépose une poudre jaune d'abord, qui passe bientôt au gris, et l'on voit une couche huileuse éthérée se déposer au fond du liquide. Cette couche est de l'éthylène bromé qu'on peut facilement séparer par la distillation à une température peu élevée (vers 20°). Si ensuite on fait de nouveau agir ce bromure sur la solution d'argent, il ne produit point de substance pulvérulente; mais si on en fait passer les vapeurs à travers une solution alcoolique concentrée et chaude de potasse caustique, elles acquièrent de nouveau cette propriété, en même temps qu'il se forme du bromure de potassium. En disposant l'expérience de manière que les vapeurs du bromure traversent plus d'une fois la lessive alcoolique chaude, on voit ce corps disparaître entièrement, tandis qu'il se forme une quantité assez considérable de produit pulvérulent. Le gaz C^2H^3Cl, traité de la même manière, a présenté le même résultat.

La poudre grise ainsi obtenue à l'état sec possède la propriété de détoner fortement quand on la soumet à l'action de la chaleur, du frottement ou de la percussion. Le contact du chlore et du gaz chlorhydrique lui font aussi faire explosion. Avec de l'acide chlorhydrique aqueux, elle dégage un gaz qui donne une flamme très-éclairante et qui, agissant sur la solution d'argent, produit de nouveau la substance fulminante. Ce gaz possède la propriété caractéristique de l'acétylène : mêlé au chlore, il détone presque aussitôt avec dépôt de charbon, même à la lumière diffuse.

La nature du gaz obtenu a été établie d'ailleurs par les analyses suivantes :

Volume mesuré à sec et réduit à 0° et à la pression de 760,0^{mm}.

	1.	2.	3.
Gaz	$0^{cc.}$,9	»	»
Diminution après l'ex-plosion	1,2	$1,1^{cc}$	$1,45^{cc}$
Acide carbonique formé	1,8	1,7	1,8

La théorie exige pour 0,9 centimètres cubes d'acétylène, 1,35 centimètres cubes de diminution par l'explosion et 1,8 centimètres cubes pour l'acide carbonique.

En traitant la combinaison argentique par l'acide chlorhydrique afin d'obtenir le gaz acétylène, j'ai été tout naturellement conduit à doser la quantité d'argent contenu dans cette combinaison.

Voici les résultats en centièmes :

	1.	2.	3.	4.	5.
Ag =	88,22	88,30	87,22	89,05	88,41.

Ces nombres correspondent à la formule $C^2H^2Ag^2$, qui donne 89,25 centièmes, en supposant que la substance ne contienne point d'oxygène. Par l'action de l'acide nitrique concentré, le composé argentique détonant donne, dans certaines conditions, un corps cristallisé. C'est surtout dans cette voie que je compte poursuivre mon travail.

D'après ce qui précède, il est clair que la formation de l'acétylène, dans les circonstances décrites, est due à un simple dédoublement.

$$C^2H^3Br = C^2H^2 + HBr \text{ ou bien } C^2H^4Br^4 = C^2Hr^2 + 2HBr.$$

Il est très-probable, en même temps, que, par des réactions analogues, on pourra obtenir quelques autres hydrocarbures de la forme C^nH^{2n-2} et homologues de l'acétylène. M. W. Morkownikoff a entrepris dans ce but des expériences qui ne sont pas encore achevées. Partant du bromure de propylène $C^3H^6Br^2$, il a obtenu un composé argentique détonant d'un aspect particulier, différent de celui de la combinaison acétylénique. Sous l'action de l'acide chlorhydrique aqueux, ce composé fournit un gaz qui paraît être de l'*allylène* C^3H^4.

Kasan, 28 décembre 1860/9 janvier 1861.

Note sur une matière jaune retirée de certaines huiles de houille, par MM. Alfr. RICHE et Ch. BARDY.

En traitant certaines huiles de houille par l'acide azotique en vue d'en retirer la nitrobenzine, M. Larroque, fabricant de produits chimiques, obtint une matière solide qu'il prit pour de l'acide picrique. L'examen attentif de cette substance nous a montré qu'il n'en était rien. Le produit qui nous fut remis était une masse noire, solide, répandant fortement l'odeur de la nitrobenzine et tachant la peau en jaune. Sa purification présente d'assez grandes difficultés, à cause de la force avec laquelle la matière jaune retient une huile noire fort visqueuse qui la salit. Après un grand nombre de dissolutions dans l'eau distillée, de filtrations sur des papiers mouillés et d'expressions dans des buvards neufs, nous avons obtenu une substance cristallisée en aiguilles d'un jaune foncé et ne sentant plus du tout la nitrobenzine. Cette matière analysée a donné les nombres suivants :

En centièmes :

	Expériences.					
	I.	II.	III.	IV.	V.	Théorie.
Carbone..........	33,30	32,5	32,38	»	»	C^{12} — 32,88
Hydrogène.......	4,61	4,27	4,38	»	»	H^9 — 4,11
Azote............	»	»	»	18,35	18,8	Az^3 — 19,18
Oxygène.........	»	»	»	»	»	O^{12} — 43,83
						100,00

Ce qui conduit à la formule $C^{12}H^9Az^3O^{12}$.

Afin d'être plus sûrs d'opérer sur un produit pur, nous avons fait cristalliser la substance précédente à deux reprises différentes dans l'alcool à 40° ; elle se présentait alors sous la forme de longues aiguilles feutrées d'un jaune magnifique ; elle fut exprimée entre des papiers, séchée à l'air. Soumise à l'analyse, elle donna des résultats identiques avec les précédents.

Nous l'avons alors placée dans le vide sec pendant quatre jours ; les aiguilles se sont brisées et ont pris une teinte rougeâtre. Analysée, elle a donné, en centièmes :

	Expériences.					Théorie.
	I.	II.	III.	IV.	V.	
Carbone..............	35,5	»	35,5	»	35,65	C^{12} — 35,82
Hydrogène........	3,70	»	3, 8	»	3,9	H^7 — 3,48
Azote	»	20, 8	»	21,4	20,6	Az^3 — 20,94
Oxygène...........	»	»	»	»	»	O^{10} — 39,76
						100,00

Ces nombres conduisent à la formule $C^{12}H^7Az^3O^{10}$.

La formule précédente doit donc être écrite $C^{12}H^7Az^3O^{10}$ + 2 aq. Ce qu'il y a de remarquable dans ce produit, c'est qu'il faut admettre que dans sa molécule l'azote existe à deux états, puisqu'il n'y a pas assez d'oxygène pour changer entièrement l'azote en vapeur nitreuse. Ce fait s'observe du reste dans les alcalis organiques artificiels nitrés. Nous avons cherché à rapprocher la formule que nous avons trouvée de celles de corps déjà connus, mais cela a été sans succès ; elle présente cependant la composition d'une aniline dinitrée $C^{12}H^5(AzO^4)^2Az$, à laquelle seraient venues s'ajouter deux molécules d'eau ; mais ce n'est là qu'une simple hypothèse. Ce n'est pas un sel ammoniacal, car cette matière ne dégage pas d'ammoniaque à froid en présence de la potasse caustique.

Convenablement purifiée, c'est une substance d'un beau jaune, cristallisée en longues aiguilles, assez soluble dans l'eau bouillante, qui n'en retient que des traces après le refroidissement ; peu soluble dans l'alcool froid et très-soluble dans l'alcool bouillant. Lorsqu'on vient à distiller de l'alcool tenant en dissolution une petite quantité de ce produit, on ne peut l'avoir incolore, quel que soit le nombre de fois qu'on le distille. Chauffée avec modération, elle fond en une huile jaune, entre en ébullition et se sublime en laissant un léger dépôt de charbon. Traitée à chaud par les acides sulfurique, chlorhydrique, acétique, elle donne par refroidissement des cristaux, soit en tables allongées, soit en feuilles de fougère ; ces produits n'ont pas été analysés. Elle ne paraît pas attaquée par le brome à la température ordinaire et n'est pas amère. Une solution alcoolique saturée d'abord d'ammoniaque, puis ensuite d'acide sulfurique, se colore en rouge foncé, mais n'abandonne pas de cristaux, même après plusieurs mois ; une dissolution concentrée d'un sel de potasse ne produit avec elle aucun précipité par une agitation très-prolongée. Ces deux réactions nous autorisent à dire que ce n'est pas de l'acide picrique.

Cette substance donne des précipités avec les sels de plomb, d'argent, de mercure, de cuivre, de zinc, de fer, de nickel, de cobalt, d'alumine, etc. Nous avons cherché à préparer quelques-uns de ces composés. Parmi ceux qui cristallisent le plus facilement, nous citerons ceux de plomb et d'argent.

La combinaison plombique s'obtient en dissolvant la matière dans l'eau bouillante et y ajoutant un excès d'une solution saturée à froid d'acétate de plomb. Par refroidissement on obtient de belles aiguilles jaunes, groupées autour d'un axe commun et présentant un bel aspect soyeux ; lavées plusieurs fois à l'eau distillée, elles constituent la combinaison plombique à l'état de pureté. Ainsi préparée, c'est une substance presque insoluble dans l'eau froide et assez soluble dans l'eau bouillante. Chauffée même avec modération, elle devient d'un beau rouge et détone violemment.

La combinaison argentique s'obtient par un procédé analogue, en remplaçant l'acétate de plomb par le nitrate d'argent. Elle constitue une matière jaune, peu soluble dans l'eau, noircissant à la lumière et détonant avec une extrême violence par la plus faible élévation de température.

Quelle est la substance qui l'a fournie dans l'huile de houille? Nous l'ignorons ; mais de nouvelles recherches que nous entreprenons nous éclaireront sans doute sur sa formation. Nous poursuivons dans ce moment l'étude des composés, que cette substance forme avec l'argent et le plomb, ainsi que l'examen de l'action des acides sulfurique, chlorhydrique et acétique; nos nouveaux résultats viendront sans doute confirmer la formule que nous avons adoptée.

De l'action de l'ammoniaque caustique sur certaines matières organiques, par M. Paul SCHUETZENBERGER.

Cette note résume un ensemble de réactions dont l'étude plus détaillée fera l'objet de mémoires spéciaux. La longueur du travail que j'ai entrepris m'engage à présenter ainsi mes premiers résultats sous une forme très-incomplète, pour m'en assurer la priorité.

J'ai observé qu'un grand nombre de corps organiques peuvent fixer de l'azote sous une autre forme qu'à l'état de sel ammoniacal, lorsqu'on les chauffe pendant un temps plus ou moins long en présence d'une solution concentrée et aqueuse d'ammoniaque à l'abri de l'air, et à températures comprises entre 100° et 200°.

Les substances sont introduites dans des tubes qu'on remplit presque complétement de solution ammoniacale et qu'on ferme à la lampe, après avoir chassé l'air par une ébullition préalable; les tubes sont chauffés au bain-marie; si la température dépasse 100°, je me sers d'un cylindre très-fort en acier fondu fermé par un bouchon à vis en acier, contenant une éprouvette en verre, et je chauffe au bain d'huile. Mon attention s'est plus particulièrement portée sur les substances hydro-carbonées neutres (sucres, amidon, dextrine, gomme, cellulose). Ces différents corps, chauffés avec de l'ammoniaque caustique à 150° pendant plusieurs jours, ont tous fixé de l'azote. En évaporant les produits de la réaction à sec, on obtient des masses solides légèrement brunes, que le charbon animal décolore facilement, très-solubles dans l'eau et mêmes légèrement déliquescentes, solubles dans l'alcool, de saveur amère; leur solution précipite quelquefois abondamment par le tannin; chauffées à sec, elles répandent une odeur très-sensible de viande rôtie.

La chaux éteinte ou une solution de potasse n'en dégage pas d'ammoniaque; mais l'hydrate de potasse fondu en met en liberté des quantités très-notables. On peut considérer ces masses gommeuses comme des mélanges de principes azotés nouvellement formés et de substance hydrocarbonée non modifiée, ou modifiée moléculairement; en effet, après 48 heures de chauffe, la gomme et le sucre m'ont donné des résidus qui contiennent de 2,5 à 3 % d'azote; après 168 heures, la dextrine m'a fourni une substance contenant 11,5 % d'azote.

Après 48 heures, la cellulose (coton) était restée en apparence intacte, mais la liqueur ammoniacale évaporée a laissé un résidu sensible azoté. Je ne me prononce pas sur la nature des principes azotés ainsi obtenus, ne les ayant pas encore isolés dans un état de pureté suffisant; mais je pense que ces résultats, que je poursuis activement en modifiant les conditions, présenteront quelque intérêt au point de vue physiologique.

La plupart des matières colorantes végétales (alizarine, hématoxyline, brésiline, santaline, acide carminique, quercétine, lutéoline, matière colorante du fustet, du bois jaune, etc.), fixent de l'ammoniaque lorsqu'on les chauffe à 100° ou 150°, pendant quelques jours, à l'abri de l'air. On obtient ainsi de nouveaux corps colorés auxquels les acides énergiques (SO^3HO ou ClH) n'enlèvent pas d'ammoniaque, qui n'en dégagent pas sous l'influence de l'hydrate de chaux, mais où les réactifs ordinaires démontrent la présence de quantités notables d'azote.

Dans ces conditions, l'alizarine se transforme en une substance azotée, violette, très-soluble dans l'alcool, que l'acide chlorhydrique ne décompose plus; la solution est d'un beau rouge violacé, assez soluble dans l'eau chaude et dans l'éther. Cette amide teint les mordants d'alumine et de fer en couleurs qui rappellent celles de l'alizarine, mais qui sont beaucoup plus sales et moins foncées. Elle teint la laine et la soie sans le concours des mordants en violet rougeâtre (1).

Mémoire sur la matière colorante de la gaude, par MM. Paul SCHUETZENBERGER et Alfred PARAF.

La lutéoline ou matière colorante de la gaude a été isolée pour la première fois à l'état de pureté par M. Chevreul, en traitant la plante par l'eau bouillante, qui laisse déposer par refroidissement des flocons jaunes susceptibles de se volatiliser sous forme d'aiguilles. M. Chevreul a établi les principaux caractères de cette substance, mais jusqu'à présent aucune analyse n'en a été faite pour en déterminer la composition élémentaire et la formule, ce qui tient probablement à la difficulté que l'on éprouve à se procurer des quantités suffisantes de matière par le procédé indiqué plus haut.

Nous sommes parvenus, en employant un nouveau procédé d'extraction, à préparer la lutéoline parfaitement pure et cristallisée, en assez grande quantité pour la soumettre à des analyses élémentaires. Ce procédé est fondé sur la propriété que possède ce corps de se dissoudre en quantités assez notables dans l'eau chauffée à 250°, et de cristalliser par le refroidissement sous formes d'aiguilles jaunes parfaitement pures, ce qui permet de séparer la lutéoline d'une matière résineuse très-fusible qui l'accompagne en quantité abondante et qui est insoluble dans l'eau surchauffée.

(1) Dans la séance du 13 avril 1860, M. le baron P. Thenard avait fait, sur le sujet traité par M. Schützenberger, une communication relatée au procès-verbal de la séance de la Société dans les termes suivants:

« M. Paul Thenard communique le résultat de ses recherches sur la synthèse « de substances azotées diverses, intermédiaires quant à leur rôle entre l'acide « fumique et l'acide azotique. L'auteur a constaté que des substances neutres « non azotées, telles que la cellulose, en présence de l'ammoniaque, pouvaient « donner lieu à des substances azotées dans lesquelles l'azote n'est plus à l'état

Nous commençons par épuiser la gaude dans un appareil de déplacement par l'alcool bouillant. La solution concentrée est précipitée par l'eau en abondants flocons d'un vert jaunâtre. Le précipité desséché est introduit dans une éprouvette en verre et chauffé pendant 20 minutes avec de l'eau à 250°, dans un cylindre en acier fondu fermé par un couvercle à vis également en acier.

Après le refroidissement, on trouve les parois de l'éprouvette tapissées de jolis cristaux jaunes d'or en aiguilles. Au fond se trouve un culot de résine; l'eau-mère est parfaitement claire et transparente. Ces cristaux ont été soumis séparément à deux cristallisations successives, afin de les séparer de très-petites quantités de résine qui y étaient mélangées. Le culot de résine, repris deux fois par l'eau surchauffée, a fourni la première fois une petite quantité de cristaux; la seconde fois, il se trouvait complétement épuisé de matière colorante.

On arrive plus rapidement à séparer la lutéoline de la résine en refroidissant brusquement le cylindre avec de l'eau et en sortant l'éprouvette pendant que le liquide est encore très-chaud. On peut alors décanter la solution de lutéoline, surnageant la résine fondue, avant que la cristallisation n'ait lieu; la matière colorante se dépose par le refroidissement sous forme de flocons très-purs.

Le produit ainsi obtenu a été soumis aux analyses suivantes :

1° 0,5345 de cristaux séchés sur l'acide sulfurique, puis chauffés à 150°, ont perdu 0,0375 d'eau, c'est-à-dire 7,015 %;

2° 0,562 de cristaux séchés à l'air, puis chauffés à 150°, ont perdu 0,0575 d'eau, c'est-à-dire 10,231 %.

Analyses de la lutéoline séchée à 150°.

	I.	II.	III.
Carbone	62,5	61,6	62,0
Hydrogène	3,7	3,6	3,5
Oxygène	33,8	34,8	34,5

Ces analyses conduisent à la formule $C^{24}H^8O^{10}$ qui donne :

Carbone	62,06
Hydrogène	3,45
Oxygène	34,49

« d'ammoniaque; sous une influence oxydante et en présence de l'ammoniaque, « on peut obtenir de l'acide fumique. Le sucre, en présence de l'ammoniaque à « chaud, peut donner une matière renfermant 10 % d'azote; sous l'influence de « l'hypermanganate de potasse, on peut ensuite obtenir une substance analogue « à l'acide fumique. » *(Note des secrétaires.)*

Nota. La première analyse a été faite avec une matière pouvant contenir encore des traces de résine. En effet, nous avons remarqué qu'il suffisait d'une très-petite quantité de résine pour élever de 2 à 3 $^0/_0$ le nombre du carbone.

La lutéoline desséchée sur SO^3,HO renferme en outre 2 équivalents d'eau et aurait pour formule $C^{24}H^8O^{10},2HO$.

Expérience :	7,015 $^0/_0$ d'eau.
Calcul :	7,142

Séchée à l'air, elle contient 3 éq. d'eau et aurait pour formule $C^{24}H^8O^{10},3HO$.

Expérience :	10,231
Calcul :	10,384

Ces formules ont été contrôlées par l'analyse du sel de plomb, obtenu en précipitant une solution alcoolique de lutéoline pure par une solution alcoolique d'acétate de plomb additionnée d'un peu d'acide acétique.

Le précipité, lavé et séché à 100°, a fourni, après l'incinération, pour 0,525 de matière,

0,253 de mélange d'oxyde de plomb et de plomb métallique, après l'élimination de l'oxyde de plomb par l'acide acétique, a donné 0,078 de plomb métallique.

Le tout correspond à 49,333 $^0/_0$ d'oxyde de plomb.

Analyse élémentaire du lutéolate de plomb.

	Trouvé :	Calculé :
Carbone	30,96	31,44
Hydrogène	1,97	1,74
Oxygène	17,74	48,92
Plomb	49,33	17,90
	100,00	100,00

En résumé on aurait donc les formules suivantes :

Lutéoline cristallisée	$C^{24}H^{10}O^{12},HO$
Lutéoline séchée sur SO^3,HO	$C^{24}H^{10}O^{12}$
Lutéoline séchée à 150°	$C^{24}H^8O^{10}$
Lutéolate de plomb	$C^{24}H^8O^{10},2PbO$.

En traitant la lutéoline par l'acide phosphorique anhydre, on obtient une matière rouge qui se dissout dans l'ammoniaque avec coloration violette.

Quand on chauffe dans des tubes scellés à la lampe, à 100°, de la lutéoline avec de l'ammoniaque caustique, pendant trois ou quatre jours, la lutéoline se dissout complétement avec une coloration d'un jaune foncé; cette liqueur, évaporée à sec, laisse un résidu foncé qui ne dégage pas d'ammoniaque avec la chaux à froid, et qui en dégage à chaud avec la potasse caustique (lutéolamide).

EXTRAITS DES PROCÈS-VERBAUX DES SÉANCES DU MOIS DE FÉVRIER.

SÉANCE DU 8 FÉVRIER.

Présidence de M. Pasteur.

M. Louis Grandeau fait hommage à la Société d'une thèse soutenue à l'école de pharmacie sur l'analyse des eaux minérales de Pont-à-Mousson (Meurthe).

Sont élus membres résidants :

MM. Massignon, pharmacien.
  Paul Audouin, ingénieur civil.
  Foster.

Sont élus membres non-résidants :

MM. Filhol, doyen de la faculté des sciences, à Toulouse (Haute-Garonne).
  Delanoue, à Valenciennes (Nord).
  Phipson, à Londres.

M. Foster communique le résultat de ses recherches en commun avec M. Mathiessen sur la narcotine.

M. Pasteur annonce qu'ayant répété les expériences de M. Terreil (communiquées dans la séance précédente), il n'est pas arrivé aux mêmes résultats.

Une discussion s'engage sur ce point entre M. Pasteur et M. Terreil. M. Pasteur cède le fauteuil à M. Jules Regnauld, vice-président, et expose le résultat de ses expériences sur la fermentation visqueuse et sur la levûre spéciale qui la produit. Il développe ses vues sur les fermentations visqueuse, lactique et butyrique. Tous ces phénomènes sont corrélatifs au développement d'êtres organisés. Suivant l'auteur, les végétaux ferments n'ont pas besoin d'oxygène pour se développer. Les mucédinées ont besoin d'oxygène comme les végétaux supérieurs. Les infusoires de la fermentation butyrique ne vivent pas dans l'oxygène libre; ils s'emparent sans doute de l'oxygène combiné.

Des observations au sujet de la communication de M. Pasteur sont présentées par MM. Martin, Humbert et Ernest Baudrimont. M. Pasteur donne quelques explications sur la disposition des appareils qui ont servi à ses expériences.

M. Humbert décrit un appareil qu'il a imaginé pour obtenir commodément dans les laboratoires un dégagement et un courant continu d'acide carbonique.

Dans deux séances extraordinaires qui ont été publiques et qui ont eu lieu le 15 et le 22 février, M. Jamin, professeur de physique à l'École polytechnique, a exposé les résultats de ses recherches sur la *Capillarité*. Cette seconde séance a remplacé la séance ordinaire du vendredi, 22 février. Ces leçons seront publiées.

Dans une séance extraordinaire et publique qui a eu lieu le 1er mars, M. Debray, professeur au lycée Charlemagne, membre du conseil de la Société, a présenté *des considérations générales sur la production des températures très-élevées*, et a exposé *le résultat des recherches faites en commun avec M. Henri Sainte-Claire Deville sur le platine*. Cette leçon sera publiée.

MÉMOIRES COMMUNIQUÉS A LA SOCIÉTÉ DANS LE MOIS DE FÉVRIER.

Recherches sur la narcotine et les produits qui en dérivent, par MM. MATTHIESSEN et G. C. FOSTER.

§ Ier. — *Composition de la narcotine.*

L'existence de plusieurs espèces de narcotine, admise par la plupart des chimistes, depuis les expériences de M. Wertheim (1) et de M. Hin-

---

(1) *Jahresbericht von Liebig und Kopp.* 1851, p. 469.

terberger (1), nous a obligé à commencer le travail dont nous publions aujourd'hui les premiers résultats par l'analyse de la narcotine, afin de savoir quelle était la variété que nous avions entre les mains. Le tableau suivant donne les chiffres les plus élevés et les plus faibles que nous avons trouvés, ainsi que la moyenne déduite de l'ensemble de nos analyses.

	Calculé.		Trouvé.		
			Maxim.	Minim.	En moyenne
C^{22}	264	63,92	64,00	63,42	63,79
H^{23}	23	5,57	6,05	5,69	5,81
Az	14	3,39	3,40	3,26	3,32
O^7	112	27,12	—	—	27,08
$C^{22}H^{23}AzO^7$	413	100,00			100,00

On voit que la narcotine analysée avait la composition de la méthyl-narcotine de M. Wertheim. Mais pour bien faire ressortir la portée de ces analyses, il faut ajouter que la narcotine qui a servi à nos expériences provenait de la fabrique de M. Morson, à Londres, qui a bien voulu la préparer pour nous avec beaucoup de soin, avec les résidus qui s'étaient accumulés par suite de la préparation de quantités très-considérables de morphine et de codéine avec de l'opium de provenances diverses. Il y aurait donc eu lieu de croire que cette narcotine pouvait être un mélange de plusieurs variétés, en admettant que la composition de cette base n'eût pas été trouvée toujours identique. Cependant, bien que nos recherches aient déjà nécessité l'emploi de quelques kilogrammes de matière, nous n'avons rien observé, soit par la manière de se comporter de la narcotine même, soit par les caractères ou par les proportions relatives des produits de sa décomposition, qui ait pu nous porter à croire que nous avions affaire à un mélange plutôt qu'à une substance homogène (2).

Nous ferons voir plus tard qu'il est possible d'expliquer, jusqu'à un certain point, les faits principaux qui servent de base à l'opinion mentionnée plus haut, tout en n'admettant pas l'existence d'une narcotine autre que celle dont la composition est exprimée par la formule $C^{22}H^{23}AzO^7$. Néanmoins, avant de terminer nos recherches, nous nous proposons de faire l'analyse de tous les échantillons de narcotine d'origine différente et bien constatée qu'il nous sera possible de nous pro-

(1) *Jahresbericht von Liebig und Kopp.* 1851, p. 469.

(2) On peut ajouter encore que la plupart des analyses de la narcotine et de ses sels qui ont été publiées s'accordent aussi bien avec la formule $C^{22}H^{23}AzO^7$ qu'avec la formule $C^{23}H^{25}AzO^7$, que l'on admet généralement.

curer, dans le but de nous assurer si la composition de cette base est
en effet constante ou non.

§ II. — *Composition de la cotarnine.*

L'analyse de la cotarnine préparée avec la narcotine dont il a été
question, aussi bien que le dosage du platine dans son chloroplatinate
séché dans le vide à la température ordinaire (le chloroplatinate de
cotarnine desséché au bain-marie ne nous a pas donné de chiffres
constants), a fait adopter pour ce corps la formule $C^{12}H^{13}AzO^3$; formule
que M. Wertheim a donnée à la *méthyl-cotarnine*, mais qui diffère de
celle que MM. Wöbler et Blyth ont adoptée pour la cotarnine, par un
atome de carbone qu'elle contient en moins. En admettant la formule
de M. Wertheim et en écrivant la narcotine $C^{22}H^{23}AzO^7$, on parvient à
représenter l'action des agents d'oxydation sur ce dernier corps par
une équation fort simple :

$$C^{22}H^{23}AzO^7 + O = C^{12}H^{13}AzO^3 + C^{10}H^{10}O^5$$

$$\text{Narcotine.} \qquad \text{Cotarnine.} \quad \text{Ac. opianique.}$$

§ III. — *Dédoublements de l'acide opianique.*

Lorsqu'on chauffe l'acide opianique avec de l'acide iodhydrique concentré jusqu'à 110 ou 120°, ce que le point d'ébullition élevé de
l'acide iodhydrique permet de faire dans un vase ouvert, on observe
la formation d'une quantité notable d'iodure de méthyle, tandis qu'il
se forme en même temps une matière fixe qui s'altère promptement
par l'action de la chaleur ou par le contact de l'air, surtout quand on y
ajoute un alcali. Nous ne sommes pas encore parvenus à séparer ce
corps à l'état de pureté.

Sous l'influence de la potasse caustique, l'acide opianique se dédouble en méconine et en acide hémipinique. Pour réaliser cette transformation, il suffit de dissoudre l'acide opianique dans une solution
concentrée de potasse employée en excès et d'évaporer presque à siccité. L'expérience directe a prouvé qu'il ne se dégage aucune trace
de gaz pendant cette réaction, et que la méconine et l'acide hémipinique prennent naissance suivant des proportions qui correspondent
à l'équation

$$2C^{10}H^{10}O^5 = C^{10}H^{10}O^4 + C^{10}H^{10}O^6$$

$$\text{Acide opianique.} \qquad \text{Méconine.} \qquad \text{Ac. hémipinique.}$$

L'examen des propriétés physiques de la méconine et de l'acide hémipinique, obtenus de cette manière, a démontré leur identité avec les corps que d'autres chimistes ont déjà désigné par ces noms : en outre, on a fait l'analyse de la méconine, de la chlorométhconine, de l'acide hémipinique et de l'hémipinate d'argent.

Dans les procédés qui sont actuellement en usage pour la préparation de la méconine et de l'acide hémipinique, on sait que le hasard joue un certain rôle; mais la réaction que nous venons d'indiquer constitue un moyen sûr d'obtenir ces corps en grandes quantités. Nous espérons donc pouvoir établir la nature précise des rapports mutuels qui existent entre la méconine, l'acide opianique et l'acide hémipinique, aussi bien que les liens qui rattachent ces trois corps à la narcotine. Quelques tentatives faites dans cette direction ont déjà donné des résultats que nous mentionnerons ici.

Action de l'acide iodhydrique sur la méconine. — L'acide iodhydrique décompose la méconine, ainsi que l'acide opianique, en donnant de l'iodure de méthyle et une substance dont nous ignorons encore la nature.

Action de l'acide iodhydrique sur l'acide hémipinique. — L'acide hémipinique, chauffé avec de l'acide iodhydrique concentré, se scinde en acide carbonique, iodure de méthyle et en un acide de la formule

$$C^7H^6O^4.$$

L'équation ci-dessous, qui a été contrôlée par la pesée directe de l'iodure de méthyle provenant d'un poids connu d'acide hémipinique, représente la réaction :

$$C^{10}H^{10}O^6 + 2HI = CO^2 + 2CH^3I + C^7H^6O^4$$
Ac. hémipiniq.

On n'observe, ni dans cette réaction, ni quand on fait agir l'acide iodhydrique sur la méconine ou sur l'acide opianique, un dégagement sensible d'iode.

L'acide $C^7H^6O^4$ est assez soluble dans l'eau froide et donne une solution franchement acide au tournesol : l'eau bouillante, l'alcool et l'éther le dissolvent en grande quantité. L'eau le dépose sous forme de petites aiguilles incolores et brillantes, qui deviennent mates à 100°, en perdant $1\frac{1}{2}$ atome d'eau de cristallisation.

Séché à 100°, il a donné à l'analyse :

		Calculé.	Trouvé (moyenne).
C^7	84	54,55	54,38
H^6	6	3,89	3,91
O^4	64	41,56	41,71
$C^7H^6O^4$	154	100,00	100,00

	Calculé.	Trouvé.
$C^7H^6O^4 + 1\,^1/_2H^2O$		
Eau de cristallisation	14,92	14,80

Chauffé pendant longtemps à l'air libre à 100 et quelques degrés, il se colore peu à peu en brun foncé ; une coloration semblable se produit dans la solution aqueuse, quand on l'évapore au bain-marie. Les sels de cet acide se colorent pareillement à l'air, même à la température ordinaire, propriété qui a empêché jusqu'à présent de les obtenir dans un état convenable pour l'analyse.

Une solution de cet acide, neutralisée par un alcali, réduit instantanément le *nitrate d'argent*; à l'ébullition elle réduit le *bichlorure de mercure*; avec le *sulfate de cuivre*, elle donne un précipité vert jaunâtre qui se dissout dans la potasse caustique avec une couleur bleue : cette solution, légèrement chauffée, laisse déposer un précipité rouge de sous-oxyde de cuivre. Le *sel de plomb* a été obtenu sous forme d'un précipité jaune pâle, caillebotté. Le *chlorure ferrique* donne avec la moindre trace de l'acide $C^7H^4O^4$ une coloration bleue d'indigo très-prononcée. L'addition d'un acide minéral détruit cette coloration, mais on la reproduit en ajoutant de l'eau ou de l'ammoniaque ; un excès d'ammoniaque la colore en rouge de sang (la couleur est celle que produisent les sulfocyanures avec les sels ferriques) sans produire aucun précipité, si l'on n'a pas employé le chlorure de fer en trop grande quantité.

D'après la composition de cet acide on pourrait le ranger dans la série suivante :

C^7H^6O	Aldéhyde benzoïque,
$C^7H^6O^2$	Acide benzoïque,
$C^7H^6O^3$	Acide salicylique,
$C^7H^6O^4$	
$C^7H^6O^5$	Acide gallique,
$C^7H^6O^6$	Acide tannoxylique (?)

Il trouve sa place entre les acides salicylique et gallique, acides qui donnent des colorations analogues à celles qu'il produit lui-même avec les sels ferriques.

En outre, il paraît résulter de l'étude préliminaire à laquelle nous l'avons déjà soumis, que notre acide est identique avec un acide de la même composition, obtenu par M. Hesse (1) en faisant réagir le brome sur l'acide quinique, et décrit par ce chimiste sous le nom d'*acide carbohydroquinonique*. Cependant nous regardons comme très-probable que les deux acides, celui de M. Hesse aussi bien que le nôtre, ne sont autre chose que l'*acide morintannique* dont la composition, telle que l'a trouvée M. Wagner, ne s'écarte que très-peu de la formule $C^7H^6O^4$, et dont les propriétés générales s'accordent bien avec cette manière de voir. Or on sait que l'acide morintannique donne de l'acide oxyphénique (2) par la distillation sèche, tandis que l'acide benzoïque donne, en pareil cas, de la benzine; l'acide salicylique donne de l'acide phénique, et l'acide gallique donne de l'acide pyrogallique; donc, en admettant l'identité de notre acide avec l'acide morintannique, on aurait la série suivante, parallèle à celle que nous avons donnée plus haut, et dont chaque terme représente un dérivé du terme correspondant de la série précédente, en vertu d'une réaction analogue :

Benzine	C^6H^6
Acide phénique	C^6H^6O
Acide oxyphénique	$C^6H^6O^2$
Acide pyrogallique	$C^6H^6O^3$

Pour terminer ces rapprochements nous ajouterons seulement encore que l'acide $C^7H^6O^4$ peut être rangé dans la série suivante de corps homologues :

Acide pyromellique	$C^5H^2O^4$
— chloranilique	$C^6(H^2Cl^2)O^4$
— { morintannique (?)	} $C^7H^6O^4$
— { carbohydroquinonique	
— orsellique	$C^8H^8O^4$
— { éverninique }	} $C^9H^{10}O^4$
— { vératrique }	

(1) *Annalen der Chemie und Pharmacie*, T. CXII, p. 52.

(2) Suivant M. Hesse, l'acide carbohydroquinonique se dédouble par la chaleur en acide carbonique et en hydroquinone isomère de l'acide oxyphénique : s'il se trouve confirmé que ce n'est pas de l'acide oxyphénique que l'on obtient de cette manière, il est évident qu'on ne peut pas admettre l'identité des acides carbohydroquinonique et morintannique comme nous l'avons proposé.

§ IV. — *Action de l'acide nitrique sur la cotarnine.*

La cotarnine chauffée légèrement avec de l'acide nitrique dilué a fourni du nitrate de méthylamine et un nouvel acide ne contenant pas d'azote, *l'acide cotarnique,* mais nous avons besoin de faire de nouvelles expériences afin de pouvoir indiquer d'une manière précise les conditions dans lesquelles cet acide prend naissance.

L'acide cotarnique est assez soluble dans l'eau froide et donne une solution qui rougit le tournesol. Il est très-soluble dans l'eau bouillante; l'alcool en dissout moins et l'éther le précipite de sa solution alcoolique.

Le *cotarnate d'argent* est un précipité blanc, presque insoluble dans l'eau froide, très-peu soluble dans l'eau chaude. Cristallisé dans l'eau, il a donné à l'analyse des nombres qui conduisent à la formule

$$C^{11}H^{10}Ag^2O^5.$$

	Calculé.		Trouvé (en moyenne).
C^{11}	132	30,14	29,67
H^{10}	10	2,28	2,17
Ag^2	216	49,32	49,24
O^5	80	18,26	18,92
$C^{11}H^{10}Ag^2O^5$	438	100,00	100,00

En admettant la formule $C^{11}H^{12}O^5$ (1) pour l'acide cotarnique, l'équation suivante rend compte de sa formation :

$$C^{12}H^{13}AzO^3 + 2H^2O = C^{11}H^{12}O^5 + CH^5Az$$

Cotarnine.   Ac. cotarnique.   Méthylamine.

(1) **M.** Anderson a publié (*Ann. Chem. Pharm.*, et Gerhardt, *Traité de Chimie organique,* T. IV, p. 80) deux analyses d'un corps formé par l'action de l'acide nitrique sur la narcotine et qu'il propose d'envisager comme un *hydrate de méconine* (*opianyle,* Anderson). Ces analyses s'accordent parfaitement avec la composition de l'acide cotarnique, et on conçoit facilement que, dans les conditions où M. Anderson s'est placé, cet acide aurait pu se former par suite d'une action secondaire de l'excès d'acide nitrique sur la cotarnine produite pendant la première phase de la réaction. Voici les analyses en question comparées avec la composition calculée de l'acide cotarnique :

	Calculé.		Anderson.	
C^{11}	132	58,93	58,83	58,84
H^{12}	12	5,36	5,17	5,42
O^5	80	35,71	36,00	35,74
$C^{11}H^{12}O^5$	224	100,00	100,00	100,00

En faisant dériver l'acide cotarnique du type $2H^2O$, on a

$$\left.\begin{array}{l}(C^{11}H^{10}O^3)'' \\ H^2\end{array}\right\}O^2$$

et la cotarnine devient la *méthyl-cotarnimide* :

$$\left.\begin{array}{l}(C^{11}H^{10}O^3)'' \\ CH^3\end{array}\right\}Az$$

§ V. — *Conclusion.*

Il nous paraît inutile de proposer une formule rationelle pour la narcotine avant de posséder des idées mieux arrêtées sur la nature chimique de la méconine et des acides opianique et hémipinique; nous ferons remarquer seulement que, d'après les formules que nous avons proposées, la narcotine contient les éléments d'une molécule de méconine et d'une molécule de cotarnine :

$$\underset{\text{Narcotine.}}{C^{22}H^{23}AzO^7} = \underset{\text{Méconine.}}{C^{10}H^{10}O^4} + \underset{\text{Cotarnine.}}{C^{12}H^{13}AzO^3}$$

Comme nous l'avons.dit déjà, ces formules sont les mêmes que les formules adoptées par M. Wertheim pour la méthyl-narcotine et la méthyl-cotarnine. Or, l'argument principal de l'opinion qu'il existe différentes espèces de narcotine, a été fourni par les expériences de M. Wertheim, qui a observé la formation des alcalis volatils CH^5Az (méthylamine), C^2H^7N (éthylamine ?) et C^3H^9N (propylamine ?) par la distillation de divers échantillons de narcotine avec la potasse ; mais nous croyons que l'expérience suivante permet de se rendre compte, jusqu'à un certain point, des résultats obtenus par ce chimiste, sans qu'il soit nécessaire de supposer qu'il ait opéré avec une narcotine différente de la nôtre. Après avoir constaté la formation de composés méthyliques, en partant de chacun des dérivés de la narcotine, nous avons cherché si cette base n'était pas capable de donner les mêmes corps par une réaction plus directe : l'expérience a prouvé que c'est ce qui arrive. En effet, 20 grammes de narcotine chauffés avec un excès d'acide iodhydrique concentré, ont fourni 19 grammes d'iodure de méthyle pur (1). Si l'on tient compte de la nature de l'expérience, on peut admettre que ces nombres représentent sensiblement la formation

---

(1) M. Gerhardt avait déjà trouvé que, dans certaines circonstances, l'action de l'acide nitrique sur la narcotine donne lieu au dégagement d'un gaz inflammable paraissant être le nitrate de méthyle ou d'éthyle. (*Traité de Chimie organique*, T. IV, p. 64, note.)

de trois molécules d'iodure de méthyle aux dépens de chaque molécule de narcotine, car :

$$C^{22}H^{23}AzO^7 \; : \; 3(CH^3I) \;::\; 413 \; : \; 436 \;::\; 20 \; : \; 21,1$$

1 molécule   3 molécules
narcotine.   iod. méth.

Dans cette expérience, la narcotine cède avec une très-grande facilité une partie de ses éléments à l'état de trois atomes de méthyle ; on peut donc concevoir que la même chose a lieu lorsqu'on distille la narcotine avec la potasse et qu'il se forme de cette manière de la *triméthylamine*, C^3H^9Az ; mais il est très-possible, en même temps, que des changements, peut-être assez légers, dans les conditions de l'expérience, fassent qu'un, deux, ou même trois atomes de méthyle restent combinés (ou bien ne soient pas dégagés sous forme de triméthylamine) ; dans ces cas, le produit volatil alcalin de la réaction se composerait principalement de diméthylamine, C^2H^7Az, de méthylamine, CH^5Az, ou d'ammoniaque.

En terminant, nous exprimons notre reconnaissance à M. le docteur Holzmann pour l'aide très-importante qu'il nous a prêtée au commencement de ce travail.

Sur la fermentation visqueuse et la fermentation butyrique, par M. PASTEUR.

M. Pasteur communique les résultats de ses recherches sur la fermentation visqueuse et sur la fermentation butyrique.

M. Favre, ingénieur des tabacs, avait annoncé que l'eau d'orge, de riz, de froment contenait une matière capable de transformer le sucre en une matière visqueuse sans dégagement de gaz. M. Desfosses avait annoncé plus anciennement que dans la fermentation visqueuse le sucre fournissait une quantité de matière visqueuse supérieure à son propre poids et qu'il se dégageait de l'acide carbonique et de l'hydrogène.

MM. Pelouze et Jules Gay-Lussac, ayant déterminé la fermentation visqueuse du jus de betterave, ont constaté dans le liquide obtenu la présence de la mannite et de l'acide lactique.

M. Pasteur est parvenu à isoler le ferment végétal produisant la fermentation visqueuse ; ce ferment est constitué par des petits globules réunis en chapelet. Le diamètre de ces globules varie de $0^{mm},0012$ à $0^{mm},0014$. Lorsqu'on les sème dans un liquide sucré et contenant de l'albumine en dissolution, on obtient toujours la fermentation visqueuse. 100 de sucre fournissent approximativement 51,09 de mannite, et 45,5 de gomme; de plus il se dégage de l'acide carbonique.

On a approximativement l'équation :

$$25(C^{12}H^{11}O^{11}) + 25HO = 12(C^{12}H^{10}O^{10}) + 12(C^{12}H^{14}O^{12}) + 12CO^2 + 12HO$$

Sucre. Gomme. Mannite.

Ce qui correspond, pour 100 de sucre, à :

Mannite	51,09 %
Gomme	45,48
Acide carbonique	6,18

Ce sont là les rapports sensiblement constatés par l'expérience lorsqu'on opère exclusivement avec le ferment constitué par les petits globules en chapelet. Lorsque les proportions de gomme sont supérieures à celles de la mannite, on s'aperçoit qu'il y a dans le liquide de plus gros globules et d'une nature différente. Il serait possible que ce second ferment transformât le sucre en gomme seulement, sans qu'il y eût alors formation de mannite. M. Pasteur n'a pas réussi encore à isoler ce second ferment du premier, qui toujours s'accompagne dela formation de la mannite.

Le liquide le plus fréquemment apte à produire la fermentation visqueuse peut aussi produire la fermentation lactique ou butyrique. Mais dans ce cas, les êtres organisés qui se développent dans le liquide sont de nature différente.

L'auteur s'est assuré que les fermentations visqueuse, lactique, butyrique, etc., sont toujours coexistantes avec le développement d'êtres organisés.

L'auteur a déjà décrit antérieurement le ferment lactique.

Ces divers ferments végétaux ou ces infusoires n'ont pas besoin d'oxygène pour se développer, tandis que les *mucédinées* qui se produisent dans les liquides albumineux exigent pour leur développement le concours de l'oxygène libre comme les végétaux supérieurs.

En ce qui concerne la fermentation butyrique, M. Pasteur s'est assuré qu'elle est toujours coexistante avec le développement d'infusoires qui se multiplient. La vie de ces infusoires n'exige pas le concours de l'oxygène libre; l'expérience prouve même que la présence de l'oxygène libre les prive de vie ou de mouvement. Ces infusoires qui se développent dans une atmosphère exempte d'oxygène ne vivraient-ils pas aux dépens de l'oxygène combiné?

EXTRAIT DES PROCÈS-VERBAUX DES SÉANCES DU MOIS DE MARS.

SÉANCE DU 8 MARS.

Présidence de M. Pasteur.

Sont élus membres non résidants :

MM. Verzmann
Morland (John) } membres de la Société chimique de Londres.

J. Stas, professeur de chimie à l'École militaire de Bruxelles.

Est élu membre résidant :

M. Schloesing, ingénieur des tabacs, directeur du laboratoire de chimie de la manufacture.

M. le baron Paul Thenard, à l'occasion d'un travail présenté par M. Schützenberger dans l'une des dernières séances, fait une communication très-développée sur les recherches qu'il a entreprises depuis longtemps, relativement à la fixation de l'azote en faisant réagir l'ammoniaque sur des matières organiques ternaires non azotées.

M. Pasteur communique l'extrait d'une lettre de M. Dessaignes. Ce chimiste, en soumettant la sorbine (substance lévogyre) à des influences oxydantes, en a dérivé, non de l'acide tartrique gauche, comme il l'avait espéré, mais de l'acide paratartrique dont il adresse un échantillon.

M. Jumel communique ses recherches sur un nouveau composé obtenu par l'action de l'hydrogène sur la nitrobenzine en présence de la mousse de platine.

Dans une séance extraordinaire qui a eu lieu le 15 mars, M. Cloez, répétiteur à l'Ecole polytechnique, trésorier de la Société, a exposé *ses recherches sur la nitrification et des considérations générales sur le rôle des azotates dans la végétation.*

Cette leçon sera publiée.

Il n'y a pas eu de séance le 22 mars à cause de la séance générale de la Société de secours des Amis des sciences, qui a eu lieu le même soir dans le local occupé par la Société chimique.

MÉMOIRES COMMUNIQUÉS A LA SOCIÉTÉ DANS LE MOIS DE MARS.

Mémoire sur la fixation de l'azote dans les corps organiques neutres,
par **M. Paul THENARD**.

Dans la séance du 13 avril 1860, j'ai eu l'honneur de communiquer
à la Société mes premiers essais de fixation de l'azote dans les matières
organiques neutres.

J'ai dit que si l'on faisait passer un courant de gaz ammoniac sur du
sucre porté à une température inférieure, mais voisine de son point
de décomposition, il se dégageait de l'eau et du carbonate d'ammoniaque, tandis qu'il restait dans la cornue des corps de la série fumique, les uns solubles dans divers liquides, d'autres tout à fait insolubles, mais qui tous contenaient de l'azote en grande quantité, à un
état tel qu'il pouvait braver les alcalis sans être dégagé.

Entré dans une telle série d'idées, devant un fait aussi capital, je
devais varier l'expérience, non-seulement dans son mode d'exécution,
mais encore dans la nature des corps neutres employés; c'est ce que
j'annonçai aussi en terminant ma communication, et aujourd'hui je
me proposais de présenter à la Société la suite de ces travaux, de lui
décrire quelques-uns des corps obtenus, et je lui apportais la note de
plusieurs analyses lorsque j'apprends à l'instant par notre honorable
secrétaire que M. Schützenberger a pris les devants sur moi et que
dans une séance antérieure, à laquelle je n'assistais pas et dont je ne
fais qu'entendre dire un mot, il a publié des recherches sur le même
sujet.

Certainement si la liberté est quelque part de droit commun, c'est
dans la science, je le reconnais; mais dans la science il est également
de droit commun de réclamer la priorité d'une idée et le droit à sa
poursuite, quand les faits sont bien établis, comme dans la circonstance présente.

Cependant, pour que personne ne doute, je vais exposer par quelle
suite de longues études j'ai été mis sur la voie d'expériences, qui ne
me seraient jamais venues à l'esprit, si je n'y avais été conduit, et en
quelque sorte contraint, par une série de phénomènes qui auraient
averti les moins clairvoyants.

J'ajouterai encore, pour que personne ne croie à l'ombre d'une
usurpation de ma part, qu'aimant à laisser vieillir mes travaux avant

de les livrer au public, j'en fais volontiers part à mes amis et à mes confrères, et j'ai fait part des méthodes et des résultats les plus importants de ces recherches à beaucoup de chimistes et particulièrement : à M. Pasteur, qui déjà a réclamé pour moi, à mon insu et séance tenante; à M. Berthelot, qui a commandé lui-même au commencement de 1860 les appareils à chauffer les tubes scellés dont j'ai fait usage; à M. Persoz, qui, plus en détail encore, a vu les expériences et manié les substances; à MM. Pelouze, Peligot, Fremy, Wurtz, Hervé-Mangon, qui tous ont eu connaissance de mes résultats bien avant la publication de M. Schützenberger, les ont discutés avec moi et m'ont même donné des conseils.

Devant l'autorité morale et scientifique de tels hommes qui, au moment où j'écris ces lignes, ignorent que j'invoque leur témoignage; devant l'expérience première et capitale relatée plus haut sur le sucre; devant la réaction presque aussi importante de l'ammoniaque sur le glucose à une température de 100° dont je parlerai tout à l'heure, j'espère que si quelques soupçons s'élevaient, ils tomberaient aussitôt et que les plus prévenus m'accorderont que je n'usurpe rien, que je ne fais que me défendre.

Mais si je me défends, je n'entends pas non plus attaquer; qu'on ne cherche donc pas ici d'insinuations; je n'ai pas l'honneur de connaître personnellement M. Schützenberger; mais ce que je sais sur son compte est trop à son avantage pour que je me permette d'élever le moindre doute sur sa capacité et sur sa loyauté; ce serait m'abaisser à la calomnie; quant à la science, elle n'aura eu qu'à gagner, car si, comme je l'espère, les résultats de M. Schützenberger, qui ne me sont pas bien connus, sont conformes aux miens, la confiance des savants dans nos travaux communs ne fera que s'accroître par suite de cette coïncidence.

La Société sait que quand je découvris l'acide fumique, je me contentai de l'extraire du fumier, puis des terres, et de le décrire comme étant une substance acide, peu azotée, très-carbonée, médiocrement hydrogénée et oxygénée, dont la formule, à raison des difficultés de préparation, ne m'avait rien donné de suffisamment fixe pour qu'on dût y attacher une grande importance; mais c'était un corps qui, par ses propriétés chimiques et plus encore physiologiques, jouait un rôle important et nouveau dans la végétation, par suite des réactions qu'il exerçait sur le sol et des modifications qu'il y subissait à la longue après s'être combiné avec certains éléments minéraux.

Ces propriétés, ce rôle important et nouveau, ces réactions, ces trans-

formations ultérieures, ce nom peut-être trop caractéristique d'une espèce chimique, étaient des choses tellement en désaccord avec les
idées reçues, qu'elles devaient frapper l'attention des savants et les
rendre soupçonneux et exigeants; ils le furent en effet. Les incrédules
ne manquèrent pas. Les uns ne virent dans ce nouveau corps qu'un
humate d'ammoniaque plus ou moins acide, les autres une matière
azotée dérivant directement des produits azotés des plantes et des animaux, que les lavages, les dissolutions, les précipitations, n'enlevaient
qu'incomplétement.

Dans de telles conditions, il était à la fois de mon devoir et de mon
intérêt de les détromper : je répondis que tandis que l'azote des fumates résistait à l'action de la chaux, de la potasse, du carbonate de
chaux, de la magnésie et de l'alumine, les humates d'ammoniaque
perdaient toute leur ammoniaque au contact de ces matières, soit qu'on
portât les mélanges à l'ébullition, soit même qu'on prolongeât le contact à la température et à la pression ordinaire.

Mais cette réponse ne suffit pas pour convaincre tout le monde; on
m'objecta alors que, dans des travaux récents, des chimistes du plus haut
mérite avaient reconnu que la terre condensait à la manière du charbon non-seulement les gaz, mais encore les matières salines et particulièrement les gaz ammoniacaux, et que c'était par suite de ce phénomène que les terres, bravant l'action des pluies, fournissaient aux
plantes l'azote qu'elles avaient emmagasiné; que quant à l'acide fumique, s'il existait réellement, c'était un capital d'azote perdu pour les
plantes, attendu que par sa fixité même il ne pouvait rien leur céder
d'utile, et à l'appui de ces objections on m'opposait les masses considérables d'acide fumique que j'avais rencontrées dans certains terrains, qui par suite auraient dû être très-riches, et qui cependant
n'étaient que de qualité médiocre.

C'était attaquer mes recherches sur le point essentiel, sur celui que
j'avais essayé de mettre le plus en lumière; c'était en ruiner le principe. J'aurais bien pu faire remarquer que la propriété condensante
des terres, bien que très-utile, très-essentielle si l'on veut, pour la végétation, était, par les calculs mêmes qui avaient été donnés, tout à
fait insuffisante pour fournir pendant une longue série d'années les aliments que les plantes demandent, et que s'il n'y avait pas dans le sol
un magasin puissant et bien fourni où les terres puisent sans cesse pour
se saturer plus ou moins des éléments assimilables que les plantes re-
cherchent, les fumures abondantes et rares qu'on applique avec avan-

tage à certains terrains n'auraient pas de raison d'être, qu'il faudrait au contraire, dans les meilleures pratiques, fumer peu et souvent, c'est-à-dire rentrer dans une formule agricole tout à fait exceptionnelle; mais les réponses comme les expériences négatives ne mènent jamais bien loin et avancent peu les questions : j'aimai mieux démontrer comment les fumates, passant dans la terre à l'état non assimilable, redeviennent ensuite assimilables dans leur élément le plus important, l'azote; et pour cela je publiai trois mémoires où je fis voir les transformations successives que subissent les fumates sous l'influence d'agents assimilateurs, tels que les silicates alcalins, le peroxyde de fer, l'oxygène de l'air, et j'aurais pu ajouter, l'oxygène aidé de la lumière.

Toute cette série de faits finit cependant par ébranler quelques personnes; mais, on le sait, quand une théorie nouvelle vient en opposition avec une théorie ancienne qui paraît définitivement établie, la réserve, la défiance si l'on veut, sont toujours très-grandes; certes ce n'est pas un mal, mais c'est une difficulté pour l'auteur, qui doit alors accumuler de nouvelles preuves pour mieux établir encore la vérité de ce qu'il a avancé. Ces preuves, je les ai cherchées, et je crois que, cette fois encore, je gagnerai quelques adhérents.

Pour lever rapidement tous les doutes dont je viens de faire l'énumération, il y avait bien un moyen très-simple, c'était de commencer par donner une bonne analyse de l'acide fumique; mais comment analyser une substance qui ne donne pas de composés cristallisables et n'est pas volatile, qui se précipite sous forme gélatineuse, est à la fois d'une forme très-complexe, assez oxydable, et s'extrait de matières qui, bien que n'étant pas azotées comme elle, ont des formes et des propriétés tellement voisines qu'on ne peut guère préciser le point où les réactifs les ont fait disparaître?

Cependant, sur les vives instances de quelques amis qui me représentèrent que je m'exagérais peut-être les difficultés, je tentai le travail : c'est la méthode du fractionnement que je suivis; mais bientôt mes craintes se confirmèrent, car, malgré tous les soins possibles, le carbone varia de 57,14 à 58,01 $^0/_0$, et l'hydrogène de 4,56 à 5,70 $^0/_0$. Évidemment, outre la différence tenant à des impuretés, les divers produits s'étaient modifiés sous l'influence de l'air, qui, suivant le plus ou moins de longueur de chaque préparation, les avait plus ou moins oxydés, ce que décelaient d'ailleurs certaines réactions qui n'appartiennent qu'aux oxyfumates.

Ce travail était rebutant, et comme d'ailleurs il m'éloignait d'autres recherches que j'avais sur le chantier, j'allais l'abandonner, quand encouragé par les belles expériences de M. Berthelot, je me décidai à tenter la synthèse.

Mais avant de me jeter dans cette voie, toujours très-chanceuse, je devais étudier avec soin les conditions pratiques dans lesquelles l'acide fumique se produit le plus facilement et en plus grande abondance, afin de fonder sur ces observations quelques hypothèses réalisables par la synthèse : dès l'abord, quatre éléments me parurent indispensables : ces éléments sont le ligneux, une matière azotée putrescible, de l'eau et de l'air en quantités mesurées. Bientôt la masse fermente et, la température aidant, la réaction se termine en six semaines environ, suivant les proportions et la richesse de la matière azotée.

Ainsi l'urine des fosses à purin, quand elle n'est pas mélangée de paille ou d'égout de fumier, ne donne point d'acide fumique ; d'autre part, si dans une fosse à purin on plonge de la paille de manière à la submerger, on n'obtient que lentement et de petites quantités d'acide ; mais la production est au contraire rapide et abondante si on arrose des tas de paille, de feuilles, de sciure de bois avec cette même urine. D'un autre côté, si, à de la paille ou mieux à du fumier qui fermente déjà, on mélange des matières animales telles que des déchets de boucherie, ou des masses d'excréments humains, comme à la ferme impériale de Vincennes, près Paris, la proportion d'acide fumique est sensiblement en rapport avec la richesse et la quantité de matières animales employées. La mauvaise odeur n'est pas augmentée, elle n'est pas non plus sensiblement d'une autre nature que celle que l'on sent dans la préparation du fumier ordinaire ; cependant il ne faudrait pas croire que dans aucun cas l'azote de la matière animale passe tout entier dans l'acide fumique ; car, outre l'ammoniaque indispensable à la saturation de cet acide, il semble encore s'en dissimuler une partie pour former des corps azotés spéciaux de la famille fumique et peut-être du genre de ceux que les synthèses m'ont donnés. Nous y reviendrons dans un autre travail.

Mais si des phénomènes positifs on passe aux négatifs, on trouve que les fumiers provenant des déjections que les malheureux glanent sur les routes et accumulent petit à petit, les abandonnant par couches successives et très-minces aux intempéries de l'air, ne contiennent pas plus d'azote et moins d'acide fumique que ceux des fermes, malgré la plus grande abondance de matières animales qui a servi à les former.

Ce n'est pas cependant le ligneux qui leur manque; il y en a encore en excès dans les déjections; c'est l'air et l'humidité qui leur ont été mal appliqués; ils sont brûlés, comme disent les paysans.

D'autre part, si l'on examine la masse de déjections animales que reçoit une pâture, comparée à la quantité bien plus restreinte de fumier qu'on applique généralement aux terres arables de même nature, on voit que, dans des conditions comparables, les produits les plus abondants sont en faveur des terres, parce que, dans la pâture, si le temps est sec, l'azote des déjections se volatilise ou passe à l'état d'un oxyfumate soluble qui est entraîné par les eaux; s'il est pluvieux, la matière animale provenant des déjections récentes étant soluble, est séparée du ligneux et ne peut plus constituer d'acide fumique. Ce sont des phénomènes de l'ordre de ceux que nous avons relatés au dernier paragraphe; tandis que les terres recevant des fumiers fermentés, c'est-à-dire contenant de l'acide fumique, n'en perdent pas une trace, pourvu qu'elles contiennent les agents conservateurs nécessaires.

Enfin, malgré l'abondance de la matière animale, on ne trouve pas plus d'acide fumique dans les sols des cimetières des grandes villes (même en analysant la terre qui est pour ainsi dire en contact avec les cadavres) que dans les sols ordinaires.

Maintenant, en pesant avec soin toutes ces observations, la seule conclusion logique à laquelle on pouvait arriver était que l'acide fumique ne dérive pas de la matière animale, mais d'une réaction de la matière animale sur le ligneux ou sur les parties extractibles de la paille, des feuilles ou de la sciure de bois. Or, en réfléchissant que les matières animales ne peuvent exister longtemps dans les conditions que nous avons indiquées sans se décomposer et donner de l'ammoniaque comme produit azoté principal de leur décomposition; que de plus le ligneux change tout à fait d'aspect et de propriétés physiques en devenant fumier, on était amené à croire que l'acide fumique est le résultat de la combinaison de l'ammoniaque ou de certains sels ammoniacaux avec certains éléments de la paille, qu'ils soient ligneux ou extractibles, tandis que les éléments complémentaires se brûlent ou s'évaporent. Par conséquent, en arrosant de la paille, des feuilles, de la sciure de bois avec une dissolution d'ammoniaque pure et étendue, ou avec certains sels ammoniacaux bien choisis, on devait obtenir de l'acide fumique.

L'expérience était simple: elle fut faite immédiatement et réussit complétement avec l'ammoniaque, le carbonate et le sulfate d'ammoniaque. Mais ce qui vaut mieux encore que des expériences *ad hoc*, c'est une pratique que je rencontrai dernièrement chez M. Paul Serres, agriculteur très-distingué, près de Chalons-sur-Saône. M. Paul Serres, profitant du voisinage de la ville, réunit toutes sortes de matériaux azotés, et particulièrement les eaux ammoniacales du gaz d'éclairage ; mais ayant remarqué, comme bien d'autres, que ces eaux, employées directement, ne produisent que peu d'effet et surtout un effet très-passager, il eut l'heureuse idée de plâtrer ses fumiers et de les arroser avec lesdites eaux. L'effet devint alors excellent, et depuis il continue.

En examinant ces fumiers j'y trouvai beaucoup d'acide fumique, ou plutôt de fumate du chaux, presque point de sels ammoniacaux et du soufre cristallisé en abondance.

La réaction est remarquable et montre bien comment le sulfate réagit de préférence au phosphate et au chlorhydrate d'ammoniaque. En effet, tandis que d'un côté il y a réduction et par suite départ de l'acide sulfurique, puis mise en liberté de l'ammoniaque, de l'autre les sels ammoniacaux, restant fixes, ne peuvent céder leur azote au ligneux, et se perdent en grande partie. C'est très-probablement à ces différences que tiennent les résultats inférieurs qu'ils ont donnés jusqu'ici, quand on les a appliqués à la végétation.

Cette espèce de synthèse des fumiers avançait certainement la question, mais de plus elle amenait à faire penser : que si dans les fumiers l'ammoniaque se combine si facilement au ligneux ou aux parties extractives de la paille, des feuilles, etc., il ne serait pas impossible, il était même très-probable, qu'une réaction semblable pût se reproduire dans le laboratoire, pourvu que les matières neutres fussent portées à une température voisine de leur point de décomposition ; et c'est conduit, commandé même par les faits de cet ordre que j'entrepris le travail de la fixation de l'azote dans le sucre, le glucose, la mannite, le sucre de lait, l'amidon, le tartrate neutre de potasse, etc.

C'est par le sucre de canne que je commençai ; il me donna les résultats que j'ai précédemment publiés. Comme je l'ai dit, les produits que j'obtins étaient de l'espèce fumique ; l'azote y était énergiquement fixé et dosait plus 10 %. Cependant, quoique depuis longtemps et surtout depuis les admirables travaux de M. Berthelot, on admette que la durée dans les expériences remplace souvent l'élévation de la température, je devais me demander si la nouvelle réaction, qui ne se produit qu'à une température minimum de 150°, était réellement comparable, malgré la similitude des produits, à celle qui se passe dans la fabrication du fumier; ce qui devait en faire douter, c'est qu'après avoir repris l'expérience avec de très-beau sucre, et pendant dix jours de suite, à une température de 130°, je n'obtins aucun résultat; mais en opérant avec des corps moins résistants que le sucre, la réaction ne devait-elle pas se produire à une température plus basse et se rapprochant de celle où le fumier se forme?

Sous ce rapport le glucose, qui, outre son eau de constitution, contient de l'eau de cristallisation, me parut merveilleusement doué; je repris donc l'expérience première, d'abord à 110°, puis à 100° et même au-dessous : à cette température l'absorption de l'ammoniaque est telle, que si sur 800 grammes de glucose, placés au bain-marie dans une cornue, on fait passer un courant d'ammoniaque, produit par la distillation d'un litre d'ammoniaque du commerce, il faut par moment activer très-vivement le dégagement pour prévenir les rentrées d'air, rentrées qui sont sans inconvénient, mais qui donnent une idée de la vivacité de la réaction. En même temps qu'il se produit un corps brun que nous décrirons tout à l'heure, il distille une grande quantité d'eau de dissolution, de cristallisation et de constitution du glucose, et cette eau condensée contient du carbonate d'ammoniaque.

Quant à la matière restant dans la cornue, elle est brune, insipide, soluble dans l'eau, les acides, les dissolutions alcalines et les dissolutions de sels alcalins, mais l'alcool la dédouble en deux produits; l'un qui y est soluble, et l'autre insoluble.

La matière insoluble s'extrait en traitant une dissolution sirupeuse du mélange primitif par 20 fois son volume d'alcool à 38°, lavant le produit sur des filtres avec de l'alcool à 40° et le séchant sous la machine pneumatique.

Cette première substance offre les caractères que nous avons décrits plus haut, mais elle est moins brune et tire même sur le nankin.

A l'analyse elle a donné :

Carbone	52,28
Hydrogène	6,38
Azote	9,94
Oxygène par différence	31,40
	100,00

Par la potasse en dissolution elle ne laisse d'abord pas dégager d'ammoniaque; pour en retirer il faut traiter cette matière à 120°, pendant 48 heures, dans un tube scellé, par une dissolution de potasse additionnée d'hydrate de baryte, et encore n'en extrait-on que très-peu; mais en même temps il se forme une substance toujours azotée, du genre de l'ulmine.

Les sels de platine et de mercure précipitent la substance dont nous venons de donner l'analyse, les premiers en jaune sale, les seconds en blanc, mais bientôt interviennent des réactions qui modifient évidemment les précipités primitifs.

Quant aux dissolutions cuivriques additionnées d'ammoniaque, elles ne réagissent pas à froid, mais à l'ébullition; le bioxyde de cuivre se réduit à l'état de protoxyde, et il se précipite une substance cuprique insoluble dans l'eau, l'alcool et les alcalis, mais soluble dans les acides. Cette substance est évidemment un produit d'oxydation; elle contient jusqu'à 17 % de cuivre et 15 à 16 % d'azote: ce cuivre est-il combiné avec la matière organique? Cela pourrait bien être, quoique la dissolution acétique, en précipitant par l'alcool, abandonne des quantités notables d'acétate de cuivre; mais, par contre, le sulfhydrate d'ammoniaque redissout entièrement cette matière, quand elle a été d'abord précipitée par l'acide sulfhydrique.

Ces propriétés, que je ne fais que noter, méritent d'être étudiées plus à fond.

La matière soluble dans l'eau et dans l'alcool, qui accompagne, au moment de sa formation, la substance que nous venons d'analyser, traitée par les sels ammoniocupriques, donne un produit analogue; mais c'est la seule réaction que nous connaissions encore.

En voyant cette action des sels ammoniocupriques, mon collaborateur et ami, M. Boullion, pensa avec beaucoup de raison qu'en traitant directement une dissolution de glucose par du nitrate de cuivre ammoniacal, il obtiendrait des produits analogues: c'est ce qui arrive en effet cependant; malgré la présence de l'oxygène, ou parce qu'il y a plus de matière à brûler, la réaction est plus lente qu'on ne le croirait *à priori*.

Des produits de la nature de ceux que je viens de décrire devaient m'encourager à m'écarter un peu du point de vue agricole, et à tenter des essais avec d'autres matières neutres. Seulement, au lieu de faire réagir sur ces substances l'ammoniaque à l'état sec, je devais faire intervenir l'eau, et pour cela il fallait opérer dans des tubes scellés; le sucre, la mannite, l'amidon, le tartrate d'ammoniaque, et en dernier lieu les ucre de lait, furent sucessivement passés en revue, et constamment ils donnèrent des produits du genre fumique. Mais suivant les températures employées, ces produits varièrent considérablement; cependant les plus intéressants que nous ayons un peu examinés sont les dérivés du glucose, du sucre de lait, et surtout du sucre de canne.

En effet, quand on maintient à 180° pendant 36 à 48 heures un mélange de parties égales de sirop de sucre et d'ammoniaque liquide, la matière, comme toujours, brunit fortement; de plus, sans compter une grande quantité de carbonate d'ammoniaque formé, elle se scinde en deux parties, chacune très-complexe : l'une est liquide, noire et visqueuse, l'autre est noire et solide.

La partie visqueuse, traitée par un peu d'eau, se dédouble encore en donnant un précipité jaune et une matière soluble dans tous les véhicules; les acides, l'acide carbonique même, dissolvent le précipité jaune avec la plus grande facilité; l'eau en grand excès en fait autant. La mannite, le sucre de lait et le glucose, chauffés au même degré que le sucre et dans les mêmes conditions, paraissent donner naissance à la même substance. C'est surtout sur la matière solide qu'ont porté mes investigations. En effet, si après l'avoir débarrassée par des lavages et des ébullitions réitérées de toute matière soluble, on la traite :

1° Par l'acide chlorhydrique, elle se dissout sensiblement tout entière;

2° Si l'on ajoute un alcali, la potasse par exemple, il se fait un abondant précipité, mais il reste un premier produit soluble dans tous les véhicules et analogue, si ce n'est tout à fait semblable, au produit soluble de la matière visqueuse;

3° Si après avoir lavé le précipité on le traite de nouveau par un acide, il ne se dissout plus qu'incomplétement, et il reste une substance de la nature de l'ulmine azotée que nous avons déjà mentionnée plus haut comme tout à fait insoluble dans tous les véhicules. Seulement celle-ci est noire, tandis que l'autre est d'un brun clair.

4° Si après avoir débarrassé d'ulmine les matières solubles dans les acides on les traite une seconde fois par un alcali; le précipité est alors complet et l'eau-mère ne conserve plus aucune couleur.

5° Si on lave, qu'on dessèche et qu'on traite par l'alcool ce dernier précipité, il s'en dissout environ 60 % et il en reste une substance complétement insoluble dans l'eau, mais soluble dans les acides, qu'il est facile d'isoler.

6° Enfin si l'on évapore doucement la dissolution alcoolique dont il vient d'être question, on obtient une quatrième matière insoluble dans l'eau, soluble dans l'alcool et les acides.

Ainsi, comme nous l'avons dit, la masse solide et insoluble dans l'eau qui se forme à 180° quand on traite dans des tubes scellés un mélange de sucre et d'ammoniaque liquide, donne au moins quatre corps noirs différents; il y a lieu de distinguer :

1° Une espèce d'ulmine azotée, insoluble dans tous les dissolvants;

2° Une matière amère et soluble dans tous les dissolvants qui, à un moment donné, semble être unie à la substance précédente et lui communiquer une partie de ses propriétés;

3° Une matière soluble dans l'alcool et les acides, mais insoluble dans l'eau et les alcalis, légèrement acerbe et un peu amère;

4° Une matière soluble seulement dans les acides, acerbe au goût comme les nèfles, mais nullement amère et se rapprochant encore, mais un peu moins que la précédente, des alcalis organiques.

Toutes les dissolutions acides de ces matières donnent, avec les sels de platine et de mercure, des précipités qui ont de l'analogie avec ceux que nous avons précédemment mentionnés.

L'analyse a donné :

Pour la substance soluble dans l'alcool et insoluble dans l'eau :

Carbone	65,66
Hydrogène	6,05
Azote	19,36
Oxygène par différence	8,93

Pour la substance insoluble dans l'alcool et dans l'eau, mais soluble dans les acides :

Carbone	54,26
Hydrogène	5,34
Azote	18,78
Oxygène par différence	21,62

L'amidon chauffé à 170° donne des produits tout à fait inertes.

Le tartrate d'ammoniaque donne naissance à une quantité énorme de carbonate d'ammoniaque, au point que dans une expérience, malgré l'excès d'ammoniaque apparent, il s'est produit de l'acide carbonique libre.

La calcination des produits dérivés de la mannite répand une odeur de corne brûlée, etc., etc. Se rapprocheraient-ils des matières animales ?

Comme on le voit, le nombre de substances qu'il sera possible d'obtenir en mettant les corps neutres en contact avec l'ammoniaque, et traitant ensuite les produits obtenus par divers réactifs, semble être indéfini.

Maintenant, à quelle série de phénomènes faut-il rapporter ces faits ?

Notre illustre et aimé maître, M. Dumas, l'a dit le jour où il a bien voulu présenter le résumé de ces recherches à l'Académie.

« C'est la transformation des matières neutres non azotées et inco-
« lores en matières azotées et colorantes ; et de même que l'orcine se
« transforme sous l'influence de l'ammoniaque et de l'air en orcéine ;
« la phlorizine en phlorizéine, en fixant l'azote et perdant du car-
« bone et de l'hydrogène donnant naissance à des matières colorantes
« azotées violettes ou bleues ; de même les matières neutres, telles
« que le ligneux, le sucre, l'amidon, etc., obéissent à n'en pas dou-
« ter à la même loi et donnent naissance à des matières colorantes
« brunes et également azotées. Ces phénomènes, a-t-il ajouté, expli-
« quent maintenant pourquoi, dans la fabrication de certaines ma-
« tières colorantes, on n'obtient ces dernières qu'avec les teintes fauves
« et sales qui gênent tant les fabricants ; les matières premières em-
« ployées ne sont exemptes ni de ligneux, ni d'amidon, ni de sucre,
« et sous l'influence de l'ammoniaque et de l'air, des corps bruns ve-
« nant à se produire, la couleur principale en est altérée. »

Après une interprétation si claire, et en présence d'un si grand nombre de corps, on se demande s'il n'existe pas entre eux un lien, s'il n'y a pas une sorte de radical qui, en se combinant avec diverses matières, est la cause de la production de toutes ces variétés ; dès lors l'imagination ne peut s'empêcher de jouer avec les formules.

Dans la position délicate où nous sommes vis-à-vis de M. Schützenberger, qu'on nous permette donc de donner ici le résumé de quelques hypothèses. Si en suivant la voie que nous indiquons on cherche des formules aux corps analysés, on trouve que celles qui s'en rapprochent le plus sont les suivantes :

Matière dérivée du glucose et insoluble dans l'alcool :

Sa formule pourrait être représentée par

$$C^{24}H^{18}Az^2O^{11}.$$

Cette formule donne :

    C = 51,79 au lieu de 52,28 fourni par l'expérience.
    H = 6,47   —   6,38   —
    Az = 10,06   —   9,94   —
    O = 31,68   —   31,40   —

Matière dérivée du sucre, insoluble dans l'eau, soluble dans l'alcool :

Sa formule pourrait être représentée par

$$C^{48}H^{26}Az^6O^5.$$

Cette formule donne :

    C = 65,75 au lieu de 65,66 fourni par l'expérience.
    H = 5,93   —   6,05   —
    Az = 19,17   —   19,36   —
    O = 9,15   —   8,93   —

Matière dérivée du sucre, insoluble dans l'eau et l'alcool, mais soluble dans les acides :

Sa formule pourrait être représentée par

$$C^{54}H^{32}Az^8O^{16}.$$

Cette formule donne :

    C = 54,35 au lieu de 54,26 fourni par l'expérience.
    H = 5,36   —   5,34   —
    Az = 18,78   —   18,78   —
    O = 21,51   —   21,62   —

Maintenant, si l'on cherche à grouper ces formules, on voit que dans toutes on peut séparer un radical $C^{12}Az^2H^6$, jouant le rôle de l'oxygène et par conséquent se combinant avec l'hydrogène, pour jouer le rôle de l'eau ; le résidu représenterait parfois des corps connus, mais auxquels il manquerait des équivalents d'eau que la combinaison $C^{12}Az^2H^6 + H$ viendrait remplacer ; ainsi :

$$C^{24}H^{18}Az^2O^{11} = \begin{cases} C^{12}H^{11}O^{11} = \text{du glucose, moins 1 équivalent d'eau.} \\ C^{12}Az^2H^6 + H \text{ représentant 1 équivalent d'eau.} \end{cases}$$

La première substance serait donc du glucose, moins 1 équivalent d'eau ; mais cet équivalent serait remplacé par la combinaison hydrique du radical.

La deuxième substance :

$$C^{48}H^{26}Az^6O^5 = \begin{cases} C^{12}H^5O^5 \\ 3(C^{12}Az^2H^6 + H) \end{cases}$$

c'est-à-dire un des corps gluciques de M. Peligot, moins 3 équivalents d'eau remplacés par 3 équivalents de la combinaison hydrique du radical.

La troisième substance :

$$C^{54}H^{32}Az^8O^{16} = \begin{cases} C^6O^{12}H^4O^4 \\ 4(C^{12}Az^2H^6 + H) \end{cases}$$

c'est-à-dire 6 équivalents d'acide carbonique combinés à 4 équivalents d'eau, corps qui, il est vrai, n'est pas connu.

Maintenant ce radical existe-t-il réellement ? les substances cupriques et leurs propriétés sembleraient le prouver. Ce radical serait-il commun à toutes les matières colorantes azotées dérivant des substances neutres ? La raison ne répugnerait pas à l'admettre ; mais en cela on ne peut, on ne doit rien affirmer, ni même rien supposer avant que de nouvelles recherches soient venues éclairer la question.

Si, abandonnant des hypothèses trop audacieuses, nous rentrons dans le domaine des faits plus discutables, en tenant compte des observations auxquelles les fumiers ont donné lieu, soit qu'on envisage les faits pratiques, soit qu'on s'appuie sur la fabrication de l'acide fumique à l'aide du ligneux et de l'ammoniaque ; et d'autre part en remarquant que dans les synthèses des matières neutres azotées les substances, sans être très-alcalines, tendent d'autant plus à l'alcalinité qu'elles sont plus azotées ; qu'à 10 °/₀ d'azote elles deviennent même tout à fait neutres on, ne sera pas éloigné d'admettre qu'en abaissant encore la teneur en azote, ces substances tendraient à l'acidité; dès lors, en arrivant à la teneur de 5 %, on tomberait sur un acide analogue à l'acide fumique, s'il n'est pas l'acide fumique lui-même.

Je demande pardon au lecteur de m'être étendu si longuement sur ce sujet et surtout d'avoir jeté en avant des idées trop hardies et des faits incomplétement étudiés. Quand, ignorant le travail de M. Schützenberger, j'allais prendre la parole à la Société, je me proposais de m'en tenir à quelques observations détachées; mais, eu égard à la circonstance, il m'a semblé important pour mon honneur et ma réputation de démontrer, par l'étendue de mon travail, le nombre des faits et les pensées qui m'ont guidé, qu'il était matériellement impossible que je n'eusse pas approfondi moi-même et pendant longtemps la question, que d'ailleurs j'avais soulevée.

Sur un nouveau composé produit par l'action de l'hydrogène sur la nitrobenzine en présence de la mousse de platine, par M. G. JUMEL.

En recherchant les circonstances de la formation de l'aniline à l'aide de la nitrobenzine, je fus conduit à faire réagir l'hydrogène sec sur les vapeurs de nitrobenzine en présence de la mousse de platine; je pris un tube de porcelaine dans lequel je plaçai de la mousse de platine; à l'une des extrémités j'adaptai une cornue tubulée contenant de la nitrobenzine; à l'autre je plaçai une serpentin; je fis passer d'abord dans tout mon appareil un courant d'hydrogène qui arrivait par la tubulure de ma cornue tangentiellement à la surface de la nitrobenzine.

Ayant complétement purgé mon appareil d'air, je chauffai le tube de porcelaine sur une grille à analyse, puis je fis passer des vapeurs de nitrobenzine, le courant d'hydrogène continuant toujours à affluer dans l'appareil.

Dès le début de l'expérience il se produit une grande quantité de vapeurs blanches; puis, ces vapeurs cessant, une huile d'un brun jaunâtre vient se condenser et tombe au fond de l'eau placée dans le récipient; au bout de quelque temps, la production de cette huile s'arrête et alors des quantités considérables de vapeurs jaunes très-lourdes se dégagent; puis une huile noire, moins fluide que la précédente, vient se condenser en très-grande quantité dans le serpentin.

Ayant répété plusieurs fois l'expérience, les mêmes phénomènes se reproduisirent toujours et dans le même ordre.

C'est sur le premier produit que portent les remarques que j'ai faites.

La seconde matière n'est qu'un produit de décomposition des vapeurs de nitrobenzine chauffée à une température d'environ 400°, parce qu'au bout d'un certain temps la mousse de platine se recouvre de charbon et que dès lors elle n'agit plus. Ayant imaginé cette expérience dans le but de produire de l'aniline, j'essayai l'action de l'hypochlorite de chaux et du bichromate de potasse sur ce corps, après l'avoir traité par un peu d'acide acétique, dans lequel il se dissout. J'obtins avec l'hypochlorite une couleur lie de vin ou violet-rouge sale, et rien avec le bichromate.

J'essayai l'action de l'hypochlorite seul et sans acide; alors je vis apparaître une couleur d'un bleu sale d'abord, et qui peu à peu, en se fonçant, ne tarda pas à présenter la couleur des dissolutions alcalines d'oxyde de cuivre.

Fait remarquable, ce corps bleu se comporte avec les acides et les alcalis exactement comme les dissolutions de tournesol, virant au rouge par les acides et revenant au bleu par les alcalis. Ce qui explique parfaitement la coloration d'un rouge-violet obtenue de prime abord.

L'huile jaunâtre qui donne naissance à ce corps bleu est insoluble dans l'eau, soluble dans l'alcool et dans l'éther; elle est sensiblement neutre au tournesol.

Quant au bleu, il est soluble dans l'eau et dans l'alcool, et il communique aux tissus des couleurs bleues qui s'en vont complétement par des lavages à l'eau.

EXTRAIT DES PROCÈS-VERBAUX

DES SÉANCES DU MOIS D'AVRIL.

SÉANCE DU 12 AVRIL 1861.

Présidence de M. Pasteur.

M. ALEXEYEFF est élu membre résident de la Société.

La Société reçoit :

1° Une Note de M. DE WILDES intitulée : *Action des nitrates de prot-oxyde et de bioxyde de mercure sur la naphtylamine;*

2° Une brochure de M. MELSENS sur les poudres de guerre, de mine et de chasse;

3° Une brochure intitulée : *Étude chimique des matières glaireuses déposées dans les eaux de Molitg* (Pyrénées-Orientales), par MM. BÉCHAMP et SAINTPIERRE;

4° Un exemplaire du rapport général sur les travaux du Conseil d'hygiène publique et de salubrité du département de la Seine, par M. TRÉBUCHET.

M. WURTZ offre à la Société, de la part de M. VERDEIL, un ouvrage sur l'*industrie moderne.*

M. THENARD expose la suite de ses recherches sur les combinaisons de l'azote avec certaines matières neutres.

M. DEHÉRAIN présente un Mémoire relatif à l'action de l'ammoniaque sur les chlorures de zinc, d'étain et d'antimoine.

M. TERREIL communique à la Société des procédés pour l'extraction de la matière grasse des jaunes d'œuf.

Ces procédés sont fondés sur la solubilité de l'albumine dans l'eau chauffée sous pression et sur la solubilité de l'albumine dans l'acide chlorhydrique.

Dans le premier cas le liquide chargé d'albumine peut servir à arroser les matières qui entrent dans la composition des engrais. Lorsqu'on emploie l'acide chlorhydrique, les liqueurs acides peuvent servir à dissoudre les nodules de phosphate de chaux.

La matière grasse extraite du jaune d'œuf renferme de 30 à 35 %

d'acide margarique blanc, nacré, fondant à 45°. La partie liquide est utilisée pour lustrer les peaux.

M. CANNIZZARO annonce avoir obtenu de la benzine en distillant l'acide salylique avec de la baryte.

M. PASTEUR fait un résumé de ses travaux sur la levûre de bière.

SÉANCE DU 26 AVRIL 1861.

Présidence de M. Balard.

Ont été nommés membres résidents de la Société MM. FORDOS et OPPENHEIM.

M. BÉCHAMP est élu membre non résident.

M. ROUSSIN fait une communication relative à deux nouvelles matières colorantes dérivées de la naphtaline.

M. ROUSSIN expose ensuite le résultat de ses recherches sur un nouveau corps dérivé de l'acide picrique par réduction.

En faisant réagir sur cet acide l'acide chlorhydrique et l'étain, il a obtenu des cristaux blancs nacrés qu'il regarde comme le chlorhydrate d'une base nouvelle.

Ces cristaux sont très-facilement altérés sous l'influence de l'oxygène. 5 centigrammes dissous dans 1 litre d'eau aérée produisent une coloration très-riche et très-intense.

M. TERREIL annonce qu'il s'occupe, au point de vue industriel, du même sujet que M. Roussin.

M. BALARD déclare avoir appris qu'à Montpellier M. Béchamp étudiait des produits analogues.

M. LAUTH, après avoir exposé les inconvénients qui résultent de la distillation de la nitrobenzine à feu nu ou dans un courant de vapeur, propose de distiller ce corps sur la chaux. Ce procédé fournit, sans danger d'explosion, un produit convenablement pur.

M. E. BAUDRIMONT fait connaître la suite de ses recherches concernant l'action du perchlorure de phosphore sur divers corps simples métalliques ou autres.

MÉMOIRES COMMUNIQUÉS A LA SOCIÉTÉ DANS LE MOIS D'AVRIL.

De l'action de l'ammoniaque sur les chlorures, par M. P. P. DEHÉRAIN.

PREMIÈRE PARTIE.

Les recherches que je poursuis sur les chlorures (1) m'ont naturellement conduit à reprendre l'étude des combinaisons que forment ces composés en s'unissant à l'ammoniaque. Plusieurs chimistes éminents, MM. H. Rose, Grouvelle, R. Kane, Persoz, Millon se sont déjà occupé de cette question; je n'ai eu souvent qu'à confirmer les résultats auxquels ils étaient arrivés; quelquefois j'ai pu les compléter.

Je ne m'occuperai, dans cette première communication, que des combinaisons que donnent les chlorures de zinc, d'étain et d'antimoine.

1. — A. *Chlorure de zinc.* Si, en suivant les indications données par M. Kane et par M. Persoz, l'on fait dissoudre du chlorure de zinc dans l'ammoniaque, la liqueur s'échauffe et laisse précipiter par refroidissement une matière blanche cristalline, soluble dans l'eau, qui, desséchée, présente la formule :

$$ZnCl,2AzH^3.$$

Cette formule exige :

	Zinc	31,8
On a trouvé :	Zinc	33,6

Cette matière peut se dissoudre dans l'acide chlorhydrique, qui se combine avec elle et s'ajoute à ses éléments; on obtient par évaporation un chlorosel bien cristallisé en aiguilles dentelées et dont la formule est :

$$ZnCl,2AzH^4Cl.$$

En effet :

	Calculé :	Trouvé :	
		18,0	19,0
Zn	18,6	18,0	19,0
Chl	60,8	59,7	

(1) *Les combinaisons formées par deux chlorures sont-elles des sels?* (Thèse pour le doctorat, 1859.) — *Bulletin de la Société chimique.* — *Répertoire de Chimie pure.* 1860.

Ce chlorosel n'avait pas encore été décrit.

B. Si l'on fait évaporer, à une douce chaleur, la liqueur ammoniacale qui a laissé déposer la combinaison $ZnCl,2AzH^3$, on ne tarde pas
à en obtenir une seconde qui renferme une quantité d'ammoniaque
moitié moindre. Sa formule est :

$$ZnCl,AzH^3.$$

En effet :

	Calculé :	Trouvé :
Zn	38,2	37,6

Dissoute dans l'acide chlorhydrique, cette matière donne un chlorosel par fixation de 1 équivalent d'acide chlorhydrique. On peut au
reste obtenir ce même produit en dissolvant ensemble des quantités
convenables de chlorure de zinc et de chlorhydrate d'ammoniaque.
Ce composé a déjà été obtenu par M. I. Pierre; il présente la formule :

$$ZnCl,AzH^6Cl.$$

	Calculé :	Trouvé :
Zinc	26,7	25,3
Chlore	58,5	56,8

C. Si on calcine la combinaison ammoniacale $ZnCl,AzH^3$, on lui
fait perdre la moitié de son ammoniaque, et le résidu très-stable
qu'on obtient affecte la forme d'une masse gommeuse transparente,
jaune comme du succin. Il présente la formule :

$$2ZnCl,AzH^3$$

	Calculé :	Trouvé :
Zinc	42,4	42,5

Traité par l'acide chlorhydrique, ce chlorure ammoniacal se dissout
et laisse déposer un beau chlorosel, tantôt en paillettes hexagonales
hachées, tantôt en belles aiguilles terminées par un pointement, de la
formule

$$2ZnCl,AzH^4Cl.$$

En effet :

	Calculé :	Trouvé :
Zinc	34,4	34,1
Chlore	55,9	55,8

Cette substance n'avait pas encore été décrite. On peut l'obtenir par
le mélange direct des deux chlorures.

2. — *Bichlorure d'étain.* Pour obtenir à l'état de pureté la combinaison de bichlorure d'étain et d'ammoniaque décrite par M. H. Rose,
j'ai fait passer de l'ammoniaque sèche dans du bichlorure d'étain. Les
deux substances se combinent intégralement, sans élimination de chlor-

hydrate d'ammoniaque; la matière obtenue est blanche, cristalline; elle fond assez facilement et peut se sublimer en ne laissant qu'un faible résidu brun et en ne perdant que des traces d'ammoniaque. Cette matière présente la formule :

$$SbCl^2, AzH^3.$$

	Calculé :	Trouvé :
Sn	40,2	38,2
Cl	48,3	48,3

Traitée par l'acide chlorhydrique, cette combinaison fixe les éléments de cet acide et donne le chlorostannate d'ammonium de M. Lewy, dont les cubo-octaèdres sont tellement reconnaissables qu'on s'est contenté du dosage de l'azote.

La formule exige 7,6 $^0/_0$ d'Az. On a trouvé 7,0.

3. — A. *Protochlorure d'antimoine*. Quand, en suivant les indications de M. H. Rose, on fait fondre du protochlorure d'antimoine dans de l'ammoniaque gazeuse et sèche qui arrive à sa surface sans pénétrer dans la masse, on obtient une masse brune non déliquescente, très-dure, qui ne perd pas d'ammoniaque même à une température élevée. Cette combinaison se décompose par l'eau et donne un précipité blanc, tout en laissant en dissolution un chlorosel antimonique dont la formule est :

$$SbCl^5, 4AzH^4Cl.$$

On reviendra plus loin sur ce composé.

La formule de la première combinaison est :

$$SbCl^3, AzH^3.$$

	Calculé :	Trouvé :
Cl	42,1	41,4
Az	5,5	5,5

Cette substance, traitée par l'acide chlorhydrique, se dissout et laisse cristalliser de longues aiguilles brunes, très-déliquescentes et très-instables, qu'il faut sécher dans le vide au-dessus de l'acide sulfurique; elles se décomposent assez facilement en donnant du perchlorure d'antimoine libre et un chlorosel plus riche en ammoniaque. Ce sel dérive donc de SbCl³,AzH³ par fixation d'acide chlorhydrique; on peut aussi le préparer en unissant directement les chlorures. Il présente la formule :

$$SbCl^3, AzH^4Cl.$$

	Calculé :	Trouvé :
Cl	49,1	48,7
Az	4,8	4,4

Ce sel n'avait pas encore été décrit.

L'ammoniaque peut donner, avec le protochlorure d'antimoine, une seconde combinaison qui n'avait pas encore été obtenue.

On obtient cette combinaison en amenant l'ammoniaque dans le protochlorure d'antimoine par un tube qui plonge dans la masse fondue ; elle est blanche, volatile ; elle se fige parfois sur les parois de la cornue sous forme de gouttelettes transparentes ; elle est plus souvent opaque et légèrement jaunâtre ; elle présente la formule :

$$SbCl^3, 2AzH^3.$$

	Calculé :	Trouvé :
Chlore	39,4	40,2
Azote	10,3	10,0

Traitée par l'acide chlorhydrique, cette combinaison se dissout et donne de belles lamelles jaunes, affectant presque toujours la forme hexagonale. Ce chlorosel a déjà été décrit par M. Jacquelain, qui lui a donné la formule :

$$SbCl^3, 2AzH^4Cl.$$

	Calculé :	Trouvé :
Sb	37,6	38,4
Cl	51,8	51,6 — 52,2
Az	8,1	8,9

4. — *Perchlorure d'antimoine.* M. H. Rose a étudié l'action de l'ammoniaque sur le perchlorure d'antimoine ; il a trouvé une combinaison d'un rouge-brun à laquelle il donne la formule $SbCl^5, 2AzH^3$.

J'ai préparé également cette combinaison en faisant passer de l'ammoniaque sèche dans le perchlorure d'antimoine ; mais il est très-difficile d'obtenir ce corps à l'état de pureté. En effet, pour peu que la température s'élève, cette combinaison se détruit et donne naissance à $SbCl^3, 2AzH^3$ qu'on rencontre au reste presque toujours dans les produits de l'action de l'ammoniaque sur le perchlorure d'antimoine. Je n'ai pu encore, malgré de nombreux essais, avoir avec cette combinaison qu'un seul dosage conduisant à une formule rationnelle, c'est un dosage d'azote.

J'ai trouvé 11,3 ; la formule $SbCl^5, 3AzH^3$ exige 11,7.

La réaction qu'exerce sur la combinaison rouge l'acide chlorhydrique ne permet pas de douter que telle soit en effet sa formule. Quand on dissout ce perchlorure d'antimoine triammoniacal dans l'acide chlorhydrique, on obtient par évaporation de belles lames rouges hexagonales qui présentent la formule :

$$SbCl^5, 3AzH^4Cl.$$

	Calculé :	Trouvé :
Sb	32,6	32,9
Cl	53,5	54,5
Az	10,6	10,5

On peut obtenir ce sel par deux autres méthodes : 1° en calcinant dans une cornue le perchlorure d'antimoine triammoniacal ; il distille un liquide blanc jaunâtre qui ne tarde pas à se figer sous forme d'aiguilles qui paraissent être $SbCl^3,AzH^4Cl$. Il se forme en même temps le chlorosel $SbCl^5,3AzH^4Cl$, dont les lames rouges hexagonales apparaissent avec la plus grande netteté.

Si l'on mélange avec du chlorhydrate d'ammoniaque de vieux résidus de la préparation d'hydrogène sulfuré obtenu au moyen du sulfure d'antimoine et de l'acide chlorhydrique, on obtient encore cette combinaison.

Au moment où le sulfure d'antimoine se dissout dans l'acide chlorhydrique, il ne se forme que le protochlorure d'antimoine $SbCl^3$; mais si on laisse ce corps exposé à l'air, il change de teinte ; de jaune qu'il était il devient rouge foncé en se transformant en perchlorure. On peut admettre la réaction suivante :

$$SbCl^3 + 2HCl + 2O = 2HO + SbCl^5.$$

B. L'ammoniaque en agissant sur $SbCl^5$ donne encore un autre produit plus volatil que le précédent, qui arrive dans le récipient placé à la suite de la cornue. Ce produit blanc, très-léger, perd facilement une partie de son ammoniaque ; il présente la formule :

$$SbCl^5,4AzH^3.$$

	Calculé :	Trouvé :
Cl	47,4	47,8
Az	15,0	13,8

Traité par l'acide chlorhydrique, ce chlorure ammoniacal fixe cet acide et donne de beaux octaèdres jaunes dorés qui présentent la formule $SbCl^5,4AzH^4Cl$.

On peut encore obtenir ces octaèdres en traitant le perchlorure d'antimoine par une quantité convenable de chlorhydrate d'ammoniaque ; en ajoutant du chlorhydrate d'ammoniaque au chlorosel précédent ; enfin en traitant par l'eau le protochlorure d'antimoine monoammoniacal.

Tels sont les faits qui résultent d'une première étude de l'action de l'ammoniaque sur les chlorures de zinc, d'étain et d'antimoine.

Quelle interprétation faut-i donner de ces faits ? C'est ce que nous devons maintenant examiner.

Faut-il considérer ces combinaisons comme des chlorures ammoniacaux analogues aux nombreux sels ammoniacaux que donnent les sels oxygénés, notamment les sulfates de zinc, de cuivre, etc., ou bien faut-il les considérer comme des chloramides analogues aux amides oxygénées?

Si ces combinaisons sont des chlorures ammoniacaux, on peut être étonné de la persistance avec laquelle ils retiennent l'ammoniaque; ils se volatilisent avec elle plutôt que de l'abandonner, tandis que les sulfates ammoniacaux perdent généralement cette substance à une faible chaleur pour régénérer le sel primitif.

Si ce sont des chlorures ammoniacaux, il est singulier que dans tous les essais on arrive toujours à trouver qu'à un chlorure ammoniacal correspond un chlorosel; que l'acide chlorhydrique se fixe sur le chlorure ammoniacal, si complexe qu'il soit, sans jamais donner de chlorhydrate d'ammoniaque libre, ainsi qu'on devrait l'observer au moins dans quelques cas.

Si, au contraire, ces combinaisons sont des chloramides, cette dernière réaction s'explique avec la plus grande facilité, et la fixation de l'acide chlorhydrique produisant le chlorosel ammoniacal devient la copie exacte de la fixation d'eau qui transforme les amides ordinaires en sels ammoniacaux.

Cependant on n'a pas de peine à trouver une objection sérieuse à cette interprétation séduisante, qui permet de réunir toutes les combinaisons des éléments binaires à réactions acides dans la classe des amides, qui prendrait alors une grande extension.

Pour Gerhardt, en effet, une amide dérive du type ammoniaque $Az\begin{cases} H \\ H \\ H \end{cases}$ dans lequel 1 équivalent d'hydrogène est remplacé par 1 équivalent de radical. Or les combinaisons des chlorures avec l'ammoniaque ne peuvent dériver de ce type, puisqu'on y trouve l'ammoniaque tout entière combinée aux chloracides.

Me sera-t-il possible d'enlever à quelques-une de ces combinaisons de l'acide chlorhydrique pour leur faire prendre plus nettement la physionomie de résidus, de corps incomplets? Pourrai-je, avec d'autres chloracides, obtenir des combinaisons ammoniacales ne renfermant plus que 2 équivalents d'hydrogène? C'est ce que je ne saurais encore affirmer.

En résumé, mes expériences ne sont pas encore assez avancées pour que je puisse ranger d'une façon définitive les combinaisons des chlorures avec l'ammoniaque, soit dans la classe des chlorures ammonia-

caux, soit dans celle des chloramides; toutefois, c'est en partant de l'i-
dée que les combinaisons des chlorures avec l'ammoniaque sont des
chloramides que je suis arrivé à trouver plusieurs des corps nouveaux
que je viens de décrire. Cette interprétation a donc au moins un avantage; elle est féconde.

Sur la nitronaphtaline, la naphthylamine et leurs dérivés colorés, par M. Z. ROUSSIN.

Cette communication est relative à deux nouvelles matières colorantes dérivées de la napthaline ainsi qu'à la description d'un nouveau
procédé pour préparer industriellement la nitronaphtaline et la naphtylamine.

On sait que l'hydrogène carboné, appelé benzine, fixe les éléments
de l'acide hypoazotique pour former la nitrobenzine. Entré ainsi sous
la forme d'une molécule acide, l'azote, à la suite d'une action réductrice, peut revêtir un caractère alcalin et persister dans le composé. On
obtient alors l'aniline, dont les éléments mobiles se prêtent avec tant
de facilité aux phénomènes d'oxydation ou de substitution.

La naphtaline fournit deux dérivés parallèles à ceux de la benzine :
la nitronaphtaline et la naphtylamine. Il était intéressant de rechercher
si cette dernière substance produirait également des dérivés colorés
analogues à ceux de l'aniline. Cette recherche avait une importance
d'autant plus grande que, vu l'état de condensation assez élevé de ces
substances, il ne semblait pas téméraire de prévoir une plus grande
stabilité dans les composés.

L'auteur a dû s'occuper d'abord de produire facilement et à bon
marché les deux matières premières : 1° la nitronaphtaline ; 2° la naphtylamine.

Préparation de la nitronaphtaline. On introduit dans un ballon de
8 litres 1 kilogramme de naphtaline ordinaire avec 5 kilogrammes
d'acide nitrique du commerce et l'on dispose l'appareil au-dessus d'un
bain-marie d'eau bouillante. La naphtaline fond d'abord et reste sur-
nageante à la partie supérieure; on agite le ballon de temps en temps :
quelques vapeurs rutilantes se dégagent et la couche huileuse gagne
le fond. Au bout d'une demi-heure l'opération est terminée. On s'empresse de décanter l'acide surnageant et on verse la matière huileuse
dans une terrine, où elle se fige rapidement. On la divise au moment
de sa solidification en l'agitant sans cesse et on la lave à plusieurs
reprises pour lui enlever l'excès d'acide. Pour purifier la nitronaph-

taline, il suffit de la faire fondre et de la comprimer fortement à la presse après refroidissement. La nitronaphtaline fondue peut être filtrée et passe aussi rapidement que l'eau. Les pains de nitronaphtaline solide sont d'une couleur rougeâtre vus en masse, mais la poudre est d'une belle couleur jaune. Si la compression a été suffisamment énergique pour chasser une huile rougeâtre qui imprègne la masse, la nitronaphtaline préparée ainsi est très-pure. On obtient à peu près la quantité théorique.

Préparation de la naphtylamine. On introduit dans un ballon 6 parties d'acide chlorhydrique du commerce, 1 partie de nitronaphtaline préparée par le procédé indiqué ci-dessus, et l'on ajoute une quantité de grenaille d'étain telle qu'elle atteigne la surface du mélange. Le liquide doit occuper à peine la moitié de la capacité du ballon. On porte alors ce dernier au bain-marie et l'on agite de temps en temps. Au bout de quelques instants une réaction énergique s'opère; la nitronaphtaline disparaît et la liqueur devient limpide. On décante alors le liquide dans une terrine en grès contenant 2 kilogrammes d'acide chlorhydrique du commerce, où bientôt il se solidifie presque complétement par la cristallisation du chlorhydrate de naphtylamine. Lorsque cette bouillie est complétement froide, on la met à égoutter sur une toile forte et on la soumet à une compression énergique. Pour purifier ce sel, il suffit de le dessécher complétement, de le faire dissoudre dans l'eau bouillante, d'y faire passer un courant d'acide sulfhydrique pour précipiter l'étain et de jeter la liqueur sur un filtre de papier mouillé qui retient quelques parcelles de matières rougeâtres goudronneuses. Par le refroidissement le chlorhydrate de naphtylamine cristallise. On l'égoutte, on le comprime et on le sèche dans une étuve chauffée à + 100°.

Le chlorhydrate de naphtylamine se sublime facilement à la façon de l'acide benzoïque ou du sel ammoniac. Il est alors très-léger, en flocons d'une blancheur éclatante et d'une pureté absolue.

Les eaux-mères de la dernière cristallisation du chlorhydrate de naphtylamine peuvent servir à l'extraction de la naphtylamine elle-même ou bien être utilisées dans cet état, comme nous le verrons plus tard.

La préparation de ces divers produits est tellement simple par ces procédés, qu'il suffit de quelques heures pour obtenir plusieurs kilogrammes de chlorhydrate de naphtylamine en partant de la naphtaline elle-même.

Parmi les divers essais auxquels l'auteur s'est livré pour appliquer la naphtylamine à la teinture, les deux suivants sont surtout propres à donner une idée du parti important qu'il est possible de tirer de ces produits.

Si l'on mélange deux solutions limpides et neutres, l'une de chlorhydrate de naphtylamine, l'autre d'azotite de potasse, il se produit un précipité rouge grenat, complétement insoluble dans l'eau. L'application de cette réaction à la teinture est extrêmement simple. Il suffit de plonger dans une solution de chlorhydrate de naphtylamine, chauffée à $+50°$, des écheveaux de soie ou de laine, de les tordre pour exprimer l'excédant du liquide, puis de les plonger dans la solution d'azotite de potasse. On lave à grande eau, l'on passe dans de l'eau alcalinisée et on termine par un lavage complet. Les nuances qne l'on peut obtenir varient suivant la concentration et l'acidité des liqueurs, depuis la couleur aurore jusqu'au rouge grenat très-foncé. Ce qui caractérise surtout cette matière colorante, c'est sa fixité. Elle est inaltérable à la lumière, inattaquable par les chlorures décolorants, l'acide sulfureux, les solutions alcalines et les acides affaiblis. Les acides énergiques, lorsqu'ils sont concentrés, font virer cette couleur au violet tant que l'étoffe reste imprégnée d'acide. Un simple lavage à l'eau qui enlève l'acide rétablit la couleur. Par sa fixité exceptionnelle, cette couleur rappelle l'alizarine elle-même : son origine justifie et explique ce rapprochement. L'alizarine en effet appartient bien probablement à la série de la naphtaline. Quoi qu'il en soit, cette nouvelle matière colorante ne peut manquer d'entrer facilement dans la teinture industrielle.

Lorsqu'on chauffe le chlorhydrate de naphtylamine brut, c'est-à-dire renfermant du protochlorure d'étain, à la température de $+230$ à $+250°$ environ, au bain d'huile, il reste dans la cornue une masse noirâtre, brillante, comme frittée. Cette matière est réduite en poudre fine et traitée à plusieurs reprises par l'eau bouillante pour lui enlever tout ce qu'elle renferme de soluble. Après sa dessiccation, on la traite par l'alcool bouillant, qui la dissout en partie en prenant une coloration rouge-violet très-intense. Appliquée sur des étoffes, cette couleur est inaltérable à la lumière, aux acides et aux alcalis.

L'auteur s'empresse de livrer ces premiers résultats à la publicité et se réserve de continuer ses recherches (1).

(1) Dans sa communication faite à l'Académie des sciences, dans la séance du 13 mai, M. Z. Roussin reconnait que les faits relatifs à l'action du nitrite de potasse sur le chlorhydrate de naphtylamine ne sont pas nouveaux et appartiennent à M. Perkin. Il termine sa note ainsi :

« Je m'empresse de reconnaitre comme parfaitement fondée la réclamation de

Sur un nouveau dérivé par réduction de l'acide picrique, par M. Z. ROUSSIN.

La communication suivante n'est que l'ébauche d'un travail plus complet : elle est destinée par l'auteur à prendre date.

Si l'on fait réagir dans un ballon spacieux 15 parties d'acide chlorhydrique pur, 1 partie d'acide picrique cristallisé et 5 parties de grenaille d'étain, on remarque qu'en chauffant le mélange, une réaction énergique se déclare bientôt : tout l'acide picrique disparaît et la liqueur devient limpide, quelquefois incolore, quelquefois légèrement colorée en brun. Par le refroidissement il se dépose une grande quantité de cristaux nacrés que l'on soumet à la presse pour les séparer autant que possible du liquide acide surnageant.

On dissout les cristaux exprimés dans une petite quantité d'eau et l'on y fait passer un courant d'acide sulfhydrique pour séparer l'étain. La liqueur limpide et incolore qui passe alors après la filtration est mise à évaporer sous le récipient de la machine pneumatique. On obtient de la sorte, au bout de quelque temps, des cristaux blancs très-brillants, fort solubles dans l'eau.

Ces cristaux sont, à n'en pas douter, le chlorhydrate d'une base nouvelle que l'auteur se propose d'isoler et d'analyser.

Pour donner une idée de la facile altérabilité de ce produit sous l'influence de l'oxygène, il suffit de dire qu'en dissolvant dans 1 litre d'eau ordinaire 5 centigrammes de ces cristaux, on obtient immédiatement, non une dissolution incolore, mais un liquide présentant une coloration bleu-violet, très-riche et très-intense. L'eau distillée produit la même réaction pourvu qu'elle soit aérée.

Les oxydants divers : acide azotique, perchlorure de fer, bichromate de potasse, etc., produisent le même résultat avec plus d'intensité.

Parmi les matières organiques l'indigo blanc est le seul qui produise une aussi curieuse réaction.

Action de l'ammoniaque sur les matières organiques ternaires neutres (*Suite*), par M. P. THENARD.

L'auteur annonce qu'en poursuivant ses recherches sur les combinaisons de l'azote avec certaines matières neutres, il a obtenu :

1° Une substance non azotée analogue à l'acide crénique, car elle a

« priorité portée devant l'Académie par M. Kopp en faveur de M. Perkin ; je ne
« connaissais pas son travail, non plus que la note supplémentaire du *Traité de*
« *Chimie* de Gerhardt, mentionnée à la même occasion. »   F^x L.

la propriété d'être soluble dans l'eau et incolore, de former des sels, qui bientôt deviennent noirs au contact de l'air, surtout quand la liqueur est alcaline.

2° Cette substance incolore donne, au contact de l'ammoniaque, une substance colorée brune qui, en se formant, fixe de l'azote à la température ordinaire, et par suite appartient à la série fumique, si elle n'est pas de l'acide fumique même, dont elle possède les principales propriétés physiques et chimiques.

3° En traitant par de la potasse en fusion l'un des corps azotés dont M. Thenard a parlé dans la dernière séance, il ne se dégage que peu d'ammoniaque ; la plus grande partie de l'azote reste, au contraire, dans le nouveau composé. Ce nouveau composé est tout à fait analogue au fumate de potasse.

4° En traitant une dissolution de glucose par une dissolution de nitrate de baryte dans un tube scellé à 180° et pendant 48 heures, les matières se dédoublent ; il se fait, d'une part, un précipité brun insoluble dans l'eau et peu azoté, et il reste un liquide incolore où l'azote est fixé en grande quantité sous la forme qu'il semble adopter dans les combinaisons de la série fumique. Aussi ce précipité étant d'abord incolore, se colore-t-il bientôt au contact de l'air, comme il est dit plus haut n° 2. Il résulte donc de cette expérience que les nitrates sont réduits rapidement à moins de 180° et qu'ils donnent naissance à des composés azotés et analogues à ceux que M. Thenard a précédemment décrits.

Sur la décomposition de l'acide salylique par la baryte caustique, par M. Stanislas CANNIZZARO.

M. Kolbe, dans son mémoire sur la constitution de l'acide salicylique, exprime l'opinion qu'il est probable que l'acide salylique donnerait le parabenzol dans les mêmes conditions dans lesquelles l'acide benzoïque donne le benzol (benzine). J'ai fait cette expérience. J'ai distillé avec la baryte l'acide salylique et l'acide benzoïque dans les mêmes conditions, et j'ai obtenu de la benzine tout à fait identique dans les deux cas soit pour le point de fusion, soit pour le point d'ébullition.

La prévision de M. Kolbe ne s'est donc pas vérifiée, et il faut chercher ailleurs la cause de l'isomérie des deux acides.

Sur les ferments, par M. PASTEUR.

M. Pasteur fait une communication sur les prétendus changements de forme des cellules de levûre de bière suivant les conditions extérieures de leur développement. Dans une critique des travaux des botanistes sur ce sujet, M. Pasteur indique les causes d'erreur de leurs expériences. Elles sont telles, selon lui, qu'alors même que les conclusions auxquelles ils sont conduits seraient vraies, il faudrait en donner des preuves toutes nouvelles.

Jusqu'à ce jour M. Pasteur, qui poursuit encore ses études, n'a pu faire produire des mucédinées à la levûre de bière, ni transformer en levûre les spores des mucédinées.

M. Pasteur communique ensuite à la Société de nouvelles observations au sujet de la levûre de bière et des rapports qu'elle offre entre son mode d'accroissement et ses propriétés, selon qu'elle est mise en contact avec le gaz oxygène de l'air ou le gaz acide carbonique dès le commencement de la fermentation.

La levûre, semée dans une liqueur sucrée albumineuse entièrement privée des plus faibles quantités d'air, se multiplie, augmente de poids, et détermine la fermentation du sucre. La levûre peut donc vivre et provoquer la fermentation, bien que les liqueurs où elle a été semée ne renferment pas la moindre trace de gaz oxygène libre.

M. Pasteur a reconnu, d'autre part, que néanmoins, s'il y avait de l'air à l'origine dans les liqueurs ou à leur surface, la levûre se multipliait encore et même beaucoup mieux que dans le premier cas; c'est-à-dire que dans le même temps, et toutes choses égales d'ailleurs, il s'en forme une plus grande quantité; mais cette levûre, pendant son développement, n'a qu'une activité très-faible comme ferment, bien qu'elle agisse énergiquement sur le sucre si on la met ultérieurement en contact avec de l'eau sucrée à l'abri du gaz oxygène.

M. Pasteur a déjà réussi à enlever à la levûre son caractère de ferment dans la proportion des neuf dixièmes; mais ce qu'il importe de remarquer, c'est que dans ces circonstances particulières les globules de levûre, d'après les expériences de M. Pasteur, absorbent l'oxygène de l'air et dégagent de l'acide carbonique, vivant dès lors à la manière de toutes les petites plantes inférieures.

M. Pasteur avait déjà signalé toute l'analogie qui existe entre le mode de vie de la levûre de bière et des torulacées ou des mucédinées ordinaires, en montrant que ces productions diverses pouvaient se développer dans des liqueurs qui ne renferment que du sucre, de l'ammoniaque et des phosphates. Mais la levûre de bière restait toujours séparée des végétaux inférieurs par la double propriété de pouvoir vivre sans oxygène libre et d'être ferment. Les nouveaux faits qui viennent d'être énoncés établissent que la levûre de bière peut vivre à l'aide du gaz oxygène libre, et que, par son influence, elle se multiplie même avec une activité extraordinaire. Sous le rapport du développement organique, il n'y a plus de différence, dans ces conditions spéciales, entre la levûre et les plantes les plus inférieures. Or, à ce moment, la différence s'efface également au point de vue des propriétés de fermentation. Le caractère ferment tend à disparaître pour faire place aux seuls phénomènes de nutrition, ainsi que cela a lieu chez les plantes inférieures ordinaires.

Il paraît donc y avoir corrélation entre le caractère ferment et le fait de la vie sans gaz oxygène libre. Cela posé, faut-il admettre que la levûre de bière, si avide d'oxygène qu'elle se multiplie avec une énergie tout à fait inconnue jusqu'ici, dit M. Pasteur, lorsqu'on lui fournit du gaz oxygène libre, n'en utilise plus aucune trace pour son développement dès qu'on lui refuse ce gaz sous forme libre, sans le lui refuser sous forme de combinaison? N'est-il pas vraisemblable que le mode de vie de la plante est le même dans les deux cas, sauf que dans le second elle respire avec l'oxygène emprunté à la matière fermentescible? Ce serait par conséquent dans cet acte physiologique qu'il faudrait placer l'origine du caractère ferment.

Telle est la théorie nouvelle de la fermentation que M. Pasteur soumet à l'attention des physiologistes.

Trois séances extraordinaires et publiques ont eu lieu les 5 et 19 avril et 17 mai.

M. Lissajous, professeur de physique au lycée Saint-Louis, a exposé les résultats de ses recherches appliquées à l'*étude optique des sons*.

M. Edmond Becquerel, professeur de physique au Conservatoire impérial des arts et métiers, a fait l'exposé de ses recherches sur la *phosphorescence*.

M. L. Pasteur, président de la Société, a exposé ses recherches sur les *générations dites spontanées*.

Ces leçons seront publiées.

EXTRAIT DES PROCÈS-VERBAUX

DES SÉANCES DU MOIS DE MAI.

SÉANCE DU 10 MAI 1861.

Présidence de M. A. Ferrot.

Sont élus membres résidents de la Société :

MM. Personne, pharmacien en chef de l'hôpital de la Pitié.

Rohart.

M. Cahours fait, au nom de M. Cannizzaro, une communication sur les acides toluiques isomères et sur l'aldéhyde toluique obtenue par la distillation d'un mélange de formiate et de toluate de chaux.

M. Grandeau, au nom de MM. Bunsen et Kirchhoff, présente une analyse des recherches faites sur les composés des nouveaux métaux découverts par les auteurs, et auxquels ils ont donné le nom de *Césium* et de *Rubidium*, d'après les raies que ces composés font naître dans les spectres lumineux. Ces métaux ont été isolés par la pile et leurs équivalents ont été déterminés.

M. Faget présente quelques observations critiques sur le travail de M. Béchamp et sur un mémoire fait en commun avec MM. Béchamp et Saint-Pierre, relativement à la réduction de la nitrobenzine par le sulfate de protoxyde de fer et à l'action de ce même sel de fer sur le bichlorure de platine.

M. Saintpierre réplique à cette communication. M. Faget maintient ses conclusions.

M. Wurtz présente, au nom de M. Alexeyeff, une note sur un nouveau mode de production de l'acide benzamique.

M. Wurtz communique le résultat de recherches faites en commun avec M. Friedel sur la *biatomicité* de l'acide lactique et sur des combinaisons que les auteurs appellent *éthers polylactiques.*

M. Bouis communique le résultat de ses recherches sur les aciers, et particulièrement sur les aciers *Krupp.*

MM. Friedel et Machuca présentent les résultats de leurs recherches sur un nouvel acide qu'ils ont obtenu et qu'ils nomment acide *oxybutyrique;* cet acide est isomère de l'acide acétonique et de l'acide que M. Wurtz avait désigné sous le nom d'acide *butylactique.*

M. Friedel rend compte de la détermination qu'il a faite d'une nouvelle espèce minérale qui offre un cas de dimorphisme avec la blende. Le nouveau minéral est identique avec la blende hexagonale obtenue artificiellement par M. Henri Sainte-Claire Deville.

SÉANCE DU 24 MAI 1861.

Présidence de M. Pasteur.

M. GUIGNET communique les résultats de ses expériences relatives à l'emploi de la nitrobenzine et de l'aniline comme dissolvants du coton-poudre destiné à la préparation du collodion photographique.

M. GUIGNET rend ensuite compte de ses recherches sur l'action exercée par l'eau et l'alcool sur le sulfure de carbone à chaud et sous pression.

M. E. BOUTMY entretient la Société de ses recherches sur le phénomène de *passivité* du fer, et présente quelques vues sur la théorie de l'action de l'acide azotique fumant sur le fer. Il se forme toujours, dans ce cas, de l'azotate de protoxyde de fer qu'on peut isoler à l'état cristallisé. Le fer peut devenir passif par le simple dépôt d'une matière insoluble oxydée. L'acide chromique ajouté à l'acide azotique quadrihydraté fournit un liquide dans lequel le fer reste passif, etc.

M. JOURDIN fait hommage à la Société, au nom de M. Calvert, de deux mémoires en anglais relatifs à la conductibilité des métaux pour la chaleur.

M. JOURDIN expose les résultats de ses recherches sur la substance appelée acide rosolique par Runge.

M. JOURDIN rend compte d'une méthode de séparation du fer et de la chaux par le succinate d'ammoniaque, qu'il juge préférable à l'emploi de l'ammoniaque.

M. JOUVIN signale la présence de l'étain dans le zinc du commerce.

M. BARRESWIL présente quelques observations à ce sujet; il attribue à des produits de refontes et de soudures la présence de l'étain, lequel ne provient pas du minerai de zinc.

M. WURTZ présente, au nom de M. Papillon, une note relative aux phénomènes d'absorption par les gaz et sur les combinaisons et décompositions opérées par certains corps.

M. WURTZ rend compte de ses expériences relatives à l'action de l'acide iodhydrique sur le propylglycol. On obtient par là l'iodure propylique.

M. LOURENÇO présente le résumé de ses recherches sur l'action de l'amalgame de sodium sur les éthers chlorhydriques des alcools polyatomiques. Cette réaction permet de passer à des alcools d'*atomicité* inférieure. L'auteur présente ensuite quelques considérations sur la constitution des radicaux.

M. Roussin expose ses recherches sur la production d'une substance qu'il appelle *alizarine artificielle*, qu'il a dérivé de la binitronaphtaline soumise à des agents de réduction.

M. Nacquet émet des doutes sur l'identité de la matière de M. Roussin avec la véritable alizarine de la garance.

M. Roussin paraît disposé à admettre que la substance en question, dont il n'a pas encore fait l'analyse élémentaire, pourrait être la *purpurine*.

M. Barreswil regrette l'absence de M. Troost, qui aurait pu donner quelques renseignements sur les corps qu'il a dérivés de la binitronaphtaline.

MÉMOIRES COMMUNIQUÉS A LA SOCIÉTÉ DANS LE MOIS DE MAI.

Observations sur une note de MM. A. BÉCHAMP et SAINTPIERRE, par M. FAGET.

MM. A. Béchamp et Saintpierre ont publié dans les Comptes rendus de la séance du 15 avril 1861 une note sur la séparation, par la voie humide, de l'or et du platine d'avec l'étain et l'antimoine, etc.

Dans cette note il est dit que le sulfate et le chlorure ferreux réduisent l'acide nitrique des nitrates métalliques ou organiques et l'or du chlorure d'or, mais qu'ils ne réduisent pas la nitrobenzine et les composés nitrés analogues, ni le bichlorure de platine.

Dans le cas particulier de recherches analytiques, la résistance du bichlorure de platine peut ou doit être admise; mais la mention de la nitrobenzine et des composés nitrés analogues transforme, à mes yeux, la proposition des auteurs en une proposition générale directement contraire aux faits en ce qui concerne le sulfate.

Des cristaux de couperose du commerce, après avoir été lavés trois ou quatre fois, ont été dissous dans l'eau. Cette dissolution a été soumise à l'ébullition en présence d'une certaine quantité d'essence de mirbane. La liqueur, d'abord limpide, s'est troublée peu à peu par la présence d'un dépôt ocreux. L'opération ayant été arrêtée après quelque temps d'ébullition, il a été facile de constater la présence de l'aniline.

La même opération, répétée dans les mêmes circonstances, sauf l'addition de quelques grammes d'acide sulfurique étendu, a fourni les mêmes résultats.

Une solution de cristaux de couperose du commerce préalablement lavés, mise en contact avec du bichlorure de platine, a seulement pris une couleur brune par l'ébullition. Abandonnée à elle-même jusqu'au lendemain, la liqueur a laissé déposer quelque peu de sous-sel de fer. En portant de nouveau à l'ébullition, le platine a été réduit immédiatement.

Dans une seconde expérience où j'employai une solution très-concentrée de couperose lavée, la réduction a suivi pour ainsi dire la première action de la chaleur.

Enfin j'ai préparé du sulfate de fer pur avec des pointes de Paris et de l'acide sulfurique pur. A la fin j'ai aidé, par l'action de la chaleur, la dissolution du fer. Cette dissolution, bouillie après filtration pour chasser les dernières traces d'hydrogène qui aurait pu rester emprisonnées, a été additionnée de bichlorure de platine. En laissant refroidir la liqueur, j'ai vu naître un précipité qui de rougeâtre est devenu gris-noir. Dans ce dernier cas j'ai toujours obtenu un *miroir métallique*.

La réduction du bichlorure de platine n'a plus lieu en présence d'un excès d'acide; mais la réduction de la nitrobenzine est indépendante de cette circonstance. Seulement il faut reconnaître que dans tous les cas la formation de l'aniline est lente.

La dissolution du platine dans le perchlorure de fer, annoncée par les auteurs de la note, est un fait que j'ai pu facilement constater.

L'objet de ma communication n'offre rien de nouveau. J'ai voulu seulement rétablir dans leur vérité des faits qui étaient infirmés dans les Comptes rendus.

La réduction de la nitrobenzine est un fait que j'ai appris de Gerhardt; M. Rose parle de la réduction du platine, mais en passant pour ainsi dire, dans l'édition de 1843, qui est la seule que je possède. Depuis que j'ai fait ma communication à la Société, j'ai eu occasion de parcourir la dernière édition de cet auteur. Ici ce ne sont plus des indications sommaires, mais des expériences détaillées et précises qui y sont rapportées. Si ce passage m'avait été connu, je n'aurais point fait les expériences dont j'ai entretenu la Société; je me serais contenté de renvoyer les auteurs de la note à la *Nouvelle chimie analytique* de Rose.

Réponse de M. SAINTPIERRE.

M. Saintpierre remercie M. Faget d'avoir répété les expériences communiquées par M. Béchamp et par lui à l'Académie des sciences (*Comptes rendus*, 15 avril 1861), et d'avoir constaté après eux la *réduction* du perchlorure de fer par le platine.

Ce fait intéressant, en effet, de la réduction du perchlorure de fer (Fe^2Cl^3) par le platine est entièrement confirmé par les nouvelles expériences, et il reste acquis que le platine, sous ses divers états (noir de platine, éponge, platine laminé), peut être attaqué assez rapidement par le perchlorure de fer, fait nouveau et imprévu.

Passant aux considérations préliminaires du travail, M. Saintpierre les maintient malgré l'opposition de M. Faget. Le protochlorure de fer ne réduit jamais les sels de platine. Quant au sulfate de protoxyde de fer, les livres classiques s'accordent à le regarder comme capable de servir à la séparation de l'or d'avec le platine. Il réduit à froid le premier et reste sans action sur le second (1). Si M. Faget a vu une réduction, il faut qu'il se soit placé dans des conditions qui n'ont pas dû nous préoccuper; qu'il ait employé des quantités indéterminées de réactif, ou opéré dans des milieux spéciaux. Dans tous les cas, ses recherches ne sauraient infirmer les nôtres, puisque nous opérons dans des liqueurs acides et que M. Faget convient lui-même que la réduction n'a pas lieu dans de telles circonstances.

Pour ce qui est de la réduction de la nitrobenzine par le sulfate ferreux avec formation d'aniline, M. Saintpierre annonce que ces faits rentrent dans les travaux antérieurs et actuels de M. Béchamp, et il croit peu convenable de faire paraître dans la présente discussion des données qui appartiennent à M. Béchamp et qui se rattachent à des études d'ensemble non encore publiées.

Faits pour servir à l'étude des acides isomères,
par M. Stanislas CANNIZZARO.

Dans mon Mémoire sur la transformation du toluène en acide toluique (2), j'avais fait remarquer que l'acide toluique produit par le cyanure de benzéthyle était plus fusible que l'acide toluique de Noad.

(1) Une dissolution de sulfate ferreux ne détermine la formation d'aucun précipité dans celle du bichlorure de platine, pas même par l'ébullition. (ROSE, édition de 1851.)

(2) *Comptes rendus de l'Académie.* Octobre 1855.

M. Strecker a obtenu par la décomposition de l'acide vulpique un acide qu'il a appelé *alphatoluique*, isomère de l'acide toluique de Noad, et qu'il a supposé identique à celui que j'avais obtenu au moyen du cyanure de benzéthyle. Je viens de confirmer tout à fait cette supposition.

J'ai déterminé le point de fusion et le point d'ébullition de deux échantillons d'acide toluique obtenus en partant de deux échantillons de cyanure de benzéthyle, l'un provenant de l'alcool benzoïque, l'autre du toluène. Tous les deux échantillons ont pour point de fusion 76°,5, et pour point d'ébullition 265°,5, comme l'acide alphatoluique de M. Strecker.

Il y a donc deux acides toluiques, l'un dit alphatoluique, produit par la décomposition de l'acide vulpique et par le cyanure de benzéthyle, l'autre produit par l'action de l'acide nitrique sur le cymène.

Lequel de ces deux acides est le véritable homologue de l'acide benzoïque? M. Strecker croit que cet homologue est l'acide alphatoluique; mes expériences, quoique incomplètes, m'amènent à une conclusion contraire.

Par la méthode de M. Piria, j'ai transformé l'acide alphatoluique dans son aldéhyde. A cet effet j'ai distillé un mélange d'alphatoluate et de formiate de chaux, et j'ai obtenu une huile contenant une matière qui se combine au bisulfite de soude en produisant un corps très-bien cristallisé. J'ai vérifié que le produit de la distillation de l'alphatoluate de chaux seul ne contient pas trace de cette matière.

Le composé avec le bisulfite de soude, cristallisé dans un mélange d'eau et d'alcool, soumis à l'analyse, a donné des résultats parfaitement d'accord avec la formule $S\text{NaHO}^3, C^8H^8O$.

C'est donc le composé de bisulfite de soude avec l'aldéhyde de l'acide alphatoluique C^8H^8O.

J'ai tâché d'isoler cette aldéhyde; dans ce but j'ai dissous le composé avec le bisulfite dans l'eau, j'y ai ajouté une solution de carbonate de potasse, et j'ai agité avec de l'éther. J'ai décanté la solution éthérée et je l'ai fait évaporer; j'ai ainsi obtenu comme résidu une matière incolore visqueuse. En soumettant à la distillation cette matière, qui doit être l'aldéhyde alphatoluique, elle se dédouble en une huile qui passe incolore et en une résine qui, chauffée, se décompose. La partie huileuse qui a été distillée se combine au bisulfite de soude en produisant un composé qui paraît identique au premier composé que j'ai analysé, et, comme ce dernier, il donne une matière visqueuse qui, elle aussi, se dédouble à la distillation.

La manière de se comporter de cette aldéhyde me fait douter qu'elle soit l'homologue de l'aldéhyde benzoïque ; l'expérience suivante renforce mon doute. Si l'acide alphatoluique était vraiment l'homologue de l'acide benzoïque, son aldéhyde oxydée devrait redonner le même acide. Or j'ai oxydé par l'acide nitrique le composé de bisulfite et d'aldéhyde alphatoluique ; il s'est fait un acide qui n'est pas certainement l'acide alphatoluique ; par sa cristallisation il paraît identique à l'acide toluique de Noad.

Je prépare en ce moment ce dernier acide avec le cymène, pour en comparer les caractères avec ceux de l'acide que je viens d'obtenir par l'oxydation de l'aldéhyde alphatoluique, et pour en dériver l'aldéhyde correspondante, qui doit être le véritable homologue de l'aldéhyde benzoïque.

Ces études me paraissent devoir répandre quelque lumière sur les relations qui existent entre les deux acides toluiques isomères.

Découverte de deux métaux alcalins, par MM. KIRCHHOFF et BUNSEN.

« ..... Le *cæsium* (de *cæsius*, en raison des magnifiques raies bleues que présente son spectre) a pour équivalent $123,35$ ($H = 1$, Eau $= HO$), et le métal qui possède cet énorme équivalent est plus électro-positif que le potassium. Il donne un oxyde aussi caustique que la potasse. Les précipités fournis par les combinaisons d'oxyde de cæsium sont semblables à ceux des composés du potassium ; mais les sels des deux métaux alcalins sont totalement différents. Le nitrate d'oxyde de cæsium n'est pas rhombique comme le salpêtre, mais hexagonal, et, par suite d'une hémiédrie, isomorphe avec le nitrate de soude.

Une partie de sulfate de cæsium se dissout à $0°$ dans deux tiers de partie d'eau.

Nous avons donné au second métal que nous avons découvert le nom de *rubidium* (de *rubidus*, rouge foncé), à cause des deux raies rouges, l'une faible, l'autre très-brillante, que présente son spectre au delà des lignes A de Fraünhofer. Outre ces raies rouges, le rubidium offre encore deux magnifiques raies violettes situées entre la raie bleue du cæsium et les raies violettes du potassium.

Le rubidium est électro-positif par rapport au potassium et électro-négatif relativement au cæsium. Il a pour équivalent, rapporté à l'hydrogène, $85,36$. Les précipités produits par les réactifs dans les composés du rubidium sont identiques avec ceux que donne la potasse.

Mais les sels de rubidium diffèrent à la fois complétement des sels du potassium et de ceux du cæsium. La plupart des composés des deux nouveaux métaux sont isomorphes entre eux. Ces nouveaux corps simples existent dans la nature en très-petites quantités, mais ils sont assez répandus. Nous avons pu retirer 12 grammes de chlorure de cæsium pur de 80,000 kilogrammes d'eau minérale de Dürckheim. L'analyse par la méthode du spectre nous a permis de déceler la présence de ces métaux dans un mélange de chlorures de potassium, de sodium, de lithium et de calcium contenant 4 milligrammes au plus de chlorures de cæsium et de rubidium. Ces deux métaux décomposent l'eau aussi énergiquement que le potassium. »

Note sur l'acide benzamique, par M. P. ALEXEYEFF.

En faisant réagir l'ammoniaque sur l'acide monobromobenzoïque, on doit obtenir l'acide benzamique, par suite de l'élimination d'un équivalent d'acide bromhydrique. M. Cahours (1) a déjà comparé l'acide benzamique avec le glycocolle, qu'on obtient, comme on sait, par l'action de l'ammoniaque sur l'acide monochloracétique. Mais l'acide benzamique ne s'obtient que par réduction de l'acide nitrobenzoïque.

En effet,

$$C^7H^7AzO^2 = C^7H^5BrO^2 + AzH^3 - HBr \quad (2).$$

L'expérience a confirmé cette supposition.

L'acide bromobenzoïque a été préparé, d'après le procédé de M. Peligot (3), par l'action directe du brome sur le benzoate d'argent.

Dès qu'on observe un dégagement de vapeurs rouges, on met fin à l'expérience; on ouvre le flacon et on le laisse ouvert pendant quelques instants, pour que l'excès de brome puisse se dégager. On épuise ensuite le contenu par l'éther, qui laisse du bromure d'argent. On évapore la solution éthérée de l'acide bromobenzoïque; on redissout le résidu dans de la potasse, on traite par le charbon animal, et on précipite au moyen de l'acide nitrique l'acide bromobenzoïque pur.

L'analyse de cet acide m'a donné 38,85 % de brome.

La formule $C^7H^5BrO^2$ exige 39,80 % Br.

En dissolvant l'acide bromobenzoïque dans l'ammoniaque, en évaporant jusqu'à siccité, en traitant par la potasse et ensuite par l'alcool,

(1) *Répertoire de Chimie pure*, T. I, p. 29.

(2) $C = 12$; $H = 1$; $O = 16$.

(3) Gerhardt, *Traité de Chimie*, T. III, p. 230.

on obtient une solution d'acide benzamique, tandis que le bromure de potassium reste insoluble.

L'analyse du benzamate d'argent ainsi formé a donné les résultats suivants :

0^{gr},073 de sel après calcination donne 0^{gr},032 d'argent métallique, ce qui correspond à 43,83 $^0/_0$.

La formule $C^7H^6AgAzO^2$ exige 44,26 $^0/_0$.

En perdant 1 équivalent d'acide bromhydrique, l'acide monobromobenzoïque doit donner la combinaison $C^7H^4O^2$, selon l'équation suivante :

$$C^7H^5BrO^2 - HBr = C^7H^4O^2.$$

La formule $C^7H^4O^2$ est celle de l'anhydride oxybenzoïque salycilique, ou encore celle d'un composé correspondant au glyoxal.

Ce travail a été fait au laboratoire de M. Wurtz.

EXTRAIT DES PROCÈS-VERBAUX
DES SÉANCES DU MOIS DE JUIN.

SÉANCE DU 14 JUIN 1861.

En l'absence du président, des vice-présidents, du trésorier et de l'archiviste, M. Troost, membre du conseil, occupe le fauteuil.

Sont admis :

Membre résident : M. ROCHE.

Membre non résident : M. JOUVIN, professeur à l'École de pharmacie navale de Rochefort.

M. FRIEDEL présente, au nom de M. Caventou fils, les premiers résultats d'un travail relatif à l'action du perchlorure et du perbromure de phosphore sur l'aldéhyde et sur les propriétés des bromures d'éthyle bromés. Le bromure d'éthyle bibromé lui a permis de réaliser la production du glycol.

M. TROOST entretient la Société de matières colorantes dérivées des naphtalines nitrées, de leur préparation et de la production de matières colorantes, en traitant ces corps nitrés par les polysulfures, sulfhydrates de sulfures alcalins, etc.

M. DECAUX présente quelques observations au sujet de la substance désignée par M. Roussin sous le nom d'*alizarine artificielle*.

M. Guignet a examiné une substance obtenue par M. Arnaudon en traitant le bichromate de potasse par le phosphate d'ammoniaque. Cette substance, d'après M. Guignet, est un métaphosphate de sesquioxyde de chrome inaltérable au rouge. Il ne juge pas cette couleur d'une application industrielle.

M. Delanoue signale l'emploi de la *nontronite* naturelle (hydrosilicate de peroxyde de fer) comme susceptible d'application comme matière colorante.

M. Balard donne quelques renseignements sur la matière colorante obtenue par M. Roussin, qui ne paraît pas identique avec l'*alizarine*, malgré ses grandes analogies avec cette dernière substance.

M. Lair indique un procédé pour l'extraction de l'antimoine des résidus de minerais qui en renferment de petites quantités. Ce procédé est fondé sur la transformation de l'antimoine en sulfoantimoniate de soude soluble.

<hr>

SÉANCE DU 28 JUIN.

Présidence de M. Pasteur.

M. Bobierre adresse une brochure intitulée : *Études sur les engrais minéraux.*

M. Rohart, récemment élu membre de la Société, adresse un portrait gravé de Berzélius.

Est élu :

Membre non résident : M. Grimaud, pharmacien à Sainte-Hermine (Vendée).

M. Schoonbroodt, professeur à Liége, adressse une lettre contenant l'extrait de ses recherches sur la conversion du sucre par oxydation en acides malique et pectique.

M. Pasteur présente quelques observations au sujet de cette comumunication.

M. Personne, au sujet d'un travail récent de MM. Béchamp et Saintpierre, annonce avoir constaté que le platine divisé se dissout au contact d'une dissolution concentrée et bouillante de sesquichlorure de fer; ce résultat s'explique d'après le fait constaté par l'auteur que le perchlorure de fer peut se changer partiellement en protochlorure par la chaleur.

M. Saintpierre fait remarquer que ce fait vient à l'appui du travail qui lui est commun avec M. Béchamp.

M. Dehérain fait remarquer qu'il a constaté que d'autres perchlorures peuvent perdre du chlore à l'ébullition : tel est le perchlorure d'antimoine. Il signale l'influence que l'oxygène peut, d'autre part, exercer sur des protochlorures pour détermier une surchloruration. A l'air, le chlorure d'antimoine Sb^2Cl^3 peut se changer en Sb^2Cl^5.

$$SnCl,AHz^4Cl \text{ à l'air peut donner } SnCl^2,AzH^4Cl.$$

M. Lauth expose ses recherches sur une matière colorante dérivée de l'aniline. Le rouge d'aniline cristallisé, en présence de l'eau et de l'aldéhyde vinique, donne une matière bleue ; les autres aldéhydes agissent de même (essence d'amandes, de cumin, etc.) Ce bleu, qui est soluble dans l'eau et dans l'alcool, n'a pas la solidité du violet d'aniline.

M. Personne expose les résultats de ses recherches sur la production des iodures d'étain et leurs propriétés.

M. Pasteur fait l'exposé de ses expériences pour démontrer l'influence de la présence ou l'absence de l'air sur la production de la levûre et l'énergie corrélative de la fermentation du sucre dans ces deux conditions.

MÉMOIRES COMMUNIQUÉS A LA SOCIÉTÉ DANS LE MOIS DE JUIN.

Sur quelques couleurs obtenues à l'aide de la naphtaline,
par M. L. TROOST.

L'auteur a pensé qu'on pouvait, pour obtenir des dérivés colorés, suivre deux méthodes différentes : l'une, calquée sur le procédé suivi pour les couleurs d'aniline, consiste à oxyder la naphtaline (d'où production de nitronaphtaline correspondant à la nitrobenzine) pour la réduire ensuite à l'état de naphtilamine analogue de l'aniline, et essayer enfin sur ce produit l'action des corps oxydants. Ce procédé, qui a donné des couleurs si riches avec la benzine, a déjà donné des résultats intéressants pour la naphtaline entre les mains de MM. Perkins, de Wildes, etc. La seconde méthode consiste à passer de suite à un degré d'oxydation supérieur (binitronaphtaline ou trinitronaphtaline), pour essayer seulement alors l'action des réducteurs. Ce procédé est difficile à appliquer à la benzine, à raison de la peine que donne la préparation de la binitrobenzine, soit par le procédé de M. H. Sainte-Claire Deville, soit par celui de M. Cahours. Aucune difficulté de ce genre pour les différentes nitronaphtalines. Aussi, dès le mois de juillet de l'année dernière, l'auteur obtenait des matières colorantes rouges, violettes et bleues, soit par l'action des réducteurs en présence des alcalis, soit par l'action des sulfures, polysulfures, sulfhydrates de sulfures, cyanures, sulfocyanures alcalins, etc. Il observait de plus que chaque fois que l'alcali pouvait agir libre avant le réducteur, il produisait une matière brune qui souillait les violets dus à l'action des réducteurs. L'une de ces couleurs, obtenue par l'action des sulfhydrates de sulfures alcalins sur la binitronaphtaline pure a été, depuis le mois de septembre dernier, l'objet d'essais industriels qui se poursuivent encore en ce moment. Ce violet, précipitable sans altération par les acides étendus, est soluble dans les alcalis, les sulfures alcalins, les carbonates, etc. Il prend sur les étoffes sans mordant et se dédouble par des opérations convenables en rouge et en bleu.

Cette préparation a été mentionnée dans le Bulletin de la Société industrielle de Mulhouse à l'occasion des prix et médailles proposés pour 1861. (*Voir* le journal *l'Institut*, décembre 1860.) M. E. Kopp en parle également dans son mémoire sur le rouge d'aniline (février 1861).

Pour que la couleur soit belle, la première condition est de préparer de la binitronaphtaline pure; le premier moyen employé par l'auteur, et indiqué à l'industrie, consistait à mettre peu à peu de la naphtaline dans l'acide nitrique fumant. Dans cette opération on ne peut éviter une élévation de température et un abondant dégagement de vapeur d'acide hypoazotique. Outre l'inconvénient provenant d'une perte notable d'acide, ce procédé présente encore celui de donner un mélange de binitro et de trinitronaphtaline, retenant souvent encore un peu de protonitronaphtaline. De là la nécessité de purifications, à l'aide de l'alcool par exemple. On obtient un produit meilleur en faisant arriver l'acide nitrique fumant, peu à peu, très-lentement, sur la naphtaline contenue dans un vase refroidi extérieurement. Il y a moins de trinitronaphtaline dans ce cas. Aucun de ces procédés ne donne cependant de bons résultats industriels. La méthode suivante fournit au contraire un bon produit pur. On prépare d'abord de la protonitronaphtaline en traitant la naphtaline par un mélange d'acide nitrique ordinaire et d'acide nitrique fumant, marquant 44° Beaumé et contenu dans un vase refroidi, de manière à éviter toute élévation de température et tout dégagement de vapeurs rutilantes. L'acide qui aura servi à cette expérience sera affaibli; mais ramené au degré voulu il pourra servir de nouveau. La matière cristalline ainsi obtenue à froid est égouttée et mise alors dans l'acide nitrique au maximum de concentration (50° Beaumé), et contenu comme le premier dans un vase refroidi. Elle s'y délite comme de la chaux vive dans l'eau et se prend en une masse cristalline homogène

jaune citron pâle, qui, si l'on a bien opéré à froid et évité tout dégagement de vapeurs rutilantes, est de la binitronaphtaline pur. L'acide
azotique doit être préparé exprès, car l'acide fumant du commerce ne
marque que 48° et ne produit pas les mêmes effets. Il y a également
grand avantage à préparer soi-même l'acide quand on veut le faire
agir sur la benzine pour obtenir la nitrobenzine ordinaire.

Dans une prochaine communication, l'auteur fera connaître le résultat complet de ses recherches sur l'action comparative des réducteurs sur les différentes nitronaphtalines.

Sur le vert de chrome de M. ARNAUDON, par M. Ern. GUIGNET.

Au mois de février 1859 (voir *Répertoire de Chimie appliquée*, т. I,
p. 201), M. Arnaudon fit une communication à la Société chimique à
propos de la préparation d'un oxyde de chrome qu'il obtenait en chauffant du bichromate de potasse avec du phosphate d'ammoniaque.

M. Arnaudon faisait remarquer avec raison que cet oxyde contient
une proportion notable d'acide phosphorique.

J'ai constaté en effet que le produit ainsi obtenu n'est autre chose
qu'un métaphosphate insoluble et *tout à fait inaltérable au rouge vif.*

M. Arnaudon avait cru que ce produit se décomposait par l'action de
la chaleur. Mais cette altération était due à la réduction que subit le
bichromate de potasse en excès sous l'influence de l'ammoniaque du
phosphate.

Quand on emploie le phosphate d'ammoniaque en léger excès, on
peut au contraire chauffer le mélange au rouge vif sans que la couleur
s'altère. Seulement une partie du métaphosphate de chrome se dissout
à la faveur de l'excès d'acide, quand on épuise le produit par l'eau
bouillante.

J'ai préparé du métaphosphate de chrome en faisant dissoudre de
l'oxyde de chrome hydraté récemment précipité, dans de l'acide phosphorique ordinaire et calcinant le produit évaporé à sec. Le métaphosphate ainsi obtenu m'a paru identique à celui que donne le phosphate
d'ammoniaque.

Enfin le phosphate acide de chaux, calciné avec du bichromate de
potasse, donne encore du métaphosphate de chrome qui reste mêlé de
phosphate de chaux et présente une teinte plus claire que le précédent.

Il résulte d'essais entrepris à la fabrique de M. Charles Kestner que
le métaphosphate de chrome préparé de diverses manières ne peut

être employé seul comme couleur, à cause de la faible intensité de sa teinte.

Le pyrophosphate de chrome obtenu par double décomposition et soumis à la calcination présente des propriétés analogues. Mais le phosphate calciné possède un ton gris-violet clair.

Transformation du sucre de canne en acides pectique et malique, par M. SCHOONBROODT.

J'ai mélangé dans un mortier deux parties de sucre de canne en poudre avec une partie de chaux hydratée, j'y ai ajouté ensuite trois parties de chlorure de chaux pur et sec, j'ai mélangé intimement ces substances, j'ai ajouté de l'eau distillée en quantité suffisante pour obtenir une bouillie épaisse et abandonné le mélange à lui-même. Bientôt il s'y est produit une réaction très-vive avec dégagement de chaleur et de chlore. La masse épaisse et boursouflée qui en est résulté a été délayée dans l'eau distillée bouillante, avec laquelle elle a formé une gelée volumineuse que j'ai reconnue composée de chlorure calcique en majeure partie, de carbonate de chaux, d'une quantité notable de pectate de chaux, de chloracétate de chaux et de divers produits d'oxydation et de chloruration du sucre difficiles à déterminer. Je me suis attaché surtout à bien reconnaître les propriétés et la composition de l'acide pectique.

Voici la formule très-simplifiée en cette réaction, rapportée à l'acide parapectique :

$$2C^{12}H^{11}O^{11} + 3CaO,ClO = C^{24}H^{15}O^{21},2HO + 3CaCl + 5HO.$$

En doublant la quantité de chlorure de chaux et exécutant l'opération de la même manière, j'ai obtenu un résultat différent : la réaction a été plus lente à s'effectuer, et le produit, encore un peu gélatineux, a pu néanmoins être filtré au papier. Après filtration et évaporation de la liqueur à une température peu élevée jusqu'à consistance sirupeuse, j'ai délayé le produit dans de l'alcool à 89° g. l. Il s'en est séparé une poudre blanche que j'ai reconnue composée en majeure partie de malate de chaux. L'acide que j'en ai séparé présente toutes les propriétés assignées à l'acide malique naturel par les auteurs qui l'ont étudié, et qu'il serait superflu d'énumérer. La formation de cet acide est assez simple et exprimée par l'équation suivante :

$$C^{12}H^{11}O^{11} + 3CaO,ClO = 3(C^{4}H^{2}O^{4},HO) + 2HO + 3CaCl.$$

La quantité d'acide malique obtenue est cependant très-petite relativement aux quantités de substances employées. Je n'ai pas étudié les autres produits qui se forment pour ne m'attacher qu'à l'acide malique, dont la production m'a paru la plus intéressante. J'espère que ce travail, signalé à l'attention des chimistes, amènera la pleine confirmation des faits que j'avance et dont je tiens seulement à m'assurer la priorité de découverte.

Sur un bleu d'aniline, par M. Ch. LAUTH

La comparaison de la formule du violet d'aniline $C^{36}H^{17}Az^3O^2$ et celle du rouge d'aniline $C^{36}H^{20}Az^4O^4$ m'a fait penser qu'en traitant ce dernier par des agents réducteurs on arriverait à le transformer en violet.

A cet effet, j'ai essayé l'action de tous les réducteurs usuels; mais aucun d'eux ne m'a donné de résultat satisfaisant. Cependant, en traitant une solution d'aniléine rouge dans l'alcool du commerce par du sel d'étain, j'ai observé que la couleur du mélange, d'abord jaune, devenait peu à peu brunâtre, bientôt verte et finalement bleue. A ce moment, la matière colorante rouge avait disparu pour faire place à un nouveau produit, un bleu d'aniline.

Je me suis assuré que le corps actif dans cette réaction est l'aldéhyde (contenue toujours en certaine quantité dans l'alcool du commerce).

J'ai préparé de l'aldéhyde chimiquement pure au moyen de l'aldéhydate d'ammoniaque.

D'autre part, j'ai préparé de la trianiline mononitrée pure. J'y suis arrivé par le procédé suivant :

Après avoir mélangé le rouge d'aniline brut par quatre fois son poids de sable, destiné à retenir mécaniquement la résine qui accompagne toujours les produits bruts, je l'ai traité par de l'eau bouillante à plusieurs reprises. Les solutions réunies ont été précipitées par du sel marin. Le précipité recueilli a été traité comme le produit brut, et cette opération répétée trois fois. Les dernières solutions bouillantes ont été traitées par une solution bouillante de sel marin; par le refroidissement i s'est déposé des cristaux brillants de trianiline mononitrée. Ce procédé m'a permis, il y a près d'un an déjà, de présenter des cristaux très-nets de cette matière.

J'ai fait une solution de rouge cristallisé dans de l'acide sulfurique étendu de quatre fois son volume d'eau, puis j'y ai ajouté de l'aldéhyde pure.

Au bout de quelques minutes la réaction commence, et en quelques heures, plus ou moins longtemps, selon la quantité d'aldéhyde et d'acide, tout le rouge a disparu pour faire place à une belle couleur bleue. A ce moment on sature par de la soude caustique, et l'on obtient un abondant précipité de la nouvelle matière colorante. Les eaux contiennent de l'acétate d'ammoniaque.

On peut, dans cette réaction, remplacer l'aldéhyde par la plupart des hydrures, l'essence d'amandes amères, l'hydrure de valéryle, l'essence de rue, d'anis, et l'acide sulfurique par toute espèce d'acides ou de sels acides.

Il est bien probable que la transformation du rouge d'aniline en bleu est due à un phénomène de réduction.

M. E. Willm a bien voulu se charger de l'analyse de ces produits et publiera prochainement ses résultats.

La nouvelle matière colorante bleue présente les propriétés suivantes :

Elle est soluble dans l'eau, l'alcool, l'éther, la glycérine, etc. Elle se dissout dans les acides et dans les alcalis. Elle est précipitée de ses solutions par leur saturation. Elle est complétement précipitée de ses solutions par le tannin, qui forme avec elle une combinaison tout à fait insoluble dans l'eau, légèrement soluble dans l'alcool, plus soluble dans l'acide acétique.

La matière colorante bleue possède la plus grande partie des propriétés chimiques des autres couleurs dérivées de l'aniline : elle n'a pas néanmoins la solidité de ces dernières. Une chaleur de 200° la détruit complétement. La lumière agit très-promptement sur elle. Elle teint la laine, la soie et le coton animalisé, et donne sur toutes ces fibres des nuances d'une très-grande pureté.

Associé au rouge d'aniline, ce bleu produit des violets incomparablement plus beaux que les violets d'aniline ordinaires.

Influence de l'oxygène sur le développement de la levûre et la fermentation alcoolique, par M. PASTEUR.

M. Pasteur expose les résultats de ses recherches sur la fermentation du sucre et le développement des globules de levûre suivant que cette fermentation s'opère à l'abri ou au contact du gaz oxygène libre. Ces expériences n'ont d'ailleurs rien de commun avec celle de Gay-Lussac sur le moût de raisin écrasé à l'abri de l'air, puis amené au contact de l'oxygène.

La levûre toute formée peut bourgeonner et se développer dans un liquide sucré et albumineux en l'absence complète d'oxygène ou d'air. Il se forme peu de levûre dans ce cas, et il disparaît comparativement une grande quantité de sucre, 60 ou 80 parties pour une de levûre formée. La fermentation est très-lente dans ces conditions.

Si l'expérience est faite au contact de l'air et sur une grande surface, la fermentation est rapide. Pour la même quantité de sucre disparu, il se fait beaucoup plus de levûre. L'air en contact cède de l'oxygène qui est absorbé par la levûre. Celle-ci se développe énergiquement, mais son caractère de ferment tend à disparaître dans ces conditions. On trouve en effet que pour 1 partie de levûre formée, il n'y aura que 4 à 10 parties de sucre transformé. Le rôle de ferment de cette levûre subsiste néanmoins et se montre même fort exalté si l'on vient à la faire agir sur le sucre en dehors de l'influence du gaz oxygène libre.

Il paraît dès lors naturel d'admettre que lorsque la levûre est ferment, agissant à l'abri de l'air, elle prend de l'oxygène au sucre, et que c'est là l'origine de son caractère de ferment.

M. Pasteur explique le fait d'une activité tumultueuse à l'origine des fermentations par l'influence de l'oxygène de l'air qui est en dissolution dans les liquides quand l'action commence. L'auteur a reconnu en outre que la levûre de bière, semée dans un liquide albumineux, tel que l'eau de levûre de bière, se multiplie encore lorsqu'il n'y a pas trace de sucre dans la liqueur, pourvu toutefois que l'oxygène de l'air soit présent en grande quantité. A l'abri de l'air et dans ces conditions, la levûre ne bourgeonne pas du tout. Les mêmes expériences peuvent être répétées avec un liquide albumineux mêlé à une dissolution de sucre non fermentescible comme le sucre de lait cristallisé ordinaire. Les résultats sont du même ordre.

La levûre formée ainsi en l'absence du sucre n'a pas changé de nature; elle fait fermenter le sucre si on la fait agir sur ce corps à l'abri de l'air. Il faut remarquer toutefois que le développement de la levûre est très-pénible lorsqu'elle n'a pas pour aliment une matière fermentescible.

En résumé la levûre de bière se comporte absolument comme une plante ordinaire, et l'analogie serait complète si les plantes ordinaires avaient pour l'oxygène une affinité qui leur permît de respirer à l'aide de cet élément enlevé à des composés peu stables, auquel cas, suivant M. Pasteur, on les verrait être ferments pour ces matières.

M. Pasteur annonce qu'il espère réaliser ce résultat, c'est-à-dire rencontrer des conditions dans lesquelles certaines plantes inférieures vivraient à l'abri de l'air en présence du sucre, en provoquant alors la fermentation de cette substance à la manière de la levûre de bière.

EXTRAIT DES PROCÈS-VERBAUX

DES SÉANCES DU MOIS DE JUILLET.

SÉANCE DU 12 JUILLET.

Présidence de M. Perrot.

Sont élus membres résidants :

MM. Berghoumioux, Paul Depouilly et Ernest Depouilly.

Membres non résidants :

MM. Alexandre, à Bordeaux; Dannecy, à Bordeaux; Albert Moitessier, agrégé à la Faculté de médecine de Montpellier.

M. Saintpierre adresse une brochure sur les *Acides de la bile.*

M. Boutlerow expose la suite de ses recherches sur le *dioxyméthylène.*

M. Boutlerow communique, au nom de M. Morkownikoff, les résultats des recherches de ce chimiste sur la production de l'*allylène.*

M. Friedel expose la suite des recherches qu'il a entreprises avec M. Machuca, sur l'*acide oxybutyrique,* homologue de l'acide lactique.

SÉANCE DU 26 JUILLET.

Présidence de M. Pasteur.

M. Gensoul adresse une lettre relative à l'examen du suc astringent du *diospyros lotus* ou *plaqueminier.*

M. Friedel, au nom de M. Schitschkoff, rend compte de la production du *formène quadrinitré* $C^2(AzO^4)^4$.

M. Pasteur expose ses recherches sur la *fermentation acétique.*

MM. Cloez et Boutlerow adressent quelques questions au sujet de cette communication.

M. Friedel annonce que l'acide qu'il a obtenu, en commun avec M. Machuca, en partant de l'acide bromopropionique, est le véritable acide lactique. Ce dernier acide est donc le véritable homologue de l'acide oxybutyrique obtenu précédemment par les mêmes auteurs.

MÉMOIRES COMMUNIQUÉS A LA SOCIÉTÉ DANS LE MOIS DE JUILLET.

Note sur le formène quadrinitré, par M. L. SCHISCHKOFF.

On se rappelle que l'acétonitryle trinitré (1), en fixant les éléments de l'eau, se transforme en acide carbonique, en ammoniaque et en nitroforme :

$$C^2X^3Az + 2H^2O = CO^2 + AzH^3 + CX^3H \quad (2).$$

Le nitroforme est un acide énergique; l'atome d'hydrogène qu'il renferme est facilement remplaçable par les métaux : potassium, sodium, ammonium, zinc, mercure, argent, etc., et l'on obtient ainsi de véritables sels.

D'autre part, cet atome d'hydrogène peut être remplacé par du brome ou par le groupe AzO^2.

Pour obtenir le corps bromé on fait agir du brome sur le nitroforme, en exposant le mélange pendant quelques jours au soleil; la matière se décolore peu à peu, en dégageant de l'acide bromhydrique, après quoi on n'a qu'à laver le produit à l'eau. Le corps ainsi formé est très-peu soluble dans l'eau, incolore, fusible à 12°, cristallisable; chauffé seul, il se décompose à une température d'environ 140°; mais on peut le distiller avec de l'eau ou dans un courant d'air. On prépare encore plus facilement ce corps en faisant agir du brome sur une dissolution aqueuse du sel mercurique du nitroforme

$$Br^2 + CX^3Hg = BrHg + CX^3Br.$$

Après avoir ainsi substitué du brome à la place de l'hydrogène contenu dans le nitroforme, j'ai cru devoir essayer de remplacer ce même hydrogène par le groupe AzO^2.

On arrive facilement à ce résultat en faisant passer un courant d'air dans un mélange de nitroforme, d'acide nitrique fumant et d'acide sulfurique, et chauffant le tout à 100°. A la suite de ce traitement on voit bientôt distiller un liquide qui, étant étendu d'eau, dépose une huile insoluble dans ce liquide. On décante la liqueur acide et on lave

---

(1) Formène trinitré. *Comptes rendus*, т. XLV, p. 144.
(2) C = 12, H = 1, X = Az0² = 46, Az = 14, S = 32.

cette huile jusqu'à ce que les eaux de lavage ne présentent plus de réaction acide.

Ce corps bout sans décomposition à une température de 120°; pour le priver des dernières traces d'eau on le distille sur du chlorure de calcium.

Le formène quadrinitré est un composé incolore, neutre aux réactifs, liquide à la température ordinaire, très-fluide, se solidifiant en une masse cristalline à une température inférieure à 13°; ce composé est insoluble dans l'eau, très-soluble dans l'alcool et l'éther. L'analyse a confirmé pour ce corps la composition CX^4.

Chose remarquable, ce composé est bien plus stable que le nitroforme, car ce dernier ne peut pas être distillé sans décomposition. Chauffé brusquement, le formène quadrinitré ne fait pas explosion, mais il se décompose en dégageant une grande quantité de vapeurs rutilantes. A l'approche d'un corps enflammé le formène quadrinitré ne prend pas feu, mais un charbon incandescent humecté de ce liquide brûle avec beaucoup d'éclat.

<h3 style="text-align:center">Acétonitryle binitré.</h3>

J'ai démontré (*Annales de Chim. et de Phys.* 3e série, T. XLIX, p. 310) qu'en traitant l'acétonitryle trinitré par de l'hydrogène sulfuré, on obtient le produit $C^2X^2(AzH^4)Az$, d'après l'équation suivante :

$$C^2X^3Az + 4H^2S = C^2X^2(AzH^4)Az + 4S + 2H^2O.$$

Trinitro-acétonitryle.   Binitro-ammonyle.

Ayant récemment repris l'étude de ce corps, je suis arrivé aux résultats suivants : le binitrammonyle n'est autre chose qu'un sel ammoniacal d'un acide nouveau, qui est l'*acétonitryle binitré*, C^2X^2HAz.

On isole cet acide en agitant, avec de l'éther sulfurique, une dissolution aqueuse de binitrammonyle, additionnée d'une quantité équivalente d'acide sulfurique.

On décante la couche éthérée, on l'évapore et on obtient ainsi une liqueur sirupeuse, dans le sein de laquelle il se dépose peu à peu des lames incolores et transparentes. Ces cristaux, comme l'ont démontré les analyses, contiennent de l'eau de cristallisation. Je ne suis pas encore arrivé à obtenir cet acide à l'état de pureté, mais il ne peut y avoir de doutes sur l'existence de ce corps à l'état libre; en effet, mis en contact avec de l'ammoniaque, il régénère facilement le binitrammonyle; en outre j'ai réussi à préparer directement avec cet acide des sels de potassium et d'argent. Ces corps sont solubles dans l'eau, cristallisables et ont, d'après l'analyse, pour formules :

$$C^2X^2AgAz \qquad et \qquad C^2X^2KAz.$$

Le premier de ces composés forme un sel double avec le cyanure de mercure :

$$C^2X^2AgAz, \ CyHg.$$

Le sel d'argent du binitro-acétonitryle détone avec violence par le choc d'un marteau, mais il est bien moins sensible sous ce rapport que le fulminate d'argent.

En faisant agir du brome sur le sel d'argent du nouvel acide, on obtient du bromure d'argent et un produit huileux que je n'ai pas analysé, mais qui a probablement pour composition :

$$C^2X^2BrAz.$$

En traitant l'acétonitryle binitré ou un de ses sels par de l'acide nitrique fumant, on régénère le trinitro-acétonitryle.

Je me propose de poursuivre l'étude de tous ces produits nouveaux, mais en attendant je crois pouvoir présenter la conclusion suivante :

Quand on remplace, par voie indirecte, dans l'acétonitryle ou dans le gaz des marais, une partie de. l'hydrogène par le groupe AzO^2, on donne par là, à l'hydrogène restant, un caractère métallique, mais sans que cet hydrogène perde pour cela, complétement, ses propriétés métaleptiques.

L'ensemble de ces faits et principalement la découverte de l'acétonitryle binitré, viennent donner un grand appui à la formule rationnelle (C^2XH^2Az), proposée pour l'acide fulminique, pour la première fois par Gerhardt et soutenue dans ces derniers temps par M. Kekulé.

Faits pour servir à l'histoire des dérivés méthyléniques, par M. A. BOUTLEROW.

I. Formation synthétique d'une substance sucrée.

La manière dont le dioxyméthylène se comporte à l'égard de l'ammoniaque établit une certaine analogie entre lui et le glyoxal; c'est pour cela que j'ai entrepris d'étudier l'action des alcalis sur ce dérivé méthylénique singulier. Cette étude me paraissait offrir d'autant plus d'intérêt, que le dioxyméthylène $C^2H^4O^2$, contenant deux fois plus d'hydrogène que le glyoxal $C^2H^2O^2$, on ne pouvait pas s'attendre à ce que l'analogie des réactions se poursuivît aussi dans ce cas.

En effet, le glyoxal, comme on le sait, fixe par l'action des alcalis une molécule d'eau et se convertit en acide glycolique, tandis que le dioxyméthylène se comporte d'une manière tout à fait différente et très-remarquable, qui ne pouvait être prévue par aucune des théories actuelles.

Le dioxyméthylène se dissout facilement, surtout si l'on chauffe, dans les lessives diluées de potasse, de soude, dans l'eau de baryte ou de chaux, et subit bientôt après une transformation totale. L'action de l'eau de chaux sur le dioxyméthylène présente le plus de netteté, c'est pourquoi je me suis attaché à l'étudier plus particulièrement. En versant un excès d'eau de chaux ou de baryte sur le dioxyméthylène et en faisant bouillir la solution, on la voit rester incolore dans les premiers moments ; mais bientôt après, même lorsqu'on ne continue plus de chauffer, le liquide prend une teinte jaunâtre, qui passe rapidement au jaune-brunâtre assez intense. En même temps l'odeur caractéristique du dioxyméthylène disparaît complétement, en faisant place à une nouvelle odeur rappelant celle du sucre brûlé. Aucun gaz ne se dégage pendant cette réaction. Si l'on ajoute de l'eau de chaux peu à peu en maintenant le mélange à la température voisine de l'ébullition et en s'arrêtant au moment où la coloration se manifeste, on obtient un liquide neutre dans lequel un courant d'acide carbonique ne produit pas de précipité.

La solution ainsi obtenue, concentrée au bain-marie et évaporée à sec sous la cloche de la machine pneumatique, laisse une substance jaunâtre, sirupeuse, épaisse, mélangée de cristaux d'un sel calcaire. En reprenant ce mélange par l'alcool absolu, on parvient à dissoudre le composé incristallisable, tandis que la presque totalité du sel reste sous la forme d'une poudre blanche cristalline.

En étudiant les propriétés de ce sel et la manière dont sa dissolution se comporte à l'égard du nitrate d'argent, en dosant approximativement la quantité d'argent dans le sel argentique obtenu, enfin en préparant et analysant le sel plombique et isolant l'acide, j'ai pu me convaincre que le corps en question n'était autre chose que du formiate de chaux.

La solution alcoolique, évaporée sous la cloche de la machine pneumatique, fournit la substance incristallisable assez pure. Ce corps possède une odeur analogue à celle d'un sirop préparé avec du sucre un peu brûlé, un goût sucré rappelant celui du jus de réglisse, mais il est légèrement acide au papier de tournesol. Brûlé sur une lame de platine il se comporte d'une manière tout à fait analogue aux substances sucrées, mais il laisse des cendres calcaires, dont je n'ai jamais pu le débarrasser complétement. Traité par les alcalis, il produit une dissolution jaune; les acides enlèvent cette couleur et les alcalis la font reparaître de nouveau. Avec de l'iodure de phosphore il ne fournit plus simplement de l'iodure de méthylène, mais donne lieu à une réaction compliquée à la manière de la mannite. Il réduit déjà à froid la solution du tartrate cupropotassique; à chaud la réduction est très-énergique et presque instantanée.

Tous ces caractères concourent à établir une analogie singulière entre ce nouveau composé et les substances sucrées véritables; mais j'ai constaté que ce corps, comme le sucre de la mannite (mannitose), récemment étudié par M. Gorup-Besanez, est dépourvu de pouvoir rotatoire. La solution de la nouvelle substance, mélangée avec un peu de levûre de bière, ne m'a pas paru offrir les indices de fermentation; mais n'ayant pu disposer, pour cette expérience, que d'une très-petite quantité du corps, je ne puis pas me prononcer à cet égard d'une manière décisive. J'ai pensé que le meilleur moyen de m'éclairer sur l'analogie du nouveau composé avec les matières sucrées, était d'essayer de le combiner directement à un acide organique. Pour cela, je l'ai chauffé à 100°, dans un tube scellé, pendant plusieurs heures, avec de l'acide butyrique en excès. J'ai obtenu ainsi une combinaison butyrique, que j'ai traitée par la méthode générale proposée par M. Berthelot. Le butyrate ainsi formé est brunâtre, huileux, presque insoluble dans l'eau, sirupeux à la température ordinaire et liquide à une température élevée. Par le refroidissement il s'épaissit sans cristalliser. Son goût est très-amer, son odeur est semblable à celle du fromage Chapsygre. Chauffé au-dessus de 150°, dans un courant d'air sec, il se volatilise en partie et forme des gouttelettes incolores, mais il ne peut pas être distillé à la pression ordinaire. Chauffé sur une lame de platine, il se décompose en répandant une odeur particulière désagréable. En décomposant cette combinaison par de l'eau de baryte, j'ai pu constater qu'il est possible de dégager ainsi l'acide butyrique; mais ne sachant pas si dans cette réaction l'acide butyrique, dégagé seul, concourt à la formation du sel soluble de baryte, je n'ai pas pu employer ce procédé comme moyen de doser l'acide.

En traitant la solution de la substance sucrée par de l'acide oxalique pour enlever la chaux, filtrant et la faisant digérer avec du carbonate et ensuite avec de l'oxyde de plomb, évaporant à siccité et reprenant par l'alcool, j'ai obtenu le corps avec les mêmes propriétés qu'auparavant, mais laissant à l'incinération un peu d'oxyde de plomb.

Pensant que ce pouvait être une combinaison plombique, je l'ai soumise à l'analyse (I). Une autre portion du corps sucré (II) a été préparée pour l'analyse en traitant le produit brut à deux reprises par l'alcool absolu à 0°, filtrant et évaporant chaque fois sous la cloche de la machine pneumatique. Chacun de ces deux échantillons a été séché à la température de 100°. La substance devient alors presque solide et se colore en brun.

I. 0.3457 de la première préparation ont donné 0.5280 d'acide carbonique, 0.2168 d'eau et 0.0160 d'un résidu composé presque exclusivement de plomb.

II. 0.3185 de la seconde préparation ont fourni 0.4685 d'acide carbonique, 0.1940 d'eau et 0.0085 de cendres calcaires.

La quantité de substance minérale trouvée dans ces analyses est trop petite pour qu'on puisse l'envisager comme entrant dans la composition chimique du corps incristallisable, et on peut supposer qu'elle était mélangée à celui-ci à l'état de formiate. Qu'on calcule d'ailleurs les résultats de ces analyses dans cette dernière hypothèse, qu'on regarde le plomb et le calcium comme des parties constituantes de la substance analysée, ou qu'on ne tienne enfin aucun compte de leur présence, on obtient dans tous les cas des nombres qui conduisent à des résultats semblables.

Dans l'hypothèse du formiate, les deux analyses donnent en centièmes les nombres suivants :

		Expériences.	
		I.	II.
C	=	43,86	41,23
H	=	7,39	6,95
O	=	48,75	51,82

La quantité de carbone et d'hydrogène, dans la substance analysée, est donc $C^n H^{2n}$; la quantité d'oxygène paraît être un peu inférieure, de sorte que la formule la plus probable du corps serait $C^n H^{2n} O^{n-1}$.

N'ayant obtenu que très-peu de la combinaison butyrique, je n'ai pas pu la soumettre à la purification. Je l'ai desséchée à 130°-140° dans un courant d'air sec et je l'ai analysée.

0.3197 de butyrate ont donné 0.6513 d'acide carbonique et 0.2070 d'eau.

En centièmes : .

C	=	55,55
H	=	7,19
O	=	37,26

En présence de tous ces résultats on ne peut pas regarder la compo-
sitition des substances en question comme fixée ; mais si l'on tient
compte de la formation de l'acide formique dans la réaction de l'alcali
sur le dioxyméthylène, on est conduit, pour expliquer la formation de
la substance sucrée, à admettre comme assez probable l'équation :

$$4C^2H^4O^2 = C^7H^{14}O^6 + CH^2O^2,$$

tandis que le butyrate aurait peut-être pour formule :

$$C^7H^{11}(C^4H^7O)^3O^6.$$

Quoi qu'il en soit, on voit que la nouvelle substance sucrée se rapproche, d'après sa composition, des corps que la mannite et quelques-
uns de ses congénères fournissent en perdant 1 molécule d'eau ; aussi
je propose de la désigner provisoirement sous le nom de *méthylénitane*.

La réaction qui lui donne naissance a une certaine analogie avec les
dédoublements de quelques aldéhydes sous l'influence des alcalis ; seulement, dans tous les cas qui ont été étudiés jusqu'à présent, ce dédoublement donne lieu à la formation d'un alcool et d'un acide monato-
miques, contenant tous les deux la même quantité de carbone que
l'aldéhyde dont ils proviennent, tandis que le dioxyméthylène, qui possède aussi quelques caractères propres aux aldéhydes, donne naissance
à l'acide monatomique le plus simple et produit en même temps un alcool à molécule et atomicité élevées.

On pourrait se demander si le méthylénitane ne serait pas une sorte
de polyalcool analogue à ceux qui dérivent du glycol et de la glycérine ;
mais, d'après nos connaissances actuelles, sa composition paraît s'op-
poser à cette manière de voir. D'ailleurs quelques-unes de ces substances sucrées véritables ne seraient-elles pas elles-mêmes aussi des
polyalcools ?

Quoi qu'il en soit, la production du méthylénitane est un fait remarquable : c'est le premier exemple de la formation d'une substance
ayant les allures d'un corps sucré véritable, au moyen des composés les
plus simples de la chimie organique, et même, si l'on tient compte de
toute la série des transformations qui ont pour point de départ l'alcool
éthylique, pouvant être formé lui-même au moyen des éléments, c'est
le premier exemple de la synthèse totale d'une substance sucrée.

II. Sur un nouveau mode de formation de l'éthylène et de quelques-uns de ses congénères.

Il y a quelque temps, j'ai essayé d'obtenir le méthylène CH^2 en traitant son iodure CH^2I^2 par l'amalgame de sodium ; mais cette expé-

rience ne m'a pas conduit à des résultats satisfaisants. Pensant qu'on pourrait plutôt arriver au but en soumettant l'iodure à l'action d'agents moins énergiques, je l'ai traité, dans des tubes privés d'air et scellés à la lampe, par du cuivre métallique et de l'eau, par du mercure et de l'acide chlorhydrique ou par du cuivre et du mercure seuls. Les tubes ainsi préparés ont été soumis tantôt à l'action de la lumière solaire, tantôt à la température de 100° pendant plus de 100 heures. Sous l'action de la lumière ces substances réagissent promptement et paraissent donner lieu à des métamorphoses compliquées, sans qu'aucun gaz se dégage. A la température de 100° l'iodure de méthylène ne produit pas non plus de gaz avec du mercure, mais il donne naissance à des corps gazeux, par l'action du cuivre seul, du cuivre et de l'eau, ou du mercure et de l'acide chlorhydrique. L'action du cuivre et de l'eau donne les résultats les plus nets, et ce sont les produits de cette réaction qui ont été l'objet de mes études.

Le gaz obtenu par cette méthode a fourni les résultats suivants : agité avec de l'eau de chaux, il donne lieu à un précipité de carbonate de chaux; traité par une lessive de potasse caustique, les 7 centièmes à peu près du volume primitif ont été absorbés; il contient donc de l'acide carbonique. En traitant le gaz par le brome, 85 centièmes environ ont été condensés en produisant une substance huileuse. C'étaient les hydrocarbures C^nH^{2n}. En considérant la formation de l'acide carbonique et de ces hydrocarbures, on devait s'attendre à trouver dans les résidus des substances plus hydrogénés; en effet l'analyse eudiométrique m'a permis de constater que ce résidu renfermait du gaz des marais et de l'oxyde de carbone. La présence de ce dernier corps a été encore mise en évidence en traitant les résidus mentionnés par une solution de protochlorure de cuivre.

Voici les nombres obtenus à l'analyse eudiométrique approximative :

Gaz	3,0
Oxygène	12,5
Après l'explosion	8,0
Après l'absorption de l'acide carbonique	5,1

Le produit obtenu par l'action du brome sur le mélange gazeux, après avoir été traité par une lessive caustique, lavé, distillé avec de l'eau et desséché sur le chlorure de calcium, a été soumis à la rectification avec un thermomètre. La plus grande partie de l'huile a passé à 131-132°, après quoi le point d'ébullition s'est élevé à 180° et même plus haut. Le résidu a commencé alors à se décomposer en dégageant des vapeurs bromhydriques. J'ai analysé à part le produit obtenu à 131-132° et celui qui a passé à la température plus élevée, et j'ai obtenu les nombres suivants :

I. 0,5037 de la première substance ont fourni 0,2325 d'acide carbonique et 0,0960 d'eau; 0,2635 du même corps ont donné 0,5198 de bromure d'argent.

II. 0,4160 de la substance la moins volatile ont donné 0,2005 d'acide carbonique et 0,0860 d'eau.

En centièmes :

		Expériences.		Théorie.
		I.	II. pour $C_2H^4Br^2$	
C	=	12,58	13,14	12,76
H	=	2,10	2,28	2,12
Br	=	83,94	—	85,10

On voit que la première substance n'est autre chose que le bromure d'éthylène; son point d'ébullition et sa densité 2,179 (prise à 0° avec une petite quantité de liquide) correspondent aussi à ce composé.

La partie la moins volatile du liquide se compose pour la majeure partie de bromure d'éthylène mélangé à un peu de bromures plus compliqués $C^nH^{2n}Br^2$.

La présence de ces derniers est aussi indiquée par le point d'ébullition élevé et la décomposition partielle à la distillation.

Il ne se forme donc pas de méthylène dans l'action du cuivre et de l'eau sur le composé CH^2I^2, et, dès que la molécule CH^2 est mise en liberté, elle se double ou se complique encore davantage en produisant de l'éthylène et d'autres hydrocarbures C^nH^{2n}.

On voit que c'est une espèce de polymérie qui existe entre le méthylène et ses homologues supérieurs. En même temps, ces résultats me paraissent indiquer, avec une certaine probabilité, que le méthylène ne peut pas exister à l'état libre; toutefois ils présentent un exemple intéressant de complication moléculaire et donnent le moyen de passer de la série méthylique à la série éthylique, et de revenir ainsi à l'alcool ordinaire, matière première avec laquelle on obtient des composés méthyléniques.

Sur l'allylène, par M. W. MORKOWNIKOFF.

On sait par la publication des recherches de M. Miasnikoff sur l'acétylène, que j'ai obtenu l'allylène, terme correspondant de la série propylique.

A cette époque, je ne pouvais pas encore avoir connaissance des travaux exécutés dans le laboratoire de M. Wurtz par M. Savitsch, qui, de son côté, sans connaître mes résultats, a publié ses recherches sur ce même corps.

J'ai traité depuis le bromure de propylène obtenu au moyen de l'alcool amylique, d'après le procédé de M. Wurtz, par la lessive alcoolique de potasse et j'ai fait passer les vapeurs de propylène monobromé dans deux fioles contenant la même lessive concentrée et chaude.

La lessive de la première fiole, dans laquelle s'effectue la formation du propylène monobromé, ne doit être que d'une concentration moyenne; dans le cas contraire, le courant des vapeurs du propylène monobromé se dégage trop rapidement pour que son dédoublement ultérieur puisse être complet. Dans la deuxième fiole et de même dans la troisième, mais en quantité plus petite, se dépose du bromure de potassium. Après avoir fait passer ensuite le gaz dans un flacon refroidi, je l'ai recueilli sur l'eau et je l'ai traité par le brome; d'autres fois je l'ai fait passer dans une solution de nitrate d'argent ammoniacal.

Les résultats obtenus dans ce dernier cas paraissent démontrer que le gaz contient une certaine quantité d'acétylène, provenant probablement de la décomposition du bromure d'éthylène, formé en même temps que le bromure de propylène et ne pouvant être séparé entièrement de celui-ci par la distillation, surtout quand on opère sur une quantité de matière peu considérable, comme j'ai été obligé de le faire. Le précipité fulminant argentique obtenu se compose, en effet, de deux parties distinctes: l'une, plus jaune dans les premiers moments de la préparation et moins compacte, se rassemble surtout à la surface du liquide et présente l'aspect du composé argentique de l'acétylène; l'autre, d'un aspect différent, se dépose au fond du vase. Aussi, en traitant le précipité par l'acide chlorhydrique et en soumettant le gaz dégagé à l'analyse eudiométrique, je n'ai pas pu obtenir des nombres tout à fait correspondants à la composition de l'allylène. Ces nombres démontrent cependant que le gaz est plus riche en carbone, relativement à l'hydrogène, que le propylène C^3H^6, et possède une molécule plus élevée que l'acétylène. Aussi, je ne doute pas de la présence de l'allylène C^3H^4 dans ce gaz.

En traitant, ainsi que je l'ai mentionné plus haut, le produit gazeux par le brome, j'ai obtenu un composé huileux plus dense que l'eau. Ce produit, débarrassé de l'excès de brome par l'alcali, lavé à l'eau et desséché sur le chlorure de calcium, a été distillé avec un thermomètre. Il bout entre 180° et 200°, mais se décompose en partie, ce qui ne m'a pas permis d'obtenir un produit ayant un point d'ébullition constant.

J'ai analysé une portion recuéillie entre 190° et 200°, et j'ai obtenu les nombres suivants :

I. 0.4790 de substance ont donné 0.1635 d'acide carbonique et 0.0520 d'eau.

Le dosage du brome fait avec une portion de substance d'une autre préparation, a donné les résultats que voici :

II. 0.1310 de substance ont fourni 0.2555 de bromure d'argent.

III. Enfin la combustion de 0.4495 de la substance qui a passé à la distillation entre 180°-190°, a donné 0.2085 d'acide carbonique et 0.0635 d'eau.

En centièmes :

		Expériences.			Théorie.	Théorie.
		I.	II.	III.	pour $C^3H^4Br^2$	pour $C^3H^4Br^4$
C	=	9,31	—	12,65	10,00	18,00
H	=	1,19	—	1,55	1,11	2,00
Br	=	—	82,9	—	88,89	80,00

Ces résultats mettent hors de doute l'existence de l'allylène et de son bromure $C^3H^4Br^4$, mais il devient probable en même temps que la portion recueillie entre 180°-190° et celle qui a servi pour doser le brome renfermaient une certaine quantité de dibromure d'allylène $C^3H^4Br^2$. Le tétrabromure d'allylène $C^3H^4Br^4$ est isomère du bromure de propylène bibromé, qui bout à 226° (Cahours), et de la substance obtenue par M. Reboul, qui offre la même composition, mais dont le point d'ébullition est situé à 252°.

L'allylène peut donc être tantôt diatomique, tantôt tétratomique, et produire comme le radical C^3H^5 des combinaisons se rapportant aux types hydrocarburés C^3H^8 et C^3H^6 :

$$\text{Type } C^3H^8 \qquad\qquad \text{Type } C^3H^6$$

$$C^3H^{5'''}Br^3 \qquad\qquad C^3H^{5'}Br$$
$$C^3H^{4''''}Br^4 \qquad\qquad C^3H^{4''}Br^2$$

En vue de ces cas d'isomérie, il était intéressant d'étudier l'action de la lessive alcoolique de potasse sur l'iodure d'allyle obtenu avec la glycérine. Ces substances réagissent facilement en donnant deux produits : l'un est liquide, huileux, éthéré, moins dense que l'eau, bouillant vers 66° et ne contenant pas d'iode ; l'autre est gazeux. J'avais pensé que ce liquide serait l'éther mixte éthylallylique $\left.{C^2H^5 \atop C^3H^5}\right\}O$ identique à celui qui se produit dans la réaction de l'éthylate de soude sur l'iodure d'allyle ; mais les nombres fournis par une analyse provisoire paraissent démentir cette manière de voir. Le gaz ne paraît être autre chose que le propylène. En traitant le produit de la combinaison de ce gaz avec le brome par la lessive alcoolique et en faisant passer le nouveau produit gazeux à travers une solution de nitrate d'argent ammoniacal, j'ai obtenu un précipité tout à fait différent de la combinaison argentique de l'allylène et de l'acétylène, ne détonant pas violemment quand on le chauffe. Avec l'acide chlorhydrique ce précipité dégage un gaz.

Je vais poursuivre mon travail dans cette direction et étudier la nature du liquide éthéré qu'on obtient avec l'iodure d'allyle et la lessive alcoolique de potasse.

Ces recherches ont été faites au laboratoire de chimie de l'Université de Kasan.

Sur l'acide lactique dérivé de l'acide bromopropionique,
par MM. FRIEDEL et MACHUCA.

Les auteurs se sont proposé de rechercher si l'acide oxybutyrique était bien le véritable homologue de l'acide lactique. Ne pouvant attaquer le problème directement, MM. Friedel et Machuca ont pensé qu'en traitant l'acide propionique comme ils avaient traité l'acide butyrique, ils pourraient obtenir de l'acide lactique, résultat de nature à démontrer que ce dernier acide est l'homologue de l'acide oxybutyrique. Leurs prévisions ont été réalisées par l'expérience.

Les auteurs ont traité un équivalent d'acide propionique par deux équivalents de brome, en chauffant pendant quelques jours à 150° le mélange dans un tube scellé à la lampe.

Le liquide, retiré du tube, a été soumis à une distillation fractionnée : la première partie bouillait au-dessous de 190°; l'autre de 190 à 210°. Cette dernière consistait uniquement en acide bromopropionique, ainsi que l'analyse l'a démontré. On a traité ce produit par l'oxyde d'argent, filtré pour séparer le bromure d'argent; dans la liqueur filtrée on a séparé le reste de l'argent par un courant d'acide sulfhydrique. La liqueur, de nouveau filtrée, a été saturée par l'oxyde de zinc et soumise, après filtration, à l'évaporation.

On a obtenu de beaux cristaux identiques, pour la forme et la composition, avec le véritable lactate de zinc.

Sur la fermentation acétique, par M. PASTEUR.

M. Pasteur expose les premiers résultats de ses recherches sur la fermentation appelée *acétique*. M. Pasteur a découvert dans les plantes cryptogamiques du genre *mycoderma*, dont il figure trois des espèces les plus intéressantes, une propriété remarquable qui donne l'explication complète de l'acétification des liquides alcooliques.

Voici quelques-unes de ses expériences :

A la surface d'un liquide organique quelconque, renfermant essentiellement des phosphates et des matières albuminoïdes, on fait développer une espèce quelconque du genre *mycoderma*, jusqu'à ce que toute la surface du liquide en soit couverte. Alors, avec un siphon, on enlève le liquide générateur de la plante, en s'arrangeant de manière que le voile de la mucorée ne soit pas déchiré et ne tombe pas en lambeaux au fond du vase, condition très-facile à remplir. Ensuite on remplace le liquide par de l'alcool pur étendu d'eau, marquant, par exemple, 10° à l'alcoomètre centésimal. Le mycoderme, difficilement mouillé par les liquides à cause de ses principes gras, se soulève et recouvre la surface du nouveau liquide. La petite plante est alors placée dans des conditions exceptionnelles. Sa vie est très-gênée, si elle n'est pas rendue tout à fait impossible, parce qu'elle n'a plus pour aliments que les principes qu'elle peut trouver dans sa propre substance, surtout si on a la précaution de la laver en dessous avec de l'eau pure avant de la mettre à la surface du liquide alcoolique. Or, l'expérience démontre que la plante, dans ces circonstances anormales de maladie ou de mort, met immédiatement en réaction l'oxygène de l'air et l'alcool du liquide. L'acétification commence sur-le-champ et se poursuit avec une grande activité. Après quelques jours, l'action de la plante se ralentit, mais elle est loin d'être épuisée. Elle est gênée par l'acidité de plus en plus grande de la liqueur. Enlève-t-on celle-ci pour la remplacer par une nouvelle portion d'alcool pur étendu d'eau, l'acétification continue pour le deuxième liquide, et cette suite d'opérations peut se prolonger pendant des mois entiers. D'autre part, lorsque l'acétification s'arrête pour une liqueur déjà très-acétique, elle peut continuer si cette liqueur vient à être introduite sous une mucorée qui n'a pas encore agi.

Pendant tout ce travail, la plante éprouve des modifications assez profondes, sans toutefois augmenter de poids. Tout au contraire elle subit une sorte de combustion qui dissout ses matériaux, de telle sorte

que le liquide devient peu à peu apte à nourrir la plante ou l'une des
espèces qui l'avoisinent dans le même genre *mycoderma*. A ce moment des phénomènes entièrement différents, au moins en apparence,
s'accomplissent. L'acide acétique et l'alcool disparaissent complète-
ment avec la plus grande rapidité. Quelques jours suffisent pour enlever au liquide toute son acidité. Il arrive à une neutralité parfaite et
propre, en conséquence, à donner naissance à des infusoires divers, et
par suite à une altération putride.

Toute cette seconde partie des phénomènes annoncés par M. Pasteur
peut se produire lorsque l'on fait développer les mycodermes sur des liquides alcooliques qui renferment les aliments propres à la nourriture
de la plante, tels que le vin, la bière, les liquides fermentés en général, à moins que par des circonstances fortuites ou déterminées par l'o-
pérateur, la plante ne soit placée dans des conditions analogues à celles
où elle se trouve dans la première partie de l'expérience.

En résumé, l'acétification est produite par les espèces du genre *mycoderma*. Lorsque la plante est en pleine vie et santé, elle ne donne
pas lieu à une formation effective d'acide acétique. Bien plus, si cet
acide existe dans la liqueur elle le détruit ainsi que l'alcool. Au contraire, si la plante est malade, si on lui refuse ses aliments, ou si, tout
en les possédant, elle est gênée par une autre cause quelconque, elle
transforme l'alcool en aldéhyde et en acide acétique.

Tout ce qui a été dit sur l'influence des corps poreux organisés *ordinaires* dans l'acétification est entièrement erroné. Voici les expériences
qui le mettent eu évidence :

M. Pasteur fait écouler le long d'une corde de l'alcool étendu d'eau.
Les gouttes qui tombent à l'extrémité de la corde ne renferment pas
la plus petite quantité d'acide acétique. L'expérience a duré plus d'un
mois avec une vitesse d'écoulement extrêmement faible, une goutte
par deux à trois minutes. Mais si l'on répète cet essai en ayant la précaution de tremper la corde, au début de l'expérience, dans un liquide
à la surface duquel se trouve une pellicule de mycoderme qui reste
en partie sur la corde lorsqu'on retire celle-ci, l'alcool qui s'écoule
lentement le long de cette corde au contact de l'air se charge d'acide
acétique. L'acétification peut se prolonger pendant plusieurs semaines.

Il est évident, par cette double expérience, que dans le procédé d'a-
cétification dit allemand les copeaux de hêtre sont sans action, et
qu'ils n'ont d'autre rôle que de servir de support à la plante.

Dans la fabrication telle qu'elle se pratique à Orléans, l'acétification,
d'après M. Pasteur, est due uniquement à une pellicule presque insen-

sible, d'une minceur excessive, qui recouvre le liquide des tonneaux, et qui est formée par la plus petite espèce des *mycoderma*. La *mère* du vinaigre, c'est-à-dire le dépôt qui est au fond des tonneaux et sur lequel on verse tous les huit jours dix litres de vin après avoir retiré dix litres de vinaigre, n'a aucune influence sur le phénomène. Tout le travail se fait à la surface, dans la pellicule d'une ténuité excessive qui recouvre le liquide. Mais si pour un motif quelconque cette pellicule vient à épaissir, à se développer, l'opération passe aussitôt à la phase de disparition de l'alcool et de l'acide acétique. Le vinaigre, laissé dans le tonneau, a précisément pour effet de modérer le développement de la plante, de la rendre maladive, mais il n'intervient pas autrement dans l'acétification.

Les rapports des mycodermes avec l'oxygène ne se bornent pas aux phénomènes dont il vient d'être question. M. Pasteur a reconnu que, mis en présence du sucre, hors de tout contact avec le gaz oxygène, ils avaient la propriété de se développer. Leur respiration s'effectue alors, sans nul doute, à l'aide de l'oxygène enlevé au sucre. Or, il est fort remarquable que dans ces conditions le sucre fermente. Ces faits, comme on le verra lorsque l'ensemble des observations sera publié, ajoutent un nouvel appui à la théorie de la fermentation proposée récemment par M. Pasteur. En même temps, ils rendent compte de tous les prétendus changements de forme de la levûre de bière ou des spores des mucédinées qui ont souvent appelé l'attention des micrographes. En effet, dans ces nouvelles conditions de vie et de développement, les mycodermes éprouvent des modifications dans la grosseur de leurs articles, dans leur mode de propagation, qui au premier abord peuvent faire croire à des transformations en des espèces nouvelles. C'est quelque chose d'analogue aux métamorphoses des insectes et des vers intestinaux.

M. Pasteur publiera bientôt l'ensemble de ses observations sur ce sujet. Il annonce également des résultats sur l'acidification, par le moyen des mycodermes, des alcools autres que l'alcool ordinaire.

EXTRAIT DU PROCÈS-VERBAL

DE LA SÉANCE DU MOIS D'AOUT.

SÉANCE DU 9 AOUT.

Présidence de M. Pasteur.

Est élu membre non résident :

M. Siméon Stoïkowitsh, à Londres.

M. Terreil fait hommage à la Société d'une brochure qu'il vient de publier, ayant pour titre : *Atlas de Chimie analytique minérale.*

M. Carlet communique les résultats de ses recherches sur l'oxydation de la mannite, de l'acide mucique et de l'acide saccharique.

M. Pasteur présente quelques observations à l'occasion de cette communication.

M. Morin expose les résultats de ses recherches sur l'action exercée par le courant électrique sur l'albumine.

M. Friedel, au nom de M. Oppenheim, rend compte des recherches de ce chimiste sur le camphre de menthe.

Cette séance a été la dernière précédant les vacances. La rentrée de la Société aura lieu le 8 novembre.

MÉMOIRES COMMUNIQUÉS A LA SOCIÉTÉ DANS LE MOIS D'AOUT.

Sur le camphre de menthe, par M. OPPENHEIM.

Le camphre de menthe, connu depuis longtemps comme constituant la partie solide de l'essence de menthe poivrée, arrive maintenant du Japon en Angleterre dans des vases de faïence mal fermés. Ce produit présente l'aspect d'une masse de cristaux isolés, prismatiques ; il n'est pas mélangé d'essence, mais on le falsifie souvent avec du sulfate de magnésie en proportions variables. On peut le séparer facilement de ce sel, auquel il ressemble beaucoup, en traitant le mélange par l'eau.

Sa formule établie par M. Dumas, et vérifiée par MM. Blanchet, Sell et Walter, est $C^{10}H^{20}O$. Il fait donc partie d'une des séries isologues $C^{10}H^{2n}O$, renfermant des corps très-variés, dont plusieurs sont isomères, et qui représentent des alcools, des aldéhydes ou des substances dont la nature n'est pas encore suffisamment établie. L'alcool cuminique de M. Rossi $C^{10}H^{14}O$, et le bornéol $C^{10}H^{18}O$, dont M. Berthelot a établi la nature, en constituent les alcools. Le cuminol $C^{10}H^{12}O$, le camphre $C^{10}H^{16}O$, et l'hydrure de rutyle $C^{10}H^{20}O$, isomère avec le camphre de menthe, constituent des aldéhydes. Enfin le thymol, le carvol et le carvacrol, qui sont tous isomères de l'alcool cuminique, et le terpinol, isomère du bornéol, rentrent dans ces séries sans qu'on connaisse le rôle que jouent ces corps.

En 1839, M. Walter a obtenu un produit chloré par la réaction du perchlorure de phosphore sur le camphre de menthe. Il a aussi préparé le menthène ou hydrocarbure de la formule $C^{20}H^{18}$, qui est au camphre de menthe ce que l'éthylène est à l'alcool ordinaire. Mais l'impossibilité d'obtenir un acide correspondant à l'acide sulfovinique a conduit M. Walter à assimiler le camphre de menthe à une aldéhyde plutôt qu'à un alcool.

Voici les premiers résultats des recherches que j'ai commencées dans le laboratoire de M. Wurtz, dans le but de vérifier l'exactitude de cette conclusion :

Le camphre de menthe possède une très-forte odeur d'essence de menthe poivrée. Il est peu soluble dans l'eau, mais très-soluble dans l'éther, dans le sulfure de carbone, dans l'alcool même étendu et dans le pétrole. Il est aussi soluble en quantité notable dans les acides chlorhydrique, nitrique, formique, acétique et butyrique. L'eau et les alcalis le séparent de ces solutions acides sous la forme d'une huile plus légère que l'eau, devenant bientôt solide, et présentant alors toutes les propriétés du camphre de menthe.

Sa solution alcoolique dévie le plan de polarisation à droite. J'ai trouvé qu'il entre en fusion à 36° et en ébullition à 210°. Les cristaux séparés de l'essence de menthe poivrée avaient donné à M. Dumas pour point de fusion 25°, pour point d'ébullition 208°. Il est donc probable qu'ils contenaient une petite quantité d'un camphre liquide..

L'analyse a donné les résultats suivants :

	Trouvé :	Calculé $C^{10}H^{20}O$:
C	76,93	76,92
H	13,40	12,82
O	—	10,26
		100,00

On n'a pas réussi à combiner le camphre de menthe avec le bisulfite de soude. L'acide acétique cristallisable dissout à froid moins d'un équivalent de camphre de menthe. Chauffés ensemble pendant 36 heures à 170° dans un tube scellé, ces deux corps se combinent en formant une huile plus légère que l'eau et qui n'est pas décomposée à froid par les alcalis. On a lavé le produit avec du carbonate de soude, on l'a desséché sur du chlorure de calcium, puis on l'a distillé. Il commence à bouillir vers 195°; la température s'élève rapidement jusqu'à 220°, et vers la fin de l'opération jusqu'à 224°. La portion bouillant à 220° est incolore et très-réfringente. Elle a à la fois l'odeur de l'acide acétique et celle de l'essence de menthe. On n'a pas réussi à la saponifier par l'eau de baryte, mais bien en la chauffant avec une dissolution de soude alcoolique à 120° pendant trois heures. On a régénéré de cette manière le camphre de menthe. Les cristaux ainsi obtenus, exprimés dans du papier joseph, ressemblent beaucoup au camphre ordinaire; ils fondent à 34° au lieu de 36°, point de fusion du camphre dont on est parti. Leur point d'ébullition est 210°. La combinaison acétique est donc un éther; sa formule

$$\left.\begin{array}{l}\bar{C}^{10}H^{19}\\ \bar{C}^2\,H^3\bar{O}\end{array}\right\}\bar{O}$$

est établie par l'analyse suivante :

	Trouvé :	Calculé :
C	73,06	72,73
H	11,04	11,11
O	—	16,16
		100,00

L'acide butyrique et le camphre de menthe se combinent lorsqu'on les chauffe ensemble dans des tubes scellés à 200° pendant trois jours. Le produit, purifié comme l'acétate, forme une huile légère distillant de 230° à 250°. On a séparé ce liquide en deux portions. C'est la partie bouillant de 230° à 240° qui forme le butyrate de menthyle

$$\left.\begin{array}{l}\bar{C}^{10}H^{19}\\ \bar{C}^4\,H^7O\end{array}\right\}O.$$

L'analyse donne :

	Trouvé :	Calculé :
C	74,84	74,33
H	11,74	11,50
O	—	14,17
		100,00

Dans cet éther, l'odeur butyrique est presque masquée par l'odeur de menthe.

Une solution concentrée d'acide chlorhydrique agit sur le camphre de menthe à 100°. Il faut chauffer au bain-marie pendant une semaine pour obtenir la combinaison d'une partie notable des corps en présence. La réaction est terminée en 24 heures lorsqu'elle a lieu dans des tubes scellés et chauffés à 120°. On obtient ainsi une huile réfringente, d'une odeur ressemblant à celle du géranium ; elle peut être lavée avec du carbonate de soude sans être décomposée, mais elle se décompose par la distillation. Les analyses suivantes ont été faites sur le liquide non distillé, mais desséché sur du chlorure de calcium fondu :

	Trouvé :			Calculé $C^{10}H^{19}Cl$:
	I.	II.	III.	—
C	67,06	—	—	68,67
H	11,32	—	—	10,89
Cl	—	19,16	19,67	20,34

Ce corps entre en ébullition à 160°; la température s'élève jusqu'à 200°. C'est le même corps que M. Walter a obtenu par l'action du perchlorure de phosphore.

L'iodure et les bromures de phosphore attaquent très-vivement le camphre de menthe. Mais les produits de ces réactions se décomposent par la distillation, et l'on n'a pas réussi à en séparer des produits d'une composition définie.

Le sodium se dissout dans le camphre de menthe fondu en dégageant de l'hydrogène. La réaction commence au point de fusion du camphre, et en continuant de chauffer au bain d'huile, on réussit à dissoudre près d'un équivalent de sodium. La masse refroidie ressemble à l'acide phosphorique vitreux. Elle est très-hygroscopique; exposée à l'air, elle brunit. L'eau la dissout avec un bruit pareil à celui d'un fer rouge plongé dans l'eau. Elle se dissout aussi dans l'alcool absolu et dans l'iodure d'éthyle. La réaction de ce dernier corps n'a pas encore été étudiée. Lorsqu'on chauffe au bain-marie des équivalents égaux de chlorure de méthyle et d'éthylate de sodium, on obtient un mélange d'huiles bouillant de 163° à 200°. On n'a pas réussi à séparer de ce mélange l'éther mixte. La portion bouillant de 163° à 168° consiste vraisemblablement en menthène mêlé encore à des impuretés. Elle a donné à l'analyse, en centièmes, $C = 85,89$ et $H = 13,24$.

Pour préparer le menthène, que M. Walter a obtenu par l'action de l'acide phosphorique anhydre sur le camphre de menthe, on a distillé ce corps avec un poids égal de chlorure de zinc fondu.

On a obtenu ainsi un produit bouillant de 163° à 167°, mélangé avec de l'eau. Son odeur ne ressemble plus à celle de l'essence de menthe. On a analysé la portion distillée de 163° à 164°.

	Trouvé :	Calculé $C^{10}H^{18}$:
C	86,59	86,94
H	13,65	13,05

Le brome réagit d'une manière très-énergique sur le menthène. Il se dégage de l'acide bromhydrique et on obtient des produits bromés peu stables. Ils se décomposent non-seulement péndant la distillation, mais aussi à la température ordinaire. Lorsqu'on fait réagir goutte à goutte 2 équivalents de brome sur 1 équivalent de menthène, on doit obtenir le menthène monobromé $C^{10}H^{17}Br$. On a traité ce produit par une lessive alcoolique de soude et par l'oxyde d'argent hydraté, espérant obtenir de cette manière le camphre de Bornéo. Mais ces réactions ont donné lieu à un hydrocarbure bouillant de 170° à 175°, qui est probablement le camphène.

Il résulte donc de ces expériences que le camphre de menthe est un véritable alcool monoatomique de la formule générale $C^nH^{2n}O$, série dont l'alcool acrylique est le représentant le mieux connu. L'acide campholique $C^{10}H^{18}O^2$ paraît être au camphre de menthe ce que l'acide acrylique $C^3H^4O^2$ est à l'alcool acrylique C^3H^6O. Sa composition, isologue avec celle du bornéol, permet peut-être de proposer pour le camphre de menthe le nom plus court de *menthol*.

En continuant ces recherches, j'espère établir encore d'autres analogies de cet alcool avec l'alcool ordinaire.

Note sur la formation de l'acide paratartrique au moyen de la mannite et sur la dérivation des acides tartrique et paratartrique, par M. H. CARLET.

Il y a un an environ, j'ai eu l'honneur d'annoncer à la Société chimique la formation de l'acide paratartrique en appliquant à la dulcine le traitement indiqué par M. Liebig pour le sucre de lait. (*Voir Ann. de Chim. et de Phys.*, T. LVIII, p. 449. Traduction du mémoire de M. Liebig.)

J'ai remarqué depuis qu'en suivant exactement les indications de M. Liebig, on est loin d'obtenir toute la quantité d'acide tartrique qu'on peut retirer soit du sucre de lait, soit de la dulcine. En effet, en prenant l'eau-mère dont on a retiré la crème de tartre, en suivant les indications du mémoire précité, et en la soumettant de nouveau à l'action d'une faible quantité d'acide azotique jusqu'à ce que par l'ébullition elle devienne brune, on obtient, en abandonnant la liqueur à elle-même, un nouveau dépôt de crème de tartre, et en renouvelant l'action plusieurs fois, le même phénomène se reproduit jusqu'à 7 ou 8 fois; il cesse lorsque la liqueur ne réduit plus que faiblement le tartrate cupropotassique. J'ai obtenu ainsi un peu plus de 30 grammes de crème de tartre avec 400 grammes de sucre de lait. Le sucre de lait fournit constamment de l'acide tartrique droit et la dulcine de l'acide paratartrique.

En appliquant avec soin ce dernier procédé à la mannite, j'ai obtenu trois cristallisations de crème de tartre peu abondantes, il est vrai, mais suffisantes toutefois pour que j'aie pu constater qu'elles sont uniquement formées d'acide paratartrique qui cristallise avec 2 équivalents d'eau et qui peut se dédoubler en acide tartrique droit et acide tartrique gauche. En même temps que l'un des dépôts dont je viens de parler, j'ai obtenu quelques centigrammes d'un acide peu soluble que je crois être de l'acide mucique.

M. Liebig, dans son mémoire, fait dériver l'acide tartrique de l'acide saccharique; dans un mémoire un peu plus récent M. Heintz (*Annal. der Phys. und Chem.*, T. CXI, p. 265 et 291, et *Journ. für prackt. Chem.*, T. LXXXI, p. 134) confirme l'opinion de M. Liebig en annonçant qu'il a transformé l'acide saccharique en acide tartrique; il ajoute que l'acide mucique donne aussi de l'acide tartrique et il pense que la *plus grande* partie de l'acide obtenu par M. Liebig du sucre de lait provient de l'oxydation de l'acide mucique, d'autant plus que le sucre de lait donne peu d'acide saccharique et que le sucre de canne, qui en donne beaucoup, n'a pas fourni jusqu'à présent d'acide tartrique. L'acide mucique étant inactif sur la lumière polarisée, il m'a semblé peu probable qu'il pût fournir l'acide tartrique droit obtenu par M. Liebig. Ayant en effet répété l'expérience de M. Heintz avec de l'acide mucique provenant du sucre de lait, j'ai constaté qu'on obtient de l'acide paratartrique tout à fait exempt d'acide tartrique droit ou gauche, et identique à celui qu'on obtient par la dulcine et la mannite.

J'ai voulu m'assurer si l'acide azotique n'aurait pas une action analogue à celle que M. Dessaignes a constatée pour l'acide chlorhydrique, c'est-à-dire d'intervertir le pouvoir rotatoire de l'acide tartrique et de former ainsi, par la combinaison de l'acide droit et gauche, de l'acide paratartrique. J'ai fait bouillir tous les jours, pendant cinq semaines, 10 grammes d'acide tartrique droit avec de l'acide azotique étendu, en ayant soin d'ajouter de temps en temps de l'eau et de l'acide azotique pour compenser l'évaporation; au bout de ce temps je n'ai pas pu constater la plus petite quantité d'acide paratartrique formé.

Quant à l'acide saccharique, rien ne s'oppose à ce qu'il donne de l'acide tartrique droit. J'ai en effet constaté que l'acide saccharique possède un pouvoir rotatoire moléculaire à droite. Le temps et la matière m'ont manqué pour vérifier le fait et pour mesurer le pouvoir rotatoire de cet acide. J'espère pouvoir bientôt continuer ces recherches, qui promettent d'être intéressantes. Ainsi il est probable qu'on pourra obtenir, au moyen de la dulcine, de la mannite ou d'autres matières inactives, un acide isomère de l'acide saccharique et inactif sur la lumière polarisée, lequel pourra être à l'acide saccharique droit ce que l'acide paratartrique est à l'acide tartrique. L'acide mucique est peut-être cet isomère.

Dans tous les cas il est bien remarquable de voir que la dulcine, la mannite et l'acide mucique, ainsi que l'acide succinique (Perkin et Duppa), matières inactives sur la lumière polarisée, donnent seulement de l'acide paratartrique ou de l'acide tartrique inactif, et nullement de l'acide tartrique actif.

M. Pasteur fait suivre la communication de M. Carlet des remarques suivantes :

« M. Carlet ayant eu l'obligeance de me communiquer, depuis plusieurs jours, les faits si intéressants qu'il vient d'annoncer à la Société, j'ai réfléchi aux conséquences que l'on peut en déduire relativement à la constitution de la dulcine, de l'acide succinique, de la mannite, de l'acide mucique et de tous les corps inactifs, probablement très-nombreux, chez lesquels on reconnaîtra ultérieurement la propriété de fournir, par oxydation ou autrement, de l'acide paratartrique. L'idée la plus naturelle qui se présente à l'esprit, c'est que toutes ces substances inactives renferment un groupe moléculaire double, analogue à celui qui constitue l'acide paratartrique, et le plus grand intérêt des résultats dont il vient d'être question est de nous conduire à cette vue de l'esprit sur la constitution moléculaire de corps tout à fait inconnus jusqu'à ce jour pour le mode d'arrangement de leurs atomes. Comme nous ne connaissons pas encore, ainsi que je l'ai déjà fait remarquer ailleurs, d'exemple bien prouvé de la transformation de corps inactifs en corps actifs, il n'est pas logique d'admettre que les corps inactifs en question n'ont fait que se transformer en un corps actif double, et que le résultat n'indique rien de particulier sur leur propre constitution moléculaire. Cependant il y a une autre manière de voir sur laquelle je désire appeler l'attention de la Société

Rien n'est mieux prouvé assurément que la constitution moléculaire de l'acide paratartrique. L'acide tartrique droit et l'acide tartrique gauche se combinent, équivalent à équivalent, avec dégagement de chaleur, et forment par leur union de l'acide paratartrique. Ce dernier, par différents procédés, aujourd'hui au nombre de quatre, se dédouble en acide tartrique droit et en acide tartrique gauche. Par l'analyse et par la synthèse, nous sommes donc conduits à envisager l'acide paratartrique comme une combinaison, à équivalents égaux, d'acide tartrique droit et d'acide tartrique gauche. Je me demande cependant de quelle nature est cette combinaison. S'il nous était permis de voir une molécule d'acide paratartrique, la verrions-nous double? L'acide tartrique droit y existe-t-il tout formé ainsi que l'acide tartrique gauche? N'est-ce pas virtuellement, si je puis parler ainsi, que l'acide paratartrique est une combinaison d'acide tartrique droit et d'acide tartrique gauche? La diagonale d'un parallélogramme est en grandeur et en direction la résultante des deux forces que représentent les côtés du parallélogramme. Elle peut les remplacer dans leurs effets; elle peut se décomposer en ces deux forces élémentaires. Cependant elle ne renferme pas individuellement l'une et l'autre de ces forces. N'est-ce pas ainsi que l'acide paratartrique peut être considéré comme une combinaison d'acide tartrique droit et d'acide tartrique gauche, formant un groupe moléculaire inactif où n'existeraient pas individuellement tout constitués les deux acides tartriques, mais prête à se dissocier sous des influences diverses en deux groupes droit et gauche, de même qu'on pourrait imaginer une pile de boulets arrangée de telle sorte qu'elle se séparerait par certains chocs en deux assemblages stables, inverses et non superposables? C'est ainsi qu'un octaèdre irrégulier peut être considéré comme constitué par la réunion de deux tétraèdres inverses et non superposables. »

De l'action du courant électrique sur l'albumine, par M. MORIN.

D'après les expériences de Brugnatelli et de Brande on sait que, lorsqu'on fait traverser par un courant électrique une solution de blanc d'œuf, il se forme un coagulum au pôle positif. Lassaigne ayant préparé de l'albumine pure en coagulant du blanc d'œuf par l'alcool et lavant le précipité jusqu'à ce que le nitrate d'argent n'y décelât plus la présence du chlore, traita cette albumine par l'eau distillée, qui en dissout une petite quantité; il fit traverser la dissolution par un courant électrique; aucun trouble ne se manifesta, tandis que par l'addition de quelques gouttes de chlorure de sodium, la liqueur devint laiteuse et laissa déposer des flocons blancs lors du passage du courant. Lassaigne conclut de cette expérience que la cause de la précipitation de l'albumine au pôle positif était due aux acides mis en liberté par le courant, et provenant de l'électrolyse des sels que cette substance contient dans son état naturel.

En examinant attentivement le phénomène, on trouve que le coagulum se forme à la partie inférieure de l'électrode, au point de séparation de la lame métallique et du liquide ; or, si les acides étaient réellement la seule cause de la coagulation de l'albumine, cette dernière devrait se précipiter à l'état pulvérulent ou bien se déposer sur toute la surface de l'électrode. On devrait se demander si, dans l'expérience de Lassaigne, l'absence de coagulation observée avant l'addition de quelques gouttes de chlorure de sodium dans la solution, ne devait pas être surtout attribuée à un défaut de conductibilité de la liqueur, qui serait nécessairement devenue plus conductrice par la présence du chlorure de sodium.

On prépara de l'albumine privée de sels par le procédé de M. Wurtz, et avec cette albumine, qui ne laissait à l'incinération qu'un résidu insignifiant, on répéta l'expérience de Lassaigne en ajoutant quelques gouttes de soude au lieu de chlorure de sodium. Le courant, en traversant cette solution, détermina la formation d'un coagulum au pôle positif. On ne peut dans cette expérience attribuer la coagulation de l'albumine à la présence des acides. En opérant avec une solution d'albumine pure et très-concentrée, le courant précipita de légers flocons d'albumine sur tout son passage.

Si l'on ajoute à une solution de blanc d'œuf quelques gouttes d'acide acétique ou d'acide phosphorique, le courant, en traversant la dissolution, coagule l'albumine au pôle négatif. Dans ce dernier cas, il se forme une certaine quantité d'albuminate de soude, qui peut se redissoudre dans un excès d'eau distillée; mais il y a aussi de l'albumine précipitée tout à fait insoluble.

D'après ces diverses expériences, l'auteur pense que la cause de la coagulation par le courant n'est pas due aux acides qui, toujours en très-petite quantité, peuvent être mis en liberté à l'électrode positive. Cette coagulation a lieu tantôt au pôle positif, tantôt au pôle négatif, suivant le rôle chimique rempli par l'albumine comme acide ou comme base dans la combinaison que le courant traverse. Enfin, elle paraît due à une action physique du courant, et elle semble aussi difficile à expliquer dans l'état actuel de la science que l'action de la chaleur sur cette substance et celle de certains acides qui la coagulent sans entrer en combinaison avec elle.

———

EXTRAIT DES PROCÈS-VERBAUX

DES SÉANCES DU MOIS DE NOVEMBRE.

———

SÉANCE DU 8 NOVEMBRE.

Présidence de M. Pasteur.

Est élu membre non résident :

M. OLEWINSKY.

M. FABRE VOLPILIÈRE, pharmacien à Arles, adresse une note sur une nouvelle altération frauduleuse du safran.

M. FABRE jeune, pharmacien à Arles, adresse un mémoire imprimé sur les altérations frauduleuses de la garance et de ses dérivés.

M. SCHOONBROODT, professeur à Liége, adresse une note sur quelques produits pyrogénés nouveaux dérivés de l'acide quinique. Le même auteur adresse une note sur l'iodal.

M. PHIPSON, de Londres, adresse une note sur un nouveau sulfure de chrome Cr^2S^7, obtenu par voie humide.

M. WELTZIEN, de Carlsruhe, adresse une note sur la réaction du bromoforme sur le sulfure d'antimoine.

M. BERTOLIO adresse une note sur un nouveau procédé pour obtenir quelques chlorures des radicaux d'acides organiques.

M. DUMAS adresse, au nom de M. J. P. Prat, pharmacien à Bordeaux, un mémoire manuscrit ayant pour titre : *Recherches sur le fluor et ses combinaisons avec les métalloïdes* (1).

M. TERREIL communique ses observations relatives au dépôt d'une matière, possédant les caractères de la cellulose, au sein d'un liquide sucré additionné d'acide tartrique et ayant fermenté en présence de la levûre de bière.

M. PASTEUR présente quelques observations à ce sujet.

(1) Le défaut d'espace ne nous permet pas d'insérer ce mémoire, qui sera analysé lorsque l'auteur, qui continue ses recherches, aura envoyé les produits à l'appui de son travail.

Présidence de M. Henri Sainte-Claire Deville.

Sont élus membres résidents :

MM. Hohenhausen;

Salvétat, chimiste de la manufacture impériale de Sèvres.

Membres non résidents :

MM. Fabre-Volpelière, pharmacien à Arles;

Mathias Paraf-Javal, à Thann;

Schoonbroodt, professeur à Liége;

Cruchaud, pharmacien aux Brenets (canton de Neufchâtel).

M. Guicnet communique à la Société les premiers résultats de ses recherches relatives à l'action de l'amalgame de sodium sur le sulfure de carbone.

M. Henri Sainte-Claire Deville, après avoir fait ressortir l'importance des travaux de MM. Bunsen et Kirchhoff et de leur nouvelle méthode *d'analyse spectrale*, annonce que l'appareil de ces savants est installé au laboratoire de l'École normale supérieure. M. H. Deville se met à la disposition des membres de la Société qui désireraient voir dans son laboratoire quelques déterminations de substances faites à l'aide de l'analyse spectrale.

MÉMOIRES COMMUNIQUÉS A LA SOCIÉTÉ DANS LE MOIS DE NOVEMBRE.

Sur quelques produits pyrogénés nouveaux dérivés de l'acide quinique, par M. SCHOONBROODT.

Ayant extrait de l'acide quinique des myrtilliers (*vaccinium myrtillus*) par le procédé de MM. Zwenger et Siebert, je me suis mis à en préparer les dérivés nombreux et intéressants qu'on obtient par l'action de la chaleur et qui ont été si bien décrits par MM. Wöhler, Woskrenzenski et O. Hesse. Je dois dire seulement que je n'adopte pas l'opinion de M. Woskrenzenski relativement à la constitution de l'acide quinonique. En chauffant du quinon avec de la potasse caustique, j'ai constaté un dégagement d'hydrogène et j'ai obtenu pour l'acide quinonique

une composition correspondant à la formule $C^{24}H^8O^{12}$. Ayant chauffé
cet acide quinonique avec un excès de chaux hydratée, j'ai obtenu par
la distillation une huile brune, d'odeur empyreumatique, insoluble
dans l'eau, susceptible de se concréter par le froid en paillettes cristallines brunes, et correspondant à la formule $C^{20}H^8O^4$. Cette huile absorbe les vapeurs d'acide azotique fumant et se transforme en un composé nitré, soluble dans l'eau. Cette solution aqueuse, additionnée de
zinc et d'acide sulfurique, m'a donné un nouvel alcaloïde blanc, saturant parfaitement les acides, mais difficilement cristallisable et fournissant des sels incristallisables, d'un goût piquant et légèrement amer.
Cet alcaloïde est un peu soluble dans l'eau, insoluble dans l'éther et
soluble dans l'alcool. Les sels ne présentent rien de particulier, si ce
n'est que le chlore les précipite en cristaux soyeux. La potasse et l'ammoniaque caustique y forment un précipité blanc qui ne tarde pas à
prendre un aspect cristallin, probablement en s'hydratant; ce précipité
se redissout dans un excès de potasse caustique et d'ammoniaque. Les
carbonates alcalins y forment également un précipité blanc et amorphe, insoluble dans un excès de précipitant et faisant effervescence
en se dissolvant dans l'acide acétique. En traitant le quinon par un
mélange d'azotate de potasse et d'acide sulfurique concentré, étendant
la liqueur d'eau après la réaction, puis y projetant des grenailles de zinc,
abandonnant le mélange pendant 24 heures, évaporant ensuite au contact du zinc en excès, puis reprenant par l'alcool, j'ai obtenu un autre
alcaloïde nouveau, qui m'a donné toutes les réactions de l'aricine ou
cinchovatine, y compris la belle coloration verte par l'action de l'acide
nitrique. En traitant au contraire le quinon par l'acide nitrique ordinaire, je n'ai rien obtenu à froid et, en chauffant, je n'ai pu obtenir
que de l'acide oxalique et de l'acide carbazotique.

Ayant pensé que l'acide quinique pourrait bien être un glucoside
analogue à la salicine, je l'ai soumis à la fermentation avec de la synap-
tase et je l'ai fait bouillir avec de l'acide sulfurique étendu, mais je n'ai
obtenu aucune production de glucose : la fermentation ne l'altère pas et
l'acide sulfurique le noircit sans qu'il se forme un composé ressemblant
à l'acide humique. Cela ne m'empêche pas de considérer l'hydroqui-
non comme analogue à la saligénine, le quinon comme l'analogue de l'a-
cide salicyleux, l'acide quinonique correspondant alors à l'acide salicylique. Je les considère comme les homologues de ces derniers, mais
à équivalents doubles,

Note sur l'iodal, par M. SCHOONBROODT.

Ayant versé par hasard une solution aqueuse d'hypochlorite de potasse dans une solution alcoolique d'iode jusqu'à décoloration, j'ai obtenu, au bout de peu d'instants, un précipité très-abondant en flocons blancs soyeux, que j'ai recueillis sur un filtre. Le composé, formé de petites aiguilles très-brillantes, était très-soluble dans l'eau et peu soluble dans l'alcool. Sa saveur était peu prononcée et fraîche. Par l'action d'une solution aqueuse de potasse, il s'est dédoublé en iodoforme et en acide formique. C'est pourquoi je le considère comme de l'iodal $C^4HI^3O^2$. Ainsi se trouve expliquée la production de l'iodoforme dans les circonstances ordinaires de sa préparation.

Nouveau procédé pour obtenir quelques chlorures des radicaux d'acides organiques, par M. A. BERTOLIO.

Au lieu de faire réagir le perchlorure de phosphore sur l'acide organique ou l'oxychlorure de phosphore sur le sel métallique, on peut, dans beaucoup de cas, mélanger en proportions équivalentes l'acide organique avec le phosphore rouge, diviser la matière avec du verre pilé ou de la pierre ponce en petits morceaux, introduire le mélange dans un tube à ampoule, et soumettre le tout à un courant de chlore sec.

Le chlore en présence du phosphore rouge ne forme que du perchlorure, et par l'élévation même de la température due à la combinaison, on a de l'oxychlorure de phosphore et le chlorure du radical, que l'on sépare par la méthode des distillations.

Si à la suite du premier tube à renflement on en ajoute un second dans lequel on a introduit d'avance un sel métallique de l'acide organique, on obtient alors par la distillation de l'oxychlorure de phosphore une nouvelle quantité de chlorure du radical.

Production de cellulose dans une liqueur sucrée ayant fermenté, par M. TERREIL.

On a oublié dans un tonneau, pendant plusieurs mois, une boisson qui avait été préparée avec les substances suivantes :

Sucre	$10^k,000$
Acide tartrique	$0^k,300$
Levûre de bière	$0^k,125$
Cochenille	$0^k,010$
Alcool	2 litres.
Eau	136 litres.

Lorsqu'on voulut se servir de la liqueur, on la trouva recouverte d'une couche épaisse d'une matière solide pesant de 10 à 12 kilogrammes, et qui a présenté à l'examen les propriétés suivantes :

Cette matière ressemble à la chair de certains poissons, ou plutôt à du gras de lard, ce qui fait, qu'à l'aspect, elle paraît avoir une origine animale; elle a du reste une teinte de chair due à la cochenille ajoutée.

Elle présente à l'état humide une assez grande résistance, qui augmente beaucoup lorsqu'elle se dessèche.

Par la dessiccation, elle laisse 1,5 %/o de matière sèche.

Vue au microscope, cette substance se montre composée de granules sphériques transparents d'une finesse extrême, et ne présente aucun indice d'organisation.

Elle a une réaction acide due aux liquides qui l'imprègnent, réaction qui disparaît par des lavages. Sa couleur de chair disparaît également par les lavages à l'eau, et la matière devient blanche; mais en se desséchant, elle prend l'aspect corné.

La substance lavée à l'eau distillée se dissout très-facilement dans l'acide sulfurique concentré, sans coloration sensible; la liqueur, étendue d'eau, saturée par du carbonate de baryte, filtrée et évaporée, fournit du glucose.

La matière, après avoir été imbibée d'acide sulfurique concentré, bleuit fortement par l'iode. L'acide chlorhydrique concentré la désagrége de telle sorte que la liqueur se prend en gelée transparente; mais l'acide, même bouillant, n'en dissout pas de trace.

L'acide azotique ordinaire ne l'attaque point à froid et ne la colore nullement.

L'acide azotique fumant est absorbé à l'instant par cette substance qui, sous cette influence, se transforme en une matière explosible présentant tous les caractères de la pyroxyline.

La potasse même en fusion ne l'attaque point; mais sous l'influence de cet alcali elle dégage un peu d'ammoniaque due à des traces de matières azotées interposées dans la substance et qui proviennent de la levûre de bière et de la cochenille.

Enfin cette matière se dissout facilement et complétement dans le réactif cupro-ammoniacal, d'où elle est précipitée par les acides et les sels alcalins.

On voit par ce qui précède que cette substance présente tous les caractères de la cellulose pure. C'est du reste ce que l'analyse élémentaire devra confirmer.

La transformation du sucre ou de l'acide tartrique en cellulose est un fait nouveau qui mérite d'être étudié.

M. PASTEUR, au sujet de la communication précédente, fait observer que la matière cellulosique signalée par M. Terreil n'est évidemment autre chose que la *mère du vinaigre*, qui, comme toutes les plantes inférieures, renferme un poids considérable de cellulose. La transformation de matières hydrocarburées ou autres en cellulose par la végétation n'a rien qui doive surprendre. Tous les caractères que vient d'indiquer M. Terreil appartiennent au *Mycoderma aceti*.

Action de l'amalgame de sodium sur le sulfure de carbone, par M. GUIGNET.

Le sodium fraîchement coupé est attaqué à froid par le sulfure de carbone, mais l'action s'arrête bientôt, le produit formé étant insoluble dans ce liquide.

Si l'on fait un amalgame de sodium avec excès de mercure et qu'on le laisse pendant plusieurs jours en contact avec du sulfure de carbone, en ayant soin d'agiter de temps en temps, l'amalgame se divise en petites grenailles, et le métal alcalin est complétement attaqué.

En reprenant par l'eau le produit de cette réaction, on obtient une dissolution d'un rouge de sang très-foncé qui renferme un sel particulier (probablement un sulfosel). En ajoutant un acide à cette dissolution, il se précipite un corps en flocons jaunes, qui se redissout dans le sulfure de sodium en reproduisant le même composé rouge de sang.

Ce composé rouge est d'ailleurs soluble dans l'alcool, ce qui le distingue immédiatement de la combinaison connue de sulfure de carbone et de sulfure de sodium.

On y trouve constamment une petite quantité de mercure; mais comme il paraît se former plusieurs composés et que le produit rouge n'a pas encore été purifié par cristallisation, il serait impossible de dire quant à présent si le mercure est à l'état de mélange, ou s'il fait partie de la constitution du sel.

Cette première communication ayant seulement pour but de prendre date, M. Guignet se propose de communiquer prochainement à la Société les résultats des recherches qu'il poursuit sur ce sujet.

EXTRAIT DES PROCÈS-VERBAUX

DES SÉANCES DU MOIS DE DÉCEMBRE.

SÉANCE DU 13 DÉCEMBRE.

Présidence de M. Pasteur.

Est élu membre résident :

M. Leloup, ingénieur civil.

M. Loir, professeur de chimie à la Faculté des sciences de Besançon, adresse une note sur la *nitromannite* et la *nitrodulcine* et sur les propriétés optiques de ces corps.

M. Pasteur présente quelques observations au sujet de cette communication.

M. Cloez fait une communication sur les produits de l'action du chlore et du brome sur l'esprit de bois, l'éther acétométhylique, l'acide citrique et les citrates alcalins.

M. Cloez expose ensuite ses expériences relatives à la production d'un composé $\begin{matrix} S \\ Se \end{matrix} \Big\} O^2,KO$, obtenu par la réaction du sélénium sur le sulfite de potasse en opérant à 150° sous pression, composé qu'on pourrait appeler *sélenhyposulfite*.

MM. Friedel et Machuca exposent les résultats de leurs recherches sur les acides dibromopropionique et dibromobutyrique, et sur l'action de l'ammoniaque sur l'acide monobromobutyrique.

M. E. Baudrimont rend compte de la production de divers chlorures doubles obtenus par la réaction du perchlorure de phosphore sur quelques chlorures métalloïdiques et métalliques.

SÉANCE DU 27 DÉCEMBRE.

Présidence de M. Latour.

M. Carlet indique, pour la préparation facile du fer pyrophorique, l'emploi de l'oxalate de protoxyde de fer calciné pour remplacer l'oxyde de fer ordinaire.

MM. Terreil et Leblanc font quelques observations à ce sujet.

M. Terreil donne quelques indications au sujet de la préparation du pyrophore de Gay-Lussac.

M. Friedel annonce avoir déterminé la forme de l'acétate de *cuprammonium* qui lui a été envoyé par M. Schiff. Ce sont des octaèdres appartenant au système du prisme rhomboïdal oblique.

M. Friedel a obtenu du xanthate de soude en beaux cristaux ; il en décrira prochainement la forme.

M. Wurtz, au nom de M. Beilstein, communique une note sur le bromure d'éthyle bromé.

M. Wurtz annonce qu'il a pu obtenir l'amylène en petite quantité par la réaction du propylène iodé sur le zinc-éthyle.

MÉMOIRES COMMUNIQUÉS A LA SOCIÉTÉ DANS LE MOIS DE DÉCEMBRE.

M. Pasteur communique la lettre suivante de M. Loir, professeur de chimie à la Faculté des sciences de Besançon, sur les dérivés de la mannite et de la dulcine :

« Les observations que vous adressiez, le 1er avril, aux rédacteurs des *Annales de Chimie et de Physique* à propos de l'important travail de MM. Perkin et Duppa, peuvent s'appliquer maintenant aux résultats obtenus par M. Carlet, qui a eu de l'acide paratartrique avec des corps inactifs, la mannite, la dulcine....

« J'ai constaté, en m'occupant de la mannite, plusieurs faits qui me paraissent répondre à divers passages de votre lettre. J'ai voulu vous les soumettre, et je vous prie de les communiquer à la Société chimique, si vous les trouvez assez intéressants.

« Je me suis procuré des mannites de diverses provenances; pour toutes j'ai vérifié que leurs solutions saturées aqueuses et alcooliques n'offraient aucune déviation au saccharimètre, sous une épaisseur de 200 millimètres.

« 9 grammes de ces différentes mannites (quantité inférieure à celle que contenaient mes dissolutions aqueuses faites avec 10 grammes de mannite pour 40 grammes d'eau) ont été transformés en nitromannite, soit par l'acide azotique fumant à 50° Baumé, soit par le mélange de cet acide avec l'acide sulfurique. Le corps insoluble, la nitromannite, qui s'était déposée après l'addition d'eau dans le mélange, a été desséché, puis dissous dans l'alcool à 0,96; il a fourni une solution qui déviait très-fortement à droite; ainsi, pour une semblable

solution saturée, j'ai obtenu une déviation de 28 divisions du saccharimètre.

« Les eaux-mères, d'où s'était précipitée la nitromannite, renferment
en dissolution une proportion considérable de nitromannite. J'avais
pensé que la partie dissoute était de la nitromannite gauche, et que le
dédoublement de la mannite s'était effectué. Mais ces eaux, saturées par
du carbonate de soude, précipitent une matière visqueuse qui, lavée à
l'eau, dissoute dans l'alcool, dévie aussi fortement à droite. Je n'ai pu,
malgré de nombreuses recherches, obtenir de corps dont la solution
déviât à gauche.

« La nitromannite traitée par le sulfhydrate d'ammoniaque, d'après
le procédé de M. Dessaignes, a donné une mannite régénérée incolore,
dont une solution, faite avec 7 grammes de mannite ainsi régénérée
pour 35 grammes d'eau, ne présentait aucun signe sensible de déviation.

« La mannite régénérée, extraite de cette dissolution par évaporation
dans le vide, a été transformée en nitromannite, qui, en solution alcoo-
ique, déviait fortement à droite comme les précédentes.

« Ainsi la mannite ordinaire inactive donne de la nitromannite déviant à droite. La mannite régénérée est inactive aussi, et fournit de la
nitromannite déviant à droite.

« La solution aqueuse de mannitane obtenue par l'acide chlorhydrique, comme l'indique M. Berthelot, dévie aussi à droite très-sensible-
ment.

« Les relations de constitution qui existent entre la mannite, la mannitane, la nitromannite ainsi que les faits précédents, ne tendent-ils pas
à faire penser que la mannite doit être active ; ne confirment-ils pas
pour la mannite le passage suivant de votre lettre : « Enfin, l'on doit
« rechercher si l'acide succinique employé par ces chimistes ne serait
« pas un corps actif dont l'action sur la lumière polarisée serait très-
« faible et difficile à mettre en évidence ? »

« Je n'ai pas besoin de vous garantir la pureté, au point de vue optique, des réactifs employés ; l'expérience suivante vous la prouvera.

« J'ai préparé, avec les mêmes quantités des mêmes acides, de la nitrodulcine, en opérant sur des poids de dulcine égaux à ceux de mannite
des opérations précédentes ; je n'ai pu constater d'action sur la lumière
polarisée pour les dissolutions alcooliques et éthérées de nitrodulcine.

« Je continue mes essais sur la dulcine, et j'aurai l'honneur de vous
adresser pour la Société chimique le travail détaillé que je suis en train
de terminer. »

Observations au sujet de la communication précédente, par M. PASTEUR.

La nitromannite ayant une action sensible sur la lumière polarisée et reproduisant de la mannite identique à celle qui avait servi pour la préparer, selon l'observation intéressante de M. Loir, il est bien probable que la mannite est un corps actif d'un pouvoir rotatoire moléculaire très-faible dans les conditions d'observation optique pratiquement réalisables avec nos appareils, et pour les conditions de solubilité de cette matière aux températures ordinaires.

J'ai reconnu, par exemple, il y a déjà longtemps, qu'une solution d'asparagine ne donne aucune déviation sensible même dans un tube de 50 centimètres et avec l'aide de la double plaque de Soleil, bien que la solution soit saturée aux températures ordinaires. Mais en dissolution dans les alcalis et mieux encore dans les acides, l'asparagine offre un pouvoir rotatoire considérable et si évidemment en rapport avec la nature du dissolvant et des combinaisons que l'asparagine forme avec lui, que le sens de la déviation est *gauche* pour les solutions alcalines et *droit* pour les solutions acides.

Les relations de constitution et de type moléculaire identique qui existent entre la mannite et la nitromannite rendent plus difficile encore l'interprétation qui placerait le pouvoir rotatoire dans le dérivé en le refusant au produit primitif.

Néanmoins, il y a lieu de rechercher avec soin des preuves directes du phénomène.

L'étude de l'hémiédrie non superposable dans les cristaux de mannite obtenus en présence de divers dissolvants, se présente en premier lieu à la pensée. Mais il y a un autre caractère dont j'ai indiqué autrefois l'application pour reconnaître l'action optique, soit précisément dans le cas où elle est trop faible pour être appréciable à nos appareils, soit dans le cas de matières colorées qui mettraient l'observation directe en défaut. L'artifice auquel je fais allusion consiste simplement à déterminer avec précision la solubilité de la substance dont on soupçonne le pouvoir rotatoire, dans des solutions de corps identiques et non superposables, tels que le tartrate droit et le tartrate gauche de potasse, le tartrate droit et le tartrate gauche d'ammoniaque, les deux acides tartriques droit et gauche, etc. La plus légère différence de solubilité de la mannite dans des solutions aqueuses de même dosage de ces corps droits et gauches correspondants, permettrait d'affirmer rigoureusement que la mannite est active.

Enfin, il se pourrait que, comme cela se présente pour l'asparagine, l'observation optique seule des dissolutions de mannite dans les acides nitrique, sulfurique, chlorhydrique, permît de reconnaître l'action optique de cette substance, si tant est qu'elle soit réelle.

Sur les acides dibromobutyrique et dibromopropionique et leurs réactions. Nouvel homologue du glycol,
par MM. C. FRIEDEL et M. V. MACHUCA.

Les auteurs sont parvenus à obtenir l'acide bibromobutyrique à peu près pur en distillant dans le vide le produit de l'action du brome sur l'acide monobromobutyrique. Le dernier corps bout à une température de 110°, sous une pression de 3^{mm} de mercure environ, et peut être obtenu de la sorte parfaitement incolore, tandis que la distillation sous la pression atmosphérique (à 217°) le décompose toujours un peu. L'acide bibromobutyrique bout vers 150°, sous une pression de 3^{mm}. Il forme un liquide jaunâtre, très-visqueux, insoluble dans l'eau.

L'acide bibromopropionique, préparé par l'action du brome sur l'acide monobromopropionique, se prend en une masse cristalline au moment où l'on ouvre les tubes et où l'acide bromhydrique se dégage. Les cristaux peuvent être obtenus purs en les comprimant entre des doubles de papier, ou bien en les fondant à la température du bain-marie pour chasser un excès de brome qui les colore, et en les faisant cristalliser dans l'eau, dans laquelle ils sont très-solubles. Ils fondent entre 65 et 70°, se prennent par le refroidissement en une masse blanche, fibreuse et rayonnée et distillent, en se décomposant légèrement, vers 227°.

L'acide bibromobutyrique et l'acide bibromopropionique, mis en contact avec deux molécules d'oxyde d'argent, en présence de l'eau, réagissent facilement sur ce corps et le transforment entièrement en bromure. Les liqueurs très-acides, dépouillées par l'hydrogène sulfuré d'un léger excès d'argent, et neutralisées par la chaux, renferment des sels de chaux précipitables par l'alcool, et qui sont probablement le dioxybutyrate et le glycérate de chaux, mais qui n'ont pas encore été obtenus dans un état convenable pour l'analyse.

L'acide monobromobutyrique, dissous dans une solution alcoolique d'ammoniaque, réagit sur cette dernière à la température du bain-marie et donne un abondant dépôt de bromhydrate d'ammoniaque. Le contenu du ballon ayant été soumis à une ébullition prolongée avec de l'oxyde de plomb, il s'est produit un abondant dégagement d'ammoniaque, et il est resté en solution une combinaison plombique; cette dernière, décomposée par l'hydrogène sulfuré, a fourni, après évaporation, de belles lamelles blanches, nacrées, solubles dans l'eau, possédant une saveur sucrée très-prononcée. Elles sont formées par un corps homologue du glycocolle, de l'alanine et de la leucine, ainsi que le prouve son mode de production, analogue à celui que MM. Perkin et Duppa ont fait connaître pour le glycocolle et la formule $C^4H^9Az0^2$, à laquelle conduisent les analyses.

L'acide bibromopropionique paraît réagir plus difficilement sur l'ammoniaque que l'acide monobromobutyrique.

Recherches : 1° sur l'action qu'exerce le perchlorure de phosphore sur un certain nombre d'éléments chimiques; 2° sur la préparatio du chlorosulfure de phosphore; 3° sur deux nouveaux produits : le bromoxyde et le bromosulfure de phosphore, par M. Ernest BAUDRIMONT [1].

Le perchlorure de phosphore PCl^5 est sans action sur le carbone, sur le brome; mais il paraît réagir sur l'iode. Il attaque le soufre et le sélénium. Au contact de ce dernier corps, il produit du protochlorure de phosphore et du protochlorure de sélénium, tous deux liquides :

$$PCl^5 + 4Se = PCl^3 + 2\ (Se^2Cl)$$

Malgré un excès de PCl^5, il ne se produit jamais de perchlorure de sélénium $SeCl^2$. Il n'a pas été possible d'obtenir un chloroséléniure de phosphore PCl^3Se^2, correspondant au chlorosulfure PCl^3S^2.

Le perchlorure de phosphore réagit vivement sur les métaux, Ag, Pb, Cu, Fe, Zn, Hg, etc., en les chlorurant, tandis qu'il passe à l'état de PCl^3, et quelquefois même à l'état de phosphore libre, lorsque le métal est en excès (Al, Sb), ou encore à celui de phosphure métallique (Na, Zn). De plus, il paraît se former des chlorures doubles entre PCl^5 et quelques chlorures volatils.

L'auteur donne le moyen de préparer facilement et abondamment le chlorosulfure de phosphore PCl^3S^2. Pour cela, il fait réagir le perchlorure de phosphore sur le sulfure d'antimoine, en le mélangeant à l'état de poudre grossière :

$$3(PCl^5) + 2(SbS^3) = 3(PCl^3S^2) + 2\ (SbCl^3).$$

La réaction se fait d'elle-même. En chauffant à 180°, on distille le chlorosulfure, qui entraîne un peu de chlorure d'antimoine. On enlève ce dernier en traitant le PCl^3S^2 impur par l'eau froide aiguisée d'acide

____

[1] Cette communication a été faite dans la séance du 27 avril 1861 et n'avait pas encore été publiée.   F. L.

chlorhydrique. On rectifie ensuite le chlorosulfure de phosphore à l'aide du chlorure de calcium.

M. Baudrimont a obtenu deux nouvelles substances : le bromoxyde de phosphore et le bromosulfure de phosphore.

Le premier de ces corps est solide, cristallin, incolore, très-fusible et peut être facilement distillé [sans altération. Il fume à l'air humide. L'eau le décompose brusquement en acides phosphorique et bromhydrique. Son analyse correspond exactement à la formule PBr^3O^2. On l'obtient en distillant du perbromure de phosphore avec de l'acide oxalique fondu.

$$PBr^5 + C^4H^2O^8 = PBr^3O^2 + 2(BrH) + 2(CO) + 2(CO^2).$$

On recueille le produit qui se fige dans le col de la cornue et on le purifie par de nouvelles distillations.

Le bromosulfure de phosphore est solide, jaunâtre, très-dense, fumant à l'air, d'une odeur nauséabonde. Il est décomposé en partie par la chaleur. L'eau le détruit peu à peu. Sa formule est PBr^3S^2. On l'obtient :

1° En faisant réagir l'hydrogène sulfuré, gazeux et sec, sur le perbromure de phosphore

$$PBr^5 + 2(HS) = PBr^3S^2 + 2(HBr) ;$$

2° En distillant un mélange de PBr^5 et de sulfure d'antimoine

$$3(PBr^5) + 2(SbS^3) = 3(PBr^3S^2) + 2(SbBr^3) ;$$

3° En combinant directement un équiv. de PBr^3 avec deux équiv. de soufre.

Pendant le cours de ses recherches, l'auteur a constaté la décomposition très-nette de PBr^5 sous l'influence de la chaleur, surtout en présence d'un courant de gaz carbonique. Ce dernier entraîne deux équiv. de brome, et il reste du protobromure de phosphore liquide PBr^3.

Sur quelques chlorures doubles formés par le perchlorure de phosphore, par M. Ernest BAUDRIMONT (1).

L'auteur communique à la Société le résultat de ses recherches sur les combinaisons formées par le perchlorure de phosphore avec d'autres chlorures. Il signale d'abord une combinaison directe PCl^5, $SeCl^2$, entre PCl^5 et le perchlorure de sélénium. Elle est d'un beau jaune orangé. En la chauffant jusqu'à volatilisation, elle a la propriété de de-

____

(1) Communication du 13 décembre 1861.

venir temporairement d'un beau rouge vermillon. L'auteur a pu également combiner PCl^5 avec le protochlorure d'iode ICl. La formule du produit est PCl^5, ICl. Il est jaune orangé et peut être obtenu par distillation en belles aiguilles cristallines, qui attirent l'humidité avec une promptitude extrême et qui forment un caustique des plus puissants. On l'obtient :

1° En faisant réagir l'iode sur PCl^5

$$3(PCl^5) + 2\,I = 2(PCl^5, ICl) + PCl^3 ;$$

2° En combinant directement PCl^5 avec ICl ;

3° En combinant directement PCl^3 avec le perchlorure d'iode ICl^3 ;

$$PCl^3 + ICl^3 = PCl^5, ICl ;$$

4° En faisant réagir PCl^5 sur ICl^3. Il se dégage alors du chlore

$$PCl^5 + ICl^3 = PCl^5, ICl + 2Cl.$$

En mettant en contact l'aluminium, le fer, l'étain avec PCl^5, l'auteur a obtenu aussi des chlorures doubles de la formule PCl^5, Al^2Cl^3 et PCl^5, Fe^2Cl^3 (composés déjà indiqués par M. Weber), et un autre produit $PCl^5, 2(SnCl^2)$, déjà obtenu par M. Caselmann dans une autre circonstance.

Enfin l'auteur met sous les yeux de la Société un composé de la formule PCl^5, $PtCl^2$, qu'il obtient par sublimation en chauffant avec ménagement un mélange de PCl^5 et de platine en éponge. M. Baudrimont insiste beaucoup sur ce fait, lequel, selon lui, serait le premier exemple de la production d'une combinaison de platine en grande partie volatile, ce composé ne se décomposant que partiellement lorsqu'on le sublime de nouveau. En signalant l'action facile et prompte de PCl^5 sur le platine métallique, l'auteur pense qu'il serait peut-être avantageux de substituer cet agent à l'eau régale dans le traitement des minerais de platine.

Produits de l'action du chlore et du brome sur l'esprit de bois, l'éther acétométhylique, l'acide citrique et les citrates alcalins par **M. S. CLOEZ.**

En examinant les produits de l'action du chlore sur l'esprit de bois, j'ai cru reconnaître une grande analogie entre leurs propriétés et celles des produits chlorés provenant de l'acide citrique ; en poussant plus loin mes investigations, je me suis assuré que tous ces composés sont identiques avec ceux qui résultent de l'action du chlore sur l'éther acétométhylique.

Le liquide chloré huileux, fourni par l'acide citrique et obtenu pour la première fois par M. Plantamour, bout à 204°. Sa densité est 1,744 à 12°.

Sa densité de vapeur, déterminée à 298°, a été trouvée par moi égale à 9,61.

Le calcul donne 9,708 pour la formule $C^6Cl^6O^4$ représentant 4 vol. de vapeur. Ce liquide possède les propriétés de l'éther méthylacétique perchloré.

Par la potasse en dissolution il donne du chlorure de potassium, du trichloracétate et du carbonate de potasse.

Avec l'ammoniaque aqueuse il donne la trichloracétamide.

La formation de l'éther méthylacétique perchloré par l'action du chlore au soleil sur l'acide citrique s'exprime par la réaction suivante :

$$C^{12}H^8,O^{14} + 2HO + 16Cl = C^4Cl^3O^3,C^2Cl^3O + 6CO^2 + 10HCl$$

Le chlore, en agissant à la lumière diffuse sur les citrates, fournit le composé $C^4HCl^2O^3,C^2Cl^3O = 4$ vol. de vapeur. C'est un liquide identique avec le produit final de l'action du chlore sur l'esprit du bois, à la lumière diffuse. Les alcalis caustiques en dissolution le décomposent en dichloracétate, chlorure et carbonate, d'après l'équation

$$C^4HCl^2O^3,C^2Cl^3O + 6KO = C^4HCl^2O^3,KO + 3KCl + 2(KO,CO^2).$$

L'ammoniaque donne des produits semblables ; avec la solution alcoolique d'ammoniaque, au lieu du dichloracétate, on obtient de la *dichloracétamide*

$$C^4H^3Cl^2AzO^2.$$

L'action du chlore sur l'esprit de bois et sur l'éther méthylacétique fournit des composés moins chlorurés que l'on peut isoler en opérant avec précaution ; on a obtenu de cette manière les éthers chlorés

$$C^6H^3Cl^3O^4 - C^6H^4Cl^2O^4 - C^6H^5ClO^4.$$

Le brome n'agit pas sur l'acide citrique même à la température de 100° et au soleil ; on ne connaît pas jusqu'à présent de composé bromé correspondant à l'éther méthylacétique perchloré.

M. Cahours a fait connaître depuis longtemps l'éther méthylacétique pentabromé auquel il a donné le nom de *bromoxaforme*, à cause de sa transformation en acide oxalique et bromoforme sous l'influence des alcalis concentrés. M. Cahours avait obtenu ce produit par l'action du brome sur le citrate de potasse.

J'ai reproduit ce composé en faisant réagir le brome sur l'esprit de bois ; je l'ai obtenu également avec facilité et en grande quantité en versant du brome dans l'éther méthylacétique. Ce composé se dédouble, sous l'influence d'une lessive faible de potasse, en bromoforme et en bromure, mais il ne se forme pas d'oxalate comme avec la solution alcaline concentrée ; au lieu d'oxalate, on a du formiate et du carbonate :

$$C^8HBr^3O^4 + 5KO = C^2HBr^3 + 2KBr + C^2HO^3,KO + 2(KO,CO^2).$$

L'ammoniaque en dissolution agit de la même manière.

L'ammoniaque alcoolique fournit de la dibromacétamide

$$C^4H^3Br^3AzO^2.$$

cristallisable et fusible à 154°.

En résumé, mon travail conduit à ramener à un petit nombre d'espèces parfaitement définies tous les composés chlorés jusqu'ici mal connus résultant de l'action du chlore sur l'esprit de bois, sur l'acide citrique et les citrates alcalins.

J'ai constaté la formation de plusieurs amides nouvelles et j'ai reconnu, en outre, l'identité du bromoxaforme avec le parabromalide et l'éther méthylacétique pentabromé.

Note sur le bromure d'éthyle bromé, par **M. F. BEILSTEIN.**

Dans un travail publié en 1859 j'ai cherché à démontrer l'identité du chlorure d'éthylidène avec le chlorure d'éthyle chloré. Mais le bromure d'éthyle bromé obtenu depuis par M. Hofmann a été trouvé complétement différent du bromure d'éthylidène. M. Caventou ayant dernièrement examiné le bromure d'éthyle bromé, est arrivé à ce résultat curieux, que bien que ce corps soit parfaitement différent de son isomère le bromure d'éthylène, il est néanmoins capable d'agir dans certaines réactions d'une manière analogue. C'est ainsi qu'en traitant le bromure d'éthyle bromé par l'acétate de potasse, M. Caventou a pu transformer ce bromure en acétate de glycol.

Il était intéressant d'étudier l'action de l'éthylate de soude sur le bromure d'éthyle bromé, puisque MM. Wurtz et Frapolli avaient obtenu de l'acétal dans ce cas. J'ai entrepris cette expérience.

Le bromure d'éthyle bromé est facilement attaqué par l'éthylate de soude. Si l'on chauffe un mélange de ces corps dans un tube scellé au bain-marie, il se dépose immédiatement du NaBr. En ouvrant le tube on remarque une légère pression ; en chauffant la liqueur alcoolique il se dégage un gaz qui brûle avec une flamme bordée de vert. Je n'ai pas encore fait une étude complète de ce gaz, mais tout me porte à croire que c'est l'éthylène bromé. Dans la liqueur restante je n'ai pu trouver trace d'acétal. Le bromure d'éthyle bromé diffère donc complétement par cette réaction de son isomère le bromure d'éthylidène ; mais la réaction est tout à fait analogue à celle du chlorure d'éthyle chloré.

Il est fort rare en chimie qu'une relation qui a lieu pour des corps chlorés n'existe pas pour les corps bromés analogues. De plus nous avons eu connaissance dans ces derniers temps de cas si remarquables d'isomérie que l'identité des chlorures, des aldéhydes et des éthers chlorhydriques chlorés semble douteuse. Toutefois la parfaite concordance que j'ai trouvée dans les réactions du chorure d'éthylidène et du chlorure d'éthyle chloré s'expliquerait facilement par la grande stabilité de ces corps. En effet, ces deux corps sont, ou sans effet sur les réactifs, ou bien décomposés en HCl et C^2H^3Cl. Remarquons encore qu'il y a dans la série bromée un rapprochement remarquable qui n'existe pas dans la série chlorée. M. Caventou a en effet trouvé que le bromure d'éthyle bibromé est identique avec le bromure d'éthylène bibromé (C^2H^3Br,Br^2). Donc dans la série bromée la différence des corps isomères cesse déjà dans le deuxième terme, tandis que dans la série chlorée l'identité des corps isomères n'est démontrée que pour le dernier terme C^2Cl^6.

BULLETIN DES SÉANCES DE 1861

TABLE DES MATIÈRES.

PARIS, TYP. PILLET FILS AÎNÉ, 5, RUE DES GRANDS-AUGUSTINS.

BULLETIN

DES

SÉANCES DE 1862

IMPRIMERIE A. PILLET FILS AINÉ
RUE DES GRANDS-AUGUSTINS, 5.

SOCIÉTÉ CHIMIQUE DE PARIS

BULLETIN

DES

SÉANCES DE 1862

PUBLIÉ PAR MM.

JULES BOUIS ET CHARLES FRIEDEL

SECRÉTAIRES DE LA SOCIÉTÉ

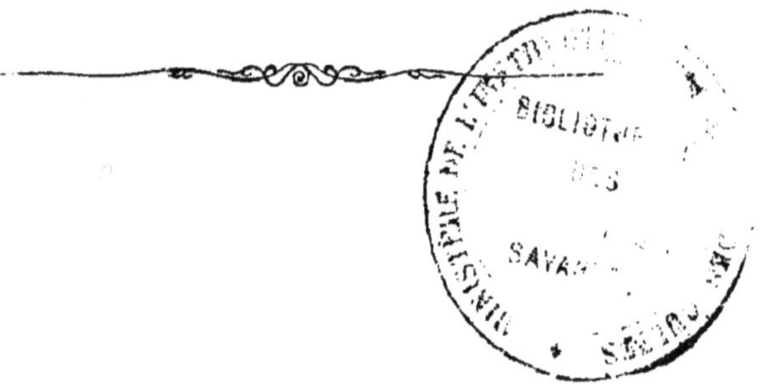

LIBRAIRIE DE L. HACHETTE ET Cᵉ

à Paris, 77, Boulevard Saint-Germain

LONDRES, 18, KING WILLIAM STREET, STRAND
LEIPZIG, 15, POST STRASSE

1862

LISTE DES MEMBRES

DE LA

SOCIÉTÉ CHIMIQUE DE PARIS

JANVIER 1862.

MEMBRES RÉSIDENTS.

MM. ALEXEYEFF, 12, rue Racine.

ARZAC-POUTIER, 6, rue Saint-Dominique Saint-Germain.

ASSELINE, 18, rue La Bruyère.

AUDOUIN, 14, rue Cuvier.

BALARD (de l'Institut), président, 72, rue de l'Ouest.

BARBIER, 76, rue de l'Étoile, aux Thernes.

BARDY, 3, rue Monceau.

BARRAL, membre du conseil, 82, rue Notre-Dame des Champs.

BARRESWIL, 16, rue Saint-Florentin.

BAUDRIMONT (E.), hôpital Sainte-Eugénie, rue de Charenton.

BÉRARD, 7, rue Voltaire.

BERGHOUNIOUX, 24, rue du Bac.

BERTHELOT (M.), membre du conseil, 25, rue Monsieur-le-Prince.

BESSIÈRES, 37, rue du Cherche-Midi.

BILLEQUIN, Conservatoire des Arts et Métiers.

BOUDET (Félix), 21, rue du Cherche-Midi.

BOUILHET, 56, rue de Bondy.

BOUIS (Jules), secrétaire, 57, rue des Martyrs.

BOURGEOIS, 8, rue Saint-Bon.

BOURGOUGNON, 43, rue de la Victoire.

BOUTMY, 29, rue de l'Ancienne-Comédie.

BRIOIS, 16, rue de Lancry.

BRUNET, 29, rue de l'Odéon.

CAHOURS (Aug.), membre du conseil, quai Conti, à la Monnaie.

CARLET, 49, rue Paradis-Poissonnière.

CARON, 38, rue du Ranelagh (Passy).

CARVALHO, 4, place Saint-Germain des Prés.

CAVENTOU (Eugène), 58 *bis*, rue Sainte-Anne.

CAZIN, 25, rue Montholon.

CHAMPTIER-DERIBE, 56, rue de Bondy.

MM. CHARPENTIER, 15, rue de Larochefoucauld.

CHRISTOFLE, 56, rue de Bondy.

CLERMONT (de), 18, rue Monceau.

CLOEZ, trésorier, 7, rue Saint-Victor.

COLLINET, 1, rue Pierre-Sarrazin.

COQUELET, 81, Grande rue, à la Chapelle.

DAMOISEAU, 48, boulevard Pigalle.

DEBRAY, membre du conseil, 31, rue Neuve Saint-Etienne du Mont.

DECAUX, 84, boulevard Saint-Jacques.

DEHÉRAIN, boulevard Beaumarchais, 70.

DELVAUX, à l'Ecole des mines.

DEPOUILLY (Ernest), 14, rue du Bac d'Asnières, à Clichy.

DEPOUILLY (Paul), 14, rue du Bac d'Asnières, à Clichy.

DESIGNOLLE, boulevard d'Enfer, 20.

DEVILLE (Henri Sainte-Claire), vice-président, 47, rue Madame.

DOLLFUS (Aug.), 35, rue de Fleurus.

DUMAS (J.) [de l'Institut], président d'honneur, 42, rue de Grenelle St-Germ.

DUMATS, 43, rue de Larochefoucauld.

DUNOD, quai des Augustins, 49.

FAGET, 2, rue des Solitaires, à Belleville.

FERNET, 20, rue de l'Odéon.

FLEURIEU (de), 4, rue Saint-Florentin.

FOL, à Aubervilliers (Seine).

FONTAINE, 48, rue Monsieur le Prince.

FORDOS, membre du conseil, hôpital de la Charité, rue Jacob.

FOSTER, 3, boulevard de Sébastopol, rive gauche.

FREMY (de l'Institut), membre du conseil, au Jardin des Plantes; 2, rue
    Geoffroy Saint-Hilaire.

FRIEDEL (Ch.), secrétaire, 53, rue Madame.

GAL, 1, place du Panthéon.

GIRARD (Aimé), membre du conseil, à l'Ecole impériale polytechnique.

GIRARD (Ch.), 17, boulevard du Temple.

GORGEU, à la Monnaie.

GRANDEAU (Louis), vice-secrétaire, rue Sainte-Placide.

GRATEAU, 25, rue d'Enfer.

GUIGNET, membre du conseil, 30, rue des Boulangers.

GUILLAUMET, avenue du Château, à Puteaux.

GUYERDET, 16, rue Cassini.

HARDY, 61, rue des Saints-Pères.

HAUTEFEUILLE, 8, rue Neuve Sainte-Catherine.

HENNER, 3, boulevard de Sébastopol, rive gauche.

HERRERA, 6, rue des Quatre-Vents.

HOHENHAUSEN, laboratoire de la Faculté de médecine.

HULOT, quai Conti, à la Monnaie.

HUMBERT, 123, boulevard de l'Hôpital.

JUMEL, 9, rue du Renard Saint-Méry.

JUNGFLEISCH, 27, rue du Faubourg Saint-Antoine.

KRAFT, 5, rue Mazagran.

LAIR, 18, rue de la Paix, aux Batignolles.

MM. Laroche, 29, rue Miroménil.

Latour, hôpital militaire du Gros-Caillou.

Laureau, 12, rue Saint-Gilles.

Lauth, rue d'Angeville, à Asnières.

Laveine, 29, rue de l'Université.

Lebaigue, rue du Four Saint-Germain (Croix-Rouge).

Le Blanc (Félix), vice-président, 9, rue de la Vieille-Estrapade.

Lefort, 378, rue Saint-Honoré.

Leloup, 2, rue Saint-Sulpice.

Lemaire, 62, rue d'Enfer.

Lhote, 42, rue Poissonnière.

Luynes (de), 9, rue Cassette.

Machuca, 8, rue de la Sorbonne.

Mailand, 40, rue de l'Echiquier.

Martin, 16, rue de Javel, à Grenelle.

Massignon, 93, rue Saint-Honoré.

Monnier, 26, rue de Rivoli.

Morin, hôpital de l'Ourcine.

Moureton, 51, rue d'Enfer.

Naquet (Alf.), 105, boulevard Montparnasse.

Nassans, 21, rue de l'Odéon.

Noel, 56, rue de Lisbonne.

Oppenheim, hôtel Corneille, rue Corneille.

Orfila (Louis), 2, rue Voltaire.

Pasteur, membre du conseil, à l'Ecole normale supérieure.

Péan de Saint-Gilles, 8, place de la Concorde.

Pelouze (Eugène), 17, rue de l'Université.

Perrault, 59, rue Censier.

Perrens, pharmacien, rue des Marais Saint-Germain.

Perrot (Adolphe), archiviste, 60, rue Mazarine.

Personne, hôpital de la Pitié.

Ranvier, 25, rue d'Enfer.

Regnauld (Jules), vice-président, quai de la Tournelle, à la pharmacie
    centrale.

Riche (Alfred), vice-secrétaire, à la Monnaie.

Rigaudeau, 20, rue des Fossés Saint-Jacques.

Rigout, 20, rue Condé.

Roche, 35, boulevard Montparnasse.

Roger, 160, rue de l'Université.

Rohart, 71, rue Saint-Louis, à Batignolles.

Rommier (Alph.), 61, rue des Saints-Pères.

Ronna, place Vendôme, au Crédit mobilier.

Rousseau (Emile), 7, rue de l'Ecole de Médecine.

Roussin, au Val de Grâce.

Salleron, 24, rue Pavée, au Marais.

Salvetat, manufacture impériale de porcelaine de Sèvres.

Schloessing, manufacture des tabacs.

Sénarmont (Hureau de), de l'Institut, membre du conseil, à l'Ecole impé-
    riale des mines.

MM. Sichel, 91, boulevard de Sébastopol, rive droite.
Terreil, 11, rue Royer-Collard.
Thenard (baron Paul), membre du conseil, 6, place Saint-Sulpice.
Thiercelin, 8, rue Vavin.
Troost, membre du conseil, 9, rue de Parme.
Vanoordt, 76, rue de Seine.
Vée, 42, rue du Faubourg Saint-Denis.
Verdeil, 14, rue de Condé.
Vigier, pharmacien, 60, rue du Bac.
Vincent (Jean), 31, rue Vavin.
Wich von der Reuth, 19, boulevard de Sébastopol, rive gauche.
Willot, 57, rue de Varennes.
Wislin, 23, rue Cassette.
Wolkonsky, 48, rue Neuve des Mathurins.
Worms de Romilly, 22, rue Bergère.
Wurtz (Adolphe), vice-président, 27, rue Saint-Guillaume.

MEMBRES NON RÉSIDENTS.

MM. Abacheff, professeur à l'Université de Saint-Wladimir, à Kiew (Russie).
Achard, houillère de Rulhe, près Granson (Aveyron).
Alexandre, pharmacien, rue des Fossés du Château-Rouge, à Bordeaux.
Andréeff, inspecteur à l'Institut technique de Saint-Pétersbourg.
Arnaudon, laboratoire de l'Université, à Turin (Piémont).
Bacaloglo, à Bucharest (Valachie).
Bauer, laboratoire de l'École polytechnique, à Vienne (Autriche).
Béchamp, professeur à la Faculté de médecine de Montpellier.
Beilstein, laboratoire de l'Université de Göttingen.
Békétoff, professeur à l'Université de Kharkoff (Russie).
Billiot, professeur à la Société philomatique, 12, rue Gouvion, à Bordeaux
    (Gironde).
Boutlerow, professeur à l'Université de Kasan (Russie).
Borodine, à Saint-Pétersbourg.
Brüstlein, professeur à l'Ecole professionnelle de Castres (Tarn).
Carré, pharmacien, à Charleville.
Corenwinder, au Quesnoy sur Deule (Nord).
Crace-Calvert, Royal Institution, à Manchester (Angleterre).
Cruchaud, pharmacien, aux Brenets, canton de Neufchâtel (Suisse).
Dannecy, pharmacien, rue des Fossés de l'Intendance, à Bordeaux.
Delanoüe, à Valenciennes.
Della Sudda, pharmacien en chef des armées ottomanes (Constantinople).
Demortain, à l'hôpital militaire, à Versailles (Seine-et-Oise).
Dessaignes, membre du conseil, à Vendôme (Loir-et-Cher).
Donny, ingénieur des salines du Midi, à Aix (Bouches-du-Rhône).

MM. Dumas (Ernest), directeur de la Monnaie de Bordeaux.
Fabre-Volpelière, pharmacien à Arles (Bouches-du-Rhône).
Favre (P. A.), professeur à la Faculté des sciences de Marseille (Bouches-du-Rhône), membre du conseil.
Falcoïano, à Bucharest (Valachie).
Filippuzzi, à Padoue (Italie).
Filhol, porfesseur à la Faculté des sciences de Toulouse.
Gensoul, ingénieur civil, à Annonay (Ardèche).
Gossin, au Prytanée impérial à la Flèche (Sarthe).
Grimaux, pharmacien, à Sainte-Herminie (Vendée).
Grivel, à Genève.
Gundelach, directeur d'usine, à Mannheim (grand-duché de Bade).
Hanhart, à Dictikon, près Zurich (Suisse).
Harnitzky, à l'Université de Kharkoff (Russie).
Hofacker, 87, Hauptstaatstrasse, à Stuttgardt.
Icard, Cours, 40, à Marseille.
Jacquemin, professeur à l'Ecole de pharmacie, à Strasbourg.
Jarrot, ingénieur civil, place Drouet d'Erlon, à Reims.
Jourdin, Bond street, à Manchester.
Jouvin, professeur à l'École navale de pharmacie de Rochefort.
Jullien, à l'aciérie de Lorette (Loire).
Kekulé, professeur de chimie à l'Université de Gand (Belgique).
Kopp (Emile), à Saverne (Bas-Rhin).
Kœchlin (Carlos), à Mulhouse (Haut-Rhin).
Kuhlmann (Frédéric), membre du conseil, à Lille (Nord).
La Jonchère, directeur des verreries de Saint-Helen, près Liverpool (Angleterre), et à Paris, rue Saint-Georges, 1.
Laurens, 20, boulevard Longchamp, à Marseille.
Laurent (P. J.), Cours, 20, à Marseille.
Lestel, usine de Rassuen, à Istre (Bouches-du-Rhône).
Lieben, à Vienne (Autriche).
Liès-Bodard, professeur à la Faculté des sciences de Strasbourg.
Lissenko, ingénieur des mines, à Saint-Pétersbourg.
Loir, professeur à la Faculté des sciences de Lyon.
Loriol (de), directeur des mines et fonderies de Ridder, Valais (Suisse).
Lourenço, professeur à l'École polytechnique de Lisbonne (Portugal).
Malaguti, membre du conseil, doyen de la Faculté des sciences de Rennes (Ille-et-Vilaine).
Maxwell-Lyte, à Bagnères de Luchon (Haute-Garonne).
Melsens (Louis), 6, chaussée de Charleroi, à Bruxelles.
Mène, à Lyon (Rhône).
Moitessier, agrégé à la Faculté de médecine de Montpellier.
Monoyer (Ferdinand), 9, rue de l'Ail, à Strasbourg.
Morland (John), Eastsheap, 17, à Londres.
Oser, à Vienne; et à Paris, chez M. Renaud, quai des Augustins, 37.
Pagnoul, 18, rue des Agaches, à Arras (Pas-de-Calais).
Paraf-Javal (Mathias), fabricant d'indiennes à Thann (Haut-Rhin).
Phipson, The Cedars Putney, 4, à Londres.
Plateau, 18, rue Traversière, à Roubaix (Nord).

MM. Prat, pharmacien, à Bordeaux.

Queylar (Charles du), 44, rue Saint-Jacques, à Marseille.

Raux, ingénieur des tabacs, à Toulouse.

Ribon, à..... et à Paris, rue Hauteville, chez MM. Bertrand et Favier.

Roblin, pharmacien, à Brie-Comte-Robert (Seine-et-Marne).

Rosing, chez MM. Rayne, 32, Dundas street, Edinburgh.

Roux, 71, rue Sainte, à Marseille.

Saint-Pierre (Camille), 26, rue des Casernes, à Montpellier.

Scheurer-Kestner, à Thann (Haut Rhin).

Schischkoff, professeur à l'Ecole d'artillerie, à Saint-Pétersbourg.

Schlagdenhauffen, professeur à l'Ecole de pharmacie de Strasbourg.

Schoonbroodt, professeur de chimie à l'École industrielle de Liége.

Schutzenberger, professeur agrégé à la Faculté de médecine de Strasbourg.

Seeligman, chimiste municipal, à Lyon (Rhône).

Simpson (Maxwell), Oakwood-house, à Rostrever (Irlande).

Stadnitzki, gouvernement de Podolie, district de Nowallchilza, à Ponosiatkow (Russie).

Stas, professeur à l'Ecole militaire, 13, rue de Junker, à Bruxelles.

Stoïkowitsch, à la Monnaie de Londres.

Tuttscheff, professeur à l'Institut agronomique de Gorky (Russie).

Ubaldini, à Florence.

Velten, 42, rue Bernard des Bois, à Marseille.

Weltzien, professeur à l'École polytechnique de Carlsruhe.

Verzmann, 5, Bury-Cours Sainte-Mary axe, à Londres.

Violette, professeur à la Faculté des sciences de Lille.

Zinine, membre de l'académie des sciences de Saint-Pétersbourg.

Zaleski (Casimir), laboratoire de l'Ecole de médecine, ou à Kiew (Russie).

BULLETIN

DE LA

SOCIÉTÉ CHIMIQUE DE PARIS

EXTRAIT DES PROCÈS-VERBAUX
DES SÉANCES DU MOIS DE JANVIER.

SÉANCE DU 10 JANVIER 1862

Présidence de M. Pasteur.

Sont élus membres résidents :

MM. Perrault et Bourgougnon.

La Société reçoit :

Un volume intitulé : *Annuaire des engrais*, par Rohart.

La Société procède, aux termes du règlement, au renouvellement partiel du Bureau et du Conseil.

Sont élus :

Président pour l'année 1862............ M. Balard (de l'Institut)

Vice-présidents......................... MM. Ad. Wurtz.
                Félix Le Blanc.

Secrétaires............................ MM. Jules Bouis.
                Charles Friedel.

Vice-secrétaires....................... MM. Alfred Riche.
                Louis Grandeau.

Membres du Conseil en remplacement de
MM. Barreswill, Félix Boudet, Roussin
et Caron, sortants..................... MM. Paul Thenard, Pas-
                teur, Guignet et
                Fordos.

M. Wurtz expose ses recherches concernant l'action du brome sur l'oxyde d'éthylène.

Séance du 24 janvier 1862.

Présidence de M. Balard.

MM. Prat, pharmacien à Bordeaux, et Ferdinand Monoyer, à Strasbourg, sont élus membres non résidents.

Les secrétaires offrent à la Société, de la part des auteurs, un volume intitulé : *Annuaire scientifique*, publié par P. Dehérain, avec la collaboration de MM. Menu de Saint-Mesmin, Horn, Lamé, de Fonvielle, Saint-Edme. Des remercîments sont adressés à M. Dehérain et à ses collaborateurs.

M. Dehérain expose ses recherches sur quelques terres arables. A cette occasion, une discussion s'engage, à laquelle prennent part MM. Delanoüe, Balard, Laveine.

M. Fˣ Boudet, au nom de la commission des comptes, lit son rapport sur les comptes du trésorier pendant l'année 1861.

Les conclusions du rapport étant adoptées, des remercîments sont adressés au trésorier.

Le rapport sera imprimé et distribué aux membres de la Société.

M. Friedel communique, de la part de M. Wurtz, absent, les résultats de ses recherches sur l'action de l'amalgame de sodium et de l'eau sur l'oxyde d'éthylène; en présence de l'hydrogène naissant, il se transforme en alcool.

M. Personne fait connaître quelques faits relatifs à l'action de l'iode sur l'étain.

M. Personne indique encore un moyen facile de préparer l'acide bromhydrique, qui consiste à faire arriver par un tube effilé du brome dans un mélange d'acide phosphorique et d'acide phosphoreux (acide phosphatique) chauffé dans une cornue.

MÉMOIRES COMMUNIQUÉS A LA SOCIÉTÉ DANS LE MOIS DE JANVIER.

Sur la composition de quelques terres arables, par M. P. Dehérain.

Les causes qui déterminent le plus ou moins de fertilité des terres arables sont encore assez peu connues; tandis que certains sols du nouveau monde et de la Russie peuvent produire indéfiniment sans recevoir aucun engrais, la plupart des sols de notre pays cesseraient de donner des récoltes rémunératrices si les fumiers ne s'y succédaient régulièrement.

J'ai pensé qu'une étude analytique attentive des sols si différents, quant aux résultats produits, pourrait peut-être nous éclairer sur les causes de leurs fertilités différentes, et M. Decaisne ayant bien voulu mettre à ma disposition des échantillons des terres noires de la Russie et d'une terre d'alluvion déposée par le Rio Parana (Amérique du Sud), j'en ai entrepris l'analyse. En même temps j'exécutais celle d'une terre d'une fécondité moyenne, prise sur le plateau de la Brie, dans le département de Seine-et-Marne, espérant mieux saisir par la comparaison les causes de différence de valeur qui existent entre ces sols.

Nous avons d'abord recherché la composition physique de ces terres en y dosant l'argile et le sable et en prenant la densité. Nous avons trouvé ainsi (1) :

	TERRE NOIRE DE RUSSIE (Tchornoizem)		TERRE du PARANA Amériq. du Sud	TERRE des CHAPELLES-BOURBON Seine-et-Marne
	Nº 1.	Nº 2.		
Sable......................	496	202	675	205
Argile	504	798	325	795
Densité...................	1,266	1,186	1,034	1,226

Nous avons fait ensuite l'analyse élémentaire, et nous avons trouvé dans un kilogramme de terre sèche : (*Voir le tableau page* 10.)

On remarque d'après ces tableaux que si l'une des terres de Russie se place au premier rang par sa teneur en matières azotées et en acide phosphorique, que si la terre du Parana possède une richesse analogue, la terre des Chapelles arrive avant la seconde terre de Russie.

Plusieurs des terres d'Alsace analysées par M. Boussingault (2) renferment également plus de matières azotées que les terres noires de Russie ou la terre du Parana ; il est certain que nos terres de France

(1) Boussingault, *Agronomie, Chimie agricole*, T. II, p. 14.
(2) Les terres avaient été séchées à l'air. On a rapporté l'argile et le sable à ce qu'ils eussent été si les terres avaient été séchées.

Désignation des matières dosées	Terre noire de Russie (Tchornoizem).						Terre du Parana.			Terre de la Brie (Chapelles-Bourbon).		
	N° 1.			N° 2.			Analyses			Analyses		
	Analyses		Moyenne.	Analyses		Moyenne.	N° 1.	N° 2.	Moyenne.	N° 1.	N° 2.	Moyenne.
	N° 1.	N° 2.		N° 1.	N° 2.							
	gr.	gr.	gr.	gr.	gr.	gr.	gr.	gr.	gr.	gr.	gr.	gr.
Azote des mat. organiq...	0,524	»	0,524	2,093	1,925	2,009	1,840	2,000	1,920	0,888	»	0,888
Carbone des mat. organiq.	»	»	»	22,999	»	22,999	»	»	»	7,208	»	7,208
Acide phosphorique......	0,570	»	0,570	1,546	1,295	1,420	1,140	»	1,140	0,900	»	0,900
Chaux................	4,974	5,373	5,273	7,527	7,500	7,513	3,252	4,760	4,006	4,548	4,210	4,374
Magnésie..............	3,823	»	3,823	3,403	»	3,403	»	»	»	5,038	»	5,038
Oxyde de fer...........	»	»	»	18,700	19,400	19,100	»	»	»	17,300	»	17,300
Silice soluble...........	0,400	»	0,400	3,840	»	3,840	0,570	» »	0,570	»	»	»
Nitrates correspondant au nitrate de potasse......	traces	»	traces	0,027 (1)	»	0,027	»	»	»	»	»	»

(1) Ce dosage a été fait par mon collègue au Conservatoire des arts et métiers, M. Lhote, auquel son séjour dans le laboratoire de M. Boussingault a donné une grande habileté dans ces recherches délicates. La quantité trouvée est considérable.

ne produiraient rien sans-fumure, tandis que la terre de Russie, après quelques années de repos, peut fournir d'abondantes récoltes.

Si donc on classait les terres d'après le poids de principes utiles qui existe dans 1 kilogramme, on arriverait à des conclusions fort erronées.

C'est qu'il faut tenir compte encore de la masse de la terre, de son épaisseur; plus elle sera grande, plus les plantes auront d'espace pour étendre leurs racines, plus elles auront chance par conséquent de rencontrer au milieu de la masse énorme de principes utiles que renferment les sols, ceux qui sont *actuellement* assimilables. Cette influence de la masse de la terre arable a été mise en évidence de la façon la plus heureuse par M. Boussingault : tandis qu'une plante cultivée dans un pot où elle ne rencontrait qu'une faible quantité de terre restait chétive comme si elle eût vécu dans un sol stérile, elle végétait vigoureusement lorsqu'elle pouvait étendre ses racines librement dans la même terre (1).

Il nous faut donc, pour établir la comparaison entre les terres étudiées, rechercher le poids d'un hectare de chacune d'elles et y calculer l'azote, les phosphates ; nous verrons alors la différence des fertilités s'accuser par des chiffres de la façon la plus évidente. Nous avons admis pour la terre de Russie une épaisseur moyenne de 3 mètres (2), de 3^m,50 pour la terre du Parana (3), et de 30 centimètres pour celle des Chapelles.

	Terre de Russie		Terre du Parana.	Terre de la Brie.
	N° 1.	N° 2.		
Densité....................	1,266	1,186	1,034	1,300
Profondeur................	3^m	3^m	3^m,50	0^m,30
Poids d'un hectare de terre arable....................	37900^k	35850^k	25850^k	3900^k
POIDS DES MATIÈRES DOSÉES QUE RENFERME UN HECTARE.				
Azote....................	19901^k	71480^k	63800^k	3521^k
Acide phosphorique........	21648	50559	38013	3541
Chaux....................	189912	267312	127395	19722
Magnésie.................	145297	25012	104665	22713
Charbon..................	»	818314	»	28778
Nitrate de potasse........	»	960	»	»

(1) Boussingault, *Agronomie, Chimie agricole*, T. I, p. 283.

(2) Murchison, *Description géologique de la Russie*, T. I.

(3) Marcos Sastre, *El tempo Argentino, o el Delta de los rios Uruguai, Parana y Plata*. Buenos-Ayres. 1860.

Nous voyons d'après ce nouveau tableau que la terre de Russie n° 2 renferme 23 fois plus d'azote et 17 fois plus d'acide phosphorique que la terre des Chapelles; la terre du Parana donne des résultats analogues, et la terre de Russie n° 1, tout à l'heure la dernière, a repris la troisième place.

Les matières organiques accumulées dans la terre de Russie sont réellement énormes, ainsi qu'on a pu le voir par le dosage du charbon, qui est près de 40 fois plus abondant dans la terre noire n° 2 que dans la terre des Chapelles.

Le Tchornoizem doit bien au reste sa couleur à des matières organiques, à de l'humus, car si on la calcine avec du nitre, la matière devient complétement blanche, et le nitre fuse comme lorsqu'il est chauffé sur des matières organiques riches en charbon.

Il est évident que la masse énorme de matières organiques enfouies dans le sol n'est pas actuellement assimilable tout entière, qu'une faible fraction peut seule être à la disposition des plantes. La transformation de ces matières inertes en principes solubles s'exécute sous l'influence des bases, sous celle de l'oxygène atmosphérique, sous celle des carbonates; j'ai moi-même signalé quelques-unes de ces métamorphoses relatives aux phosphates, il a quelques années (1). L'oxyde de fer paraît être un des agents qui facilitent le plus ces transformations; on voit qu'il est abondant dans la terre de Russie.

Ces sols ne recevant pas d'engrais, les plantes doivent prélever sur son fonds de richesse tout ce qu'elles s'assimilent; si chaque récolte prélève chaque année plus de matières assimilables que les forces citées plus haut n'en élaborent pendant le même temps, il arrive un moment où la terre est stérile; on l'abandonne alors au repos, à la jachère, dont l'utilité est bien plutôt de laisser le temps aux principes du sol de se métamorphoser en nitrates, en sels ammoniacaux, en phosphates solubles, que de permettre aux agents atmosphériques d'y apporter peu à peu de nouveaux principes utiles.

En résumé, on voit que ces recherches conduisent aux conclusions suivantes :

1° L'analyse chimique ne décèle pas dans un kilogramme de terre de fertilité très-différente, des différences de composition très-remarquables.

2° L'épaisseur de la couche arable, l'espace dans lequel les racines peuvent se répandre paraissent avoir une influence beaucoup

____

(1) *Comptes rendus*, T. XLVII. 1858.

plus considérable sur la fertilité que la richesse même de la terre.

3° Un des plus puissants moyens d'augmenter la fertilité est donc de donner à la couche arable une plus grande épaisseur à l'aide de labours profonds, en combinant ceux-ci avec des fumures suffisantes pour que la terre conserve toujours la même composition et qu'elle ne soit pas appauvrie par le mélange du sous-sol.

EXTRAIT DES PROCÈS-VERBAUX
DES SÉANCES DU MOIS DE FÉVRIER.

SÉANCE DU 7 FÉVRIER.
Présidence de M. Balard.

M. Gal est nommé membre résident, et M. Zaleski, à Kiew, membre non-résident.

M. Baudrimont annonce qu'il a substitué avec avantage, pour la préparation des éthers sulfurés, l'iodure d'éthyle au chlorure d'éthyle.

M. Pasteur communique ses recherches sur la fermentation acétique. Après avoir décrit les mycodermes du vin et ceux du vinaigre et les différents phénomènes de la fermentation acétique, il entretient la Société des anguillules que l'on trouve en abondance dans les tonneaux servant à la fabrication du vinaigre.

M. Weltzien adresse quelques observations au sujet d'une publication de M. H. Schiff relative aux bases ammoniacales du cobalt. Comme cet auteur, M. Weltzien a eu l'idée d'envisager ces bases comme des polyamines et a développé cette idée dans un ouvrage théorique publié en 1860.

M. Friedel annonce qu'il a réussi à transformer l'hydrure de benzoïle en alcool benzoïque par l'action de l'amalgame de sodium en présence de l'eau ou de l'acide chlorhydrique étendu.

M. Verdet, examinateur à l'École polytechnique, maître de conférences à l'École normale, a exposé la *théorie mécanique de la chaleur* dans deux séances extraordinaires et publiques qui ont eu lieu les 7 et 21 février.

Ces leçons seront imprimées et distribuées.

SÉANCE DU 28 FÉVRIER.

Présidence de M. Balard.

M. Emile BESSIÈRES est nommé membre résident.

M. Aimé GIRARD rend compte de sa nouvelle méthode pour le dosage de l'acide phosphorique en présence de l'oxyde de fer et des bases terreuses.

M. DEHÉRAIN expose ses recherches sur les chlorures de bismuth et les chlorures ammoniacaux de ce métal.

M. L. GRANDEAU rend compte de ses recherches sur la présence du *rubidium* dans certaines matières alcalines de la nature et de l'industrie.

M. CLOEZ communique ses recherches sur la présence du phosphore dans certaines matières grasses extraites des végétaux.

M. HARDY rend compte de ses recherches sur certaines matières *ulmiques* obtenues en traitant un mélange de chloroforme et d'alcool (méthylique, éthylique, ou amylique) par le sodium.

MÉMOIRES COMMUNIQUÉS A LA SOCIÉTÉ DANS LE MOIS DE FÉVRIER.

**Note sur la préparation de quelques éthers sulfurés,
par M. Ernest BAUDRIMONT.**

On sait que le chlorure d'éthyle sert à la préparation d'un certain nombre d'éthers sulfurés. Ainsi, en faisant réagir ce corps sur différents sels en solution alcoolique, tels que le sulfure de potassium, le sulfhydrate de sulfure de potassium, le sulfocyanure de potassium et le sulfocarbonate de sulfure du même métal, on obtient par double décomposition : le sulfure d'éthyle $C^8H^{10}S^2$; le mercaptan éthylique $C^4H^6S^2$; le sulfocyanure d'éthyle $C^6H^5AzS^2$; et le sulfocarbonate de sulfure d'éthyle $C^{10}H^{10}S^6$.

Mais, soit à cause de l'extrême volatilité du chlorure d'éthyle, soit pour toute autre raison, son emploi n'est pas très-productif dans la préparation des éthers précédents. J'ai alors songé à lui substituer l'iodure d'éthyle, C^4H^5I, qu'on peut obtenir aujourd'hui si aisément, dont le maniement est beaucoup plus commode et dont les réactions semblent plus promptes et plus faciles. Ainsi, pour préparer le sulfure d'éthyle $C^8H^{10}S^2$, je transforme 100 grammes de potasse caustique que je dissous dans l'alcool, en monosulfure de potassium KS, par les procédés connus. Puis je verse cette solution dans une cornue bouchée à l'émeri, de 1 litre de capacité, et munie de son récipient, qu'on doit entourer de glace ou d'eau très-froide. Ensuite, j'ajoute au liquide de la cornue 50 grammes d'iodure d'éthyle, en bouchant promptement celle-ci. La réaction est très-vive, et la chaleur produite est souvent assez forte pour volatiliser une partie du sulfure d'éthyle qui prend naissance par double décomposition :

$$2(C^4H^5I) + 2(KS) = C^8H^{10}S^2 + 2(KI).$$

Aussi est-il souvent nécessaire de modérer la réaction en plongeant la cornue dans de l'eau froide. On voit l'iodure de potassium formé se déposer au fond de la liqueur.

Lorsque le liquide est suffisamment refroidi, on lui ajoute une nouvelle dose de 50 grammes d'iodure d'éthyle, en prenant les mêmes précautions. On fait encore deux additions successives de cet éther avec les mêmes soins (1). Puis on procède à la distillation au bain-marie, jusqu'à ce que le liquide qui passe ne blanchisse plus l'eau. On met alors le produit de la distillation dans un flacon avec 5 ou 6 fois son volume d'eau. On agite vivement pendant quelques moments afin de dissoudre l'alcool entraîné; puis on abandonne au repos. Le sulfure d'éthyle se sépare de la dissolution aqueuse et se rend à la surface du liquide. On jette le tout dans un entonnoir à robinet qu'on recouvre d'une plaque de verre pour empêcher la perte que produirait la volatilisation de l'éther; puis, lorsque l'eau s'est bien séparée de ce dernier, on ouvre le robinet pour qu'elle s'écoule, de manière à ne retenir que le liquide éthéré, qu'on fait ensuite tomber dans un flacon renfermant quelques fragments de chlorure de calcium. On agite pour qu'il absorbe l'eau que pouvait retenir le sulfure d'éthyle, qu'on rectifie ensuite en le plaçant dans son appareil distillatoire chauffé au bain-marie.

On obtient ainsi en très-peu de temps du sulfure d'éthyle très-pur dont le poids est égal au quart de l'iodure d'éthyle employé.

On retrouve dans le résidu de la première opération tout l'iodure de potassium qui a pris naissance et qui peut servir à une nouvelle préparation d'iode et, par conséquent, d'iodure d'éthyle.

---

(1) En tout 200 grammes de ce corps, ou un peu moins de l'équivalent, afin de laisser dans la liqueur un excès de sulfure de potassium pour être bien certain qu'on a détruit tout l'iodure d'éthyle.

En substituant à la solution alcoolique de monosulfure de potassium, celle du sulfhydrate du même métal KS,HS, et en faisant réagir sur elle l'iodure d'éthyle, avec toutes les précautions indiquées précédemment, on obtient le mercaptan étbylique $C^4H^6S^2$ avec une extrême facilité.

L'iodure d'éthyle, en réagissant à chaud sur une solution alcoolique de sulfocyanure de potassium KC^2AzS^2, donne, par le même procédé, le sulfocyanure d'éthyle C^4H^5,C^2AzS^2. Seulement, comme ce produit est à peine plus dense que l'eau (1,020), dont il se sépare assez difficilement, on devra substituer à l'eau pure l'emploi d'une dissolution concentrée de sel marin qui force le sulfocyanure d'éthyle à venir promptement à la surface du liquide. Pour le reste on opère comme il a été dit, en observant toutefois que ce sulfocyanure d'éthyle n'entrant en ébullition qu'à 146°, c'est d'abord l'alcool qui passe dans le récipient; l'éther ne s'y rend qu'en dernier lieu.

En saturant de sulfure de carbone une solution alcoolique peu concentrée de monosulfure de potassium, puis faisant réagir sur elle, à l'aide de la chaleur, de l'iodure d'éthyle, il se fait du sulfocarbonate de sulfure d'éthyle $C^4H^{10}S^2,C^2S^4$ qu'on sépare de la liqueur en y ajoutant cinq ou six fois son volume d'eau. L'éther, plus dense, va au fond du vase. On le décante et on le rectifie par distillation sur du chlorure de calcium.

Je cherche à appliquer en ce moment le même mode de préparation aux éthers méthyliques et amyliques sulfurés. Ils feront peut-être le sujet d'une deuxième note.

Sur les bases ammoniacales du cobalt, par M. C. WELTZIEN.

M. H. Schiff a publié récemment (1) un mémoire sur les bases ammoniacales du cobalt, dans lequel il donne un historique des opinions émises sur ce sujet. Il mentionne entre autres un travail que j'ai publié en 1855 sous le titre de *Molécules ammoniacales des métaux*, et dans lequel j'ai proposé des formules pour les bases dont il s'agit. Par contre, M. Schiff ne paraît pas avoir connaissance de mon ouvrage intitulé : *Tableau systématique des combinaisons organiques.* Braunschweig, 1860 (2).

A la page xviii de l'introduction à cet ouvrage, écrite en 1858, j'ai donné pour les cobaltamines des formules fondées sur la triatomicité du cobalt $\overset{\prime\prime\prime}{Co}$ et qui s'accordent exactement avec celles que M. Schiff a proposées lui-même.

Quand cet auteur fait remarquer la simplicité du rapport que cette manière de formuler établit entre ces bases, je m'accorde avec lui; mais je me permets de revendiquer la priorité de ces idées. Au même endroit de mon livre j'ai cherché à définir l'idée des polyamines et la notation rationnelle qu'il convient de leur appliquer. L'atomicité de ces bases, c'est la faculté qu'elles possèdent de se combiner à plusieurs molécules d'acide chlorhydrique et de chlorure de platine, et j'ai fait remarquer qu'il paraît rationnel d'exprimer la composition de ces bases d'après leur atomicité réelle, et celle-ci est exprimée par le nombre des atomes d'azote placés en dehors de l'accolade. Si donc une base renfermant 2 atomes d'azote ne sature que 1 molécule d'a-

cide chlorhydrique, au lieu de la rappporter au type $Az^2 \begin{cases} H^2 \\ H^2 \\ H^2 \end{cases}$, il paraît

plus rationnel de la rapporter au type $Az \begin{cases} AzH^4 \\ H \\ H \end{cases}$

De même le type $Az^3 \begin{cases} H^3 \\ H^3 \\ H^3 \end{cases}$ peut être remplacé par les types $Az \begin{cases} AzH^4 \\ AzH^4 \\ H \end{cases}$

ou $Az^2 \begin{cases} AzH^4,H \\ H^2 \\ H^2 \end{cases}$ etc.

J'ajoutais, page xix : « La lutéocobaltiaque et la roséocobaltiaque peuvent être envisagées comme des triamines; car elles se combinent

<hr>

(1) *Comptes rendus*, T. LIII, p. 410. Et *Annalen der Chemie und Pharmacie*, T. CXXI, p. 82. Janvier 1862.

(2) *Systematische Zusammen stellung der Organischen verdindungen* von C. WELTZIEN. Braunschweig, 1860. Fr. Vieweg und Sohn.

avec 3 molécules d'acide chlorhydrique et 3 molécules de chlorure de platine. »

Ainsi, conformément aux principes développés plus haut, on peut représenter leurs sels de platine par les formules suivantes :

$$Az^3 \begin{cases} AzH^4,H^2 \\ AzH^4,H^2 \\ AzH^4,H^2 \\ \overline{} \\ \overset{_{'''}}{Co} \end{cases} Cl^3 + 3PtCl^2 + 6Aq,$$

et

$$Az^3 \begin{cases} AzH^4,H^2 \\ AzH^4,H^2 \\ H^3 \\ \overline{} \\ \overset{_{'''}}{Co} \end{cases} Cl^3 + 3PtCl^2 + 8Aq.$$

Transformation de l'hydrure de benzoyle en alcool benzoïque, par M. Ch. FRIEDEL.

M. Wurtz a annoncé récemment à la Société qu'il a réussi à transformer l'oxyde d'éthylène en alcool, par l'action de l'hydrogène naissant, produit au moyen de l'amalgame de sodium et de l'eau, Il a ajouté que ce dernier procédé n'est pas applicable à l'aldéhyde, qui, comme on sait, se résinifie en présence des alcalis; mais que dans des expériences tentées antérieurement il n'est pas parvenu à fixer de l'hydrogène sur l'aldéhyde en employant comme source d'hydrogène le zinc et l'acide sulfurique étendu.

L'hydrure d'acétyle possède assez de propriétés qui lui sont particulières et qui la distinguent du reste des aldéhydes pour qu'il fût permis de se demander si l'on ne serait pas plus heureux en appliquant ce procédé si rationnel à d'autres aldéhydes, par exemple à l'hydrure de benzoyle.

Les faits ont justifié cette supposition. En mettant en contact avec de l'eau et de l'amalgame de sodium une certaine quantité d'essence d'amandes amères bouillant à 180°, et susceptible de se combiner avec le bisulfite de soude, on remarque au bout de quelques jours que le liquide insoluble dans l'eau, et qu'on peut en séparer à l'aide d'un entonnoir, ne se combine plus entièrement avec le bisulfite de soude, et le liquide qui surnage est de l'hydrate de benzoyle à peu près pur. Il ne commence à bouillir qu'à 203°, et presque tout le liquide passe avant 210°.

Distillé deux fois et desséché à l'aide d'un fragment de baryte caustique, il a donné à l'analyse les nombres suivants :

	Trouvé.	Théorie (C^7H^8O)
C	77,83	77,77
H	7,60	7,40

Il ne présente d'ailleurs plus du tout l'odeur de l'essence d'amandes amères. Ainsi, dans cette expérience, 2 atomes d'hydrogène s'unissent directement à l'hydrure de benzoyle pour former l'alcool benzoïque, par une réaction précisément inverse de celle qui fournit les aldéhydes en partant des alcools correspondants.

On pourrait objecter à cette interprétation des faits qui viennent d'être exposés, que l'hydrate de benzyle a pu se former par l'action de la soude caustique avec l'hydrure de benzoyle, avec production simultanée d'acide benzoïque, comme dans le procédé ordinaire de préparation de l'hydrate de benzyle.

Les quantités d'hydrure produites et la transformation de l'acide benzoïque lui-même en hydrure de benzoyle par l'action de l'hydrogène naissant, transformation signalée par M. Kolbe (1), suffiraient déjà pour répondre à cette objection. Mais il y a plus; on peut opérer la réaction dans une liqueur acide, s'éloignant ainsi tout à fait des conditions dans lesquelles cette double transformation d'hydrure en alcool et en acide est possible.

Il suffit pour cela d'introduire dans une fiole l'hydrure de benzoyle avec de l'acide chlorhydrique très-étendu et d'ajouter successivement de l'amalgame de sodium et de l'acide chlorhydrique, de manière à maintenir la liqueur toujours acide.

La réaction se produit avec autant de facilité que précédemment; elle est même peut-être un peu plus rapide, le dégagement de l'hydrogène étant beaucoup plus vif qu'en employant l'eau pure; par contre il faut consommer une quantité plus grande d'amalgame.

On ne peut pas remplacer l'amalgame et l'acide chlorhydrique par le zinc et l'acide sulfurique, l'hydrure de benzoyle jouissant de la propriété curieuse d'arrêter ou au moins de retarder singulièrement la dissolution du zinc dans l'acide sulfurique. Dans l'expérience qui a été tentée, le zinc s'est couvert de grosses bulles de gaz, sans qu'un dégagement appréciable se produisit à travers le liquide; et au bout de quelques jours l'hydrure, au lieu de s'être transformé en hydrate, s'était oxydé à l'air, et l'on voyait dans la liqueur et sur les parois du vase des cristaux d'acide benzoïque.

Cette réaction n'offre pas un intérêt purement théorique; elle nous

(1) *Répertoire de Chimie pure*, T. III, p. 304. Et *Annalen der Chemie und Pharmacie*, T. CXVIII, p. 122.

fournit un procédé avantageux pour la préparation de l'alcool benzoïque. En effet, pour 20 grammes d'hydrure employés dans une expérience, au bout de 4 à 5 jours on a obtenu un peu moins de la moitié d'hydrate pur.

Il est probable que si l'expérience s'était prolongée la proportion d'hydrate aurait encore augmenté. D'ailleurs l'hydrure non transformé se retrouve à l'état de bisulfite de benzoyl-sodium, et peut servir à régénérer de l'hydrure. Le liquide qui ne se combine pas avec le bisulfite ne renferme qu'une petite quantité d'un produit bouillant au-dessus de 200° et jusqu'à une température très-élevée, produit dont on n'a pas encore pu déterminer la nature.

Il reste à tenter la même transformation sur diverses aldéhydes d'autres séries, en particulier sur celles dont les alcools ne sont pas encore connus, ainsi que sur les acétones.

Note sur le dosage de l'acide phosphorique, par M. Aimé GIRARD.

La nouvelle méthode que je propose permet de doser d'une manière exacte et rapide l'acide phosphorique en présence de l'oxyde de fer et des bases terreuses. Elle est basée, d'une part, sur l'insolubilité absolue du phosphate d'étain dans l'acide azotique en présence d'un excès d'acide stannique; d'une autre, sur la solubilité facile de ce même phosphate d'étain dans le sulfhydrate d'ammoniaque.

La connaissance du premier de ces deux faits est due à M. Alvaro Reynoso, qui en avait même tiré parti pour doser l'acide phosphorique en ajoutant dans la solution azotique des phosphates un poids connu d'étain, recueillant le précipité obtenu, et défalquant de son poids le poids normal d'acide stannique qu'il devait fournir. Ce procédé serait à coup sûr le plus facile à exécuter parmi ceux que les chimistes ont fait connaître jusqu'à ce jour, s'il offrait des garanties suffisantes d'exactitude; malheureusement il n'en est rien. Les essais de M. Reynoso ont porté uniquement sur du pyrophosphate de soude pur, et par suite, il n'a pu tenir compte des complications qu'amène la présence de l'oxyde de fer et même de l'alumine.

J'ai reconnu en effet que lorsque dans une solution azotique de phosphates multiples on ajoute de l'étain, l'acide stannique formé précipite bien, il est vrai, tout l'acide phosphorique à l'état de phosphate d'étain insoluble, mais qu'il entraîne également à l'état insoluble la plus grande partie de l'oxyde de fer et même une petite proportion d'alumine. Ces deux oxydes venant alors s'ajouter au poids d'acide stannique et de phosphate d'étain, en élèvent naturellement la proportion apparente et rendent le procédé complétement inapplicable.

Cet inconvénient d'ailleurs n'est pas particulier au procédé de M. Reynoso; il se manifeste d'une manière normale dans tous les procédés où l'on se propose d'entraîner l'acide phosphorique dans des combinaisons insolubles en présence de l'acide azotique; et cependant ces procédés sont encore préférables à ceux où la séparation de l'acide phosphorique a lieu en présence de liqueurs alcalines.

Pour parer à cette difficulté, j'ai pensé à utiliser la solubilité facile des composés stanniques dans le sulfhydrate d'ammoniaque, et l'insolubilité absolue de l'oxyde de fer et de l'alumine dans ce même réactif. En opérant ainsi, j'ai pu, dans tous les cas, isoler l'acide phosphorique des bases diverses auxquelles il se trouvait combiné et l'amener rapidement à l'état de phosphate ammoniaco-magnésien.

L'analyse doit être conduite de la manière suivante, en supposant que l'on ait entre les mains un mélange de phosphates de chaux, d'alumine, de magnésie et de fer :

La substance est d'abord dissoute dans l'acide azotique. Lorsque sa solution présente quelques difficultés, on dissout d'abord dans un agent convenable, puis on ajoute dans la dissolution ainsi obtenue un excès d'ammoniaque qui précipite tout l'acide phosphorique avec une grande partie des bases, et l'on redissout ensuite aisément ce précipité bien lavé dans l'acide azotique.

S'agit-il d'une fonte, par exemple, on la dissout dans l'eau régale; s'agit-il d'un minerai résistant, on l'attaque par des alcalis, puis on acidule par l'acide azotique, etc. Mais je ne crois pas devoir insister snr ce point, car ce sont là des détails de préparation familiers à tous les chimistes.

La solution azotique une fois obtenue (elle doit être exempte de chlorure), on y projette un poids quelconque d'étain pur. On réussit très-bien en employant quatre ou cinq fois le poids de l'acide phosphorique présumé. Cet étain, passant à l'état d'acide stannique sous l'influence de l'acide azotique, entraîne tout l'acide phosphorique ainsi qu'une grande partie du fer et un peu d'alumine; on lave, par décantation d'abord, puis sur un filtre, et l'on met à part la solution nitrique qui, exempte d'étain, renferme toutes les bases moins une partie du fer et de l'alumine. Cela fait, on redissout le précipité dans une petite quantité d'eau régale, et sans se préoccuper du filtre désagrégé ou des petites portions de phosphates d'étain qui y resteraient insolubles, on sursature par l'ammoniaque, puis on ajoute un excès de sulfhydrate d'ammoniaque (1). Immédiatement l'acide stannique et le phosphate d'étain se dissolvent en laissant un précipité noir de sulfure de fer et d'alumine ; on laisse reposer une heure ou deux, puis on filtre, en ayant soin de laver le précipité avec du sulfhydrate d'ammoniaque pour entraîner les dernières traces d'étain. Il suffit alors d'ajouter à la liqueur filtrée du sulfate de magnésie pour obtenir le précipité caractéristique de phosphate ammoniaco-magnésien que l'on recueille sur un filtre, où on le lave avec du sulfhydrate d'ammoniaque d'abord, puis avec de l'eau ammoniacale pour le calciner ensuite à la manière ordinaire.

Quant au filtre contenant le sulfure de fer et l'alumine, il est redissous dans l'acide azotique, et la solution filtrée est ajoutée à la liqueur primitive des bases que l'on sépare par les procédés habituels.

Cette méthode est aussi simple que rapide ; elle permet de doser du jour au lendemain l'acide phosphorique que renferment les mélanges les plus compliqués et d'effectuer ensuite la séparation des bases avec exactitude. J'ai vérifié par des synthèses nombreuses et diverses la valeur de cette méthode, et j'ai reconnu qu'elle permettait de doser l'acide phosphorique avec une grande précision.

De l'action de l'ammoniaque sur les chlorures,
par M. P. P. DEHÉRAIN.

DEUXIÈME PARTIE. — *Chlorures de bismuth.*

J'ai déjà communiqué à différentes reprises à la Société (2) quelques-uns des résultats auxquels je suis arrivé dans les recherches que je poursuis depuis plusieurs années sur les chlorures.

Le travail que j'ai l'honneur de lui soumettre aujourd'hui est relatif aux combinaisons du chlore et du bismuth.

1. — Quand on fait passer un courant de chlore sec sur du bismuth métallique placé dans une cornue de verre et chauffé jusqu'à fusion, on obtient habituellement un corps noir peu volatil dont la production a été signalée il y a déjà quelque temps par M. Weber (3), qui lui assigne la formule $BiCl^2$. Cette formule exige :

		Calculé :	Trouvé :
Bi	210	74,8	»
2Cl	71	25,2	25,5

(1) On peut aussi bien mettre directement le sulfhydrate en contact avec le précipité d'acide stannique et de phosphate d'étain ; mais la dissolution est alors plus longue.

(2) *Bulletin de la Société,* 1er fascicule, p. 87 ; — 2e fascicule, p. 51.

(3) *Répertoire de Chimie pure,* 1860, p. 12.

Notre analyse confirme donc les rapports de 1 à 2 dans lesquels le bismuth et le chlore sont combinés; toutefois l'étude que nous avons fait de cette substance nous conduit à doubler cette formule et à l'écrire Bi^2Cl^4.

Si en effet on soumet à l'action du feu le chlorure noir de M. Weber, on obtient bien le trichlorure de bismuth $BiCl^3$ connu depuis longtemps et du bismuth métallique, ainsi que l'a établi M. Weber; mais on trouve toujours en même temps une substance grise, en poudre cristalline nacrée, très-douce au toucher, qu'il est au premier abord assez difficile d'obtenir exempte de bismuth métallique. J'ai fini cependant par me procurer une petite quantité de matière pure et j'y ai dosé le chlore et le bismuth. La somme des poids de ces deux matières étant loin de représenter celui que j'avais pris, j'eus alors l'idée que cette substance était un oxychlorure; en la réduisant par l'hydrogène, il me fut facile en effet de constater la présence de l'eau.

La préparation de ce nouveau corps étant dès lors nettement indiquée, au lieu de calciner le bichlorure de bismuth au fond d'un tube ou dans une cornue à l'abri du contact de l'air, il faut le calciner dans une capsule à l'air libre; c'est ce que j'ai fait. Il distille dans ces conditions une grande quantité de chlorure $BiCl^3$, et il reste dans la capsule une matière qui, noire à la surface, est formée à l'intérieur d'une masse blanche cristalline brillante, très-douce au toucher; c'est un oxychlorure dont l'analyse conduit à la formule $BiClO^3$. En effet :

	Calculé :	Trouvé :		
Chlore	13,1	12,8	12,5	13,3
Bismuth	78,0	78,2	78,8	»
Oxygène	8,9	»	»	»

Cette nouvelle matière serait donc le chlorure noir de M. Weber

$$Bi^2 \begin{cases} Cl \\ Cl \\ Cl \\ Cl \end{cases}$$ dans lequel 3 équivalents d'oxygène se seraient substitués à

3 équivalents de chlore pour donner $Bi^2 \begin{cases} Cl \\ O \\ O \\ O \end{cases}$, nouvel exemple de la substitution de l'oxygène au chlore, fréquente dans la famille de l'azote;

nous avons notamment $P \begin{cases} Cl \\ Cl \\ Cl \\ O \\ O \end{cases}$ l'oxychlorure de phosphore.

Il n'est pas possible de combiner le chlorure noir de bismuth Bi^2Cl^4 aux chlorobases, non plus qu'à l'ammoniaque.

Les chimistes qui veulent considérer tous les chlorures comme des sels auront sans doute quelque peine à expliquer la neutralité du bichlorure de bismuth; ceux qui, au contraire, comme je soutiens depuis plusieurs années qu'il le faut faire, veulent séparer les chlorures en acides, bases, indifférents, singuliers et salins, de la même façon que les oxydes et les sulfures, trouveront dans la neutralité de ce chlorure Bi^2Cl^4 et dans sa transformation en un acide $BiCl^3$ par fixation de chlore, exactement les mêmes relations qu'entre le bioxyde d'azote ou le peroxyde de manganèse se transformant en acides par fixation d'oxygène, et trouveront sans doute que ce composé doit être rangé dans la classe des chlorures singuliers.

2. — Quand on fait passer un courant de chlorure sec sur le chlorure noir de M. Weber Bi^2Cl^4 pour le transformer en chlorure blanc $BiCl^4$, il arrive souvent qu'on trouve dans la cornue un produit rouge jaunâtre; c'est un nouveau chlorure de bismuth qui n'a pas encore été décrit et dont la formule correspond à Bi^3Cl^8. En effet :

	Calculé :	Trouvé :	
Bi^3	68,9	68,1	»
Cl^8	31,1	30,6	30,9

Ce chlorure est décomposable par l'eau; dissous dans l'acide chlorhydrique, il donne avec les chlorobases les chlorosels du perchlorure $BiCl^3$; ce n'est donc pas un chloracide. Les réactions qu'il donne sous l'influence du feu le rangent plutôt, au reste, parmi les chlorures salins. En effet ce chlorure se décompose en chlore, chlorure blanc $BiCl^3$ et chlorure noir Bi^2Cl^4 d'après l'équation suivante :

$$Bi^3Cl^8 = Cl + BiCl^3 + Bi^2Cl^4.$$

Quand on pousse l'action du feu plus loin on obtient enfin du bismuth métallique, une nouvelle quantité de chlorure $BiCl^3$ et une petite proportion de l'oxychlorure Bi^2ClO^3, par suite de la décomposition du chlorure noir qui s'était formé d'abord.

3. — Le chlorure de bismuth $BiCl^3$ se combine très-nettement avec les chlorobases et avec l'ammoniaque; je proposerai donc de le nommer acide chlorobismeux, de façon à réserver le nom d'acide chlorobismique au composé encore inconnu $BiCl^5$, correspondant à l'acide chloroantimonique $SbCl^5$.

Quand on fait passer un courant d'ammoniaque sèche sur l'acide chlorobismeux placé dans une cornue de verre tubulé, on obtient trois produits différents : l'un, très-volatil, est entraîné dans le récipient tubulé qui termine l'appareil ; les deux autres restent mélangés dans la cornue : l'un est rouge foncé, l'autre d'un vert sale.

La substance rouge est stable quand elle n'est pas humide ; elle résiste assez bien à l'action du feu, fond et cristallise par refroidissement en cristaux rouges violacés ; sa composition correspond à la formule $2BiCl^3,AzH^3$, qui exige :

	Calculé :	Trouvé :	
Cl	32,5	32,5	»
Az	2,1	2,0	2,3

Quand on traite cette matière par l'acide chlorhydrique, elle fixe cet acide et fournit un chlorosel correspondant $2BiCl^3,AzH^4Cl$ qui cristallise en aiguilles déliquescentes et qui est peu coloré.

Ce chlorure renferme :

	Calculé :	Trouvé :
Cl	36,3	34,8
Az	2,0	2,2

Nous avons donc :

$$2BiCl^3AzH^3 + HCl = 2BiCl^3,AzH^4Cl.$$

La seconde combinaison de l'acide chlorobismeux avec l'ammoniaque est difficile à obtenir à l'état de pureté ; elle est souvent mélangée avec la première et il est difficile de les séparer ; aussi les dosages que nous avons fait de ces composés sont-ils assez discordants ; ils montrent tous un défaut d'azote qui tient évidemment à la présence de

$$2BiCl^3,AzH^3.$$

Cette seconde combinaison présente la formule $BiCl^3,2AzH^3$.

Nous avons obtenu :

	Calculé :	Trouvé :
Cl	30,4	29,6
Az	8,0	6,0

Bien que l'analyse précédente soit très-mauvaise, je n'hésite pas sur la formule qui appartient à la substance verte, car elle se transforme avec la plus grande netteté en chlorosel $BiCl^3,2AzH^4Cl$ très-facile à obtenir à l'état de pureté et dont la formule n'est pas douteuse. Nous aurons donc encore :

$$BiCl^3,2AzH^3 + 2HCl = BiCl^3,2AzH^4Cl.$$

Ce chlorosel se présente sous forme de lames hexagonales blanches ou légèrement jaunâtres. Il a déjà été décrit par M. Jacquelain et soumis à l'appréciation de M. Dufrénoy, qui a reconnu son isomorphisme avec le sel correspondant d'antimoine

$$SbCl^3,2AzH^4Cl.$$

Cette détermination a dès lors indiqué que le bismuth devait être placé à côté de l'antimoine. On sait, au reste, que M. Nicklès a confirmé récemment ce rapprochement par l'étude très-soignée des iodosels et bromosels de ces deux métaux (1).

Le chlorobismite de diammonium $BiCl^3,2AzH^4Cl$ renferme en effet :

	Calculé :	Trouvé :	
Cl	41,8	41,1	»
Az	6,6	7,0	6,3

La troisième combinaison de l'acide chlorobismeux et d'ammoniaque est blanche, volatile, et se laisse facilement entraîner par le gaz ammoniac; elle présente la formule :

$$BiCl^3,3AzH^3.$$

	Calculé :	Trouvé :
Cl	29,0	28,4
Az	11,4	10,9

Cette combinaison, traitée par l'acide chlorhydrique, fixe 3 équivalents de cet acide et se transforme en chlorosel

$$BiCl^3,3AzH^3 + 3HCl = BiCl^3,3AzH^4Cl,$$

corps très-bien cristallisé en lames rhomboïdales et qui a déjà été décrit par M. Arppe (2). Nous avons pu obtenir quelques tables de ce sel qui ont près de 1 centimètre de côté; c'est un des beaux chlorosels que j'ai préparé.

La formule de ce composé est établi d'après l'analyse suivante :

	Calculé :	Trouvé :
Cl	44,5	44,3
Az	8,8	8,6

4. — Nous avons encore préparé quelques chlorosels de bismuth; l'un, décrit par M. Rammelsberg (3), présente la formule $2BiCl^3,5AzH^4Cl$; il affecte la forme de doubles pyramides. Les cristaux sont, ainsi que l'a remarqué M. Rammelsberg, très-souvent maclés. La formule citée plus haut exige Cl 42,9; on a trouvé précisément 42,9.

---

(1) *Sur les relations d'isomorphisme qui existent entre les métaux du groupe de l'azote*, par M. J. Nicklès. Nancy, 1862.

(2) *Répertoire de Chimie pure*, т. I, p. 290.

(3) *Ibidem.*

On remarquera que l'acide chlorobismeux, comme beaucoup des acides de la famille de l'azote, est polyatomique. Lorsqu'on combine cet acide avec 3 équivalents de sel marin, on obtient une substance en lames hexagonales de la formule $BiCl^3,3NaCl$, qui doit renfermer Cl 42,7. On a trouvé 42,5.

Le chlorosel $BiCl^3 \begin{cases} AzH^4Cl \\ AzH^4Cl \\ KCl \end{cases}$ cristallise également en lames rhomboïdales. Il doit renfermer 42,3 de chlore; nous y avons trouvé 41,5.

5. — Les combinaisons des chlorures avec l'ammoniaque que j'ai étudiées sont déjà assez nombreuses; elles présentent toutes un caractère commun. Si compliquées que soient leurs formules, elles fixent toutes de l'acide chlorhydrique pour se transformer en un chlorosel correspondant, sans qu'il y ait jamais d'ammoniaque distraite par cet action pour former séparément du chlorhydrate d'ammoniaque. J'ai en effet démontré par des analyses les transformations suivantes :

$$2ZnCl, AzH^3 + HCl = 2ZnCl, AzH^4Cl$$
$$ZnCl, AzH^3 + HCl = ZnCl, AzH^4Cl$$
$$ZnCl,2AzH^3 + 2HCl = ZnCl,2AzH^4Cl$$
$$SnCl, AzH^3 + HCl = SnCl, AzH^4Cl \; (1)$$
$$SnCl^2, AzH^3 + HCl = SnCl^2, AzH^4Cl$$
$$SbCl^3, AzH^3 + HCl = SbCl^3, AzH^4Cl$$
$$SbCl^3,2AzH^3 + 2HCl = SbCl^3, 2AzH^6Cl$$
$$SbCl^5,3AzH^3 + 3HCl = SbCl^5, 3AzH^4Cl$$
$$SbCl^5,4AzH^3 + 4HCl = SbCl^5, 4AzH^4Cl$$
$$2BiCl^3,AzH^3 + HCl = 2BiCl^3, AzH^4Cl$$
$$BiCl^3,2AzH^3 + 2HCl = BiCl^3,2AzH^4Cl$$
$$BiCl^3,3AzH^3 + 3HCl = BiCl^3,3AzH^4Cl.$$

On voit donc que cette réaction présente une très-grande généralité; elle tend certainement à faire ranger parmi les amides les combinaisons des chlorures avec l'ammoniaque. Ces combinaisons possèdent, en effet, une propriété tout à fait analogue à celle qui distingue les amides oxygénées, qui fixent de l'eau pour donner un oxysel correspondant.

Ainsi que je l'ai fait observer cependant, il n'y a pas dans l'action de l'ammoniaque sur les chloracides une pénétration, si on peut s'exprimer ainsi, des 2 molécules comme dans les amides oxygénées. Si l'acétamide $C^4H^5O^2Az$ peut fixer de l'eau pour donner $C^4H^3O^3,AzH^4O$, par cette réaction elle ressemble à $SbCl^3,AzH^3$ qui fixe de l'acide chlorhydrique pour devenir $SbCl^3,AzH^4Cl$; elle en diffère en ce qu'elle peut

____

(1) Cette transformation n'a pas encore été publiée, mais les analyses sont faites.

être écrite $Az \begin{cases} H \\ H \\ C^4H^3O^2 \end{cases}$, ammoniaque dans laquelle 1 équivalent d'hy-

drogène est remplacé par le radical oxygéné $C^4H^3O^2$, tandis que dans la combinaison des chlorures avec l'ammoniaque il y a accolement des 2 molécules sans qu'il se sépare au moment de la combinaison de l'acide chlorhydrique.

On sait de plus que les sels proprement dits sont susceptibles de fixer de l'ammoniaque; on connaît des sulfates de zinc, de cuivre, etc., ammoniés, qui sont, pour beaucoup de chimistes, analogues aux chlorures ammoniés; il faudrait toutefois, pour que la comparaison fût exacte, que ces sels pussent fixer une nouvelle proportion de l'acide qu'ils renferment déjà pour se métamorphoser en un sel plus complexe. Si cette fixation n'a pas lieu, si l'acide ajouté sépare de la molécule saline l'ammoniaque qui y est contenue et forme avec elle un autre groupement, il en résultera une séparation complète entre les sels ammoniés et les chloramides, dont le groupe sera nettement établi.

Je suis donc naturellement conduit à l'étude des sels ammoniés que j'entreprends au Conservatoire, tandis que je poursuis simultanément à mon laboratoire du collége Chaptal celles des combinaisons des chlorures avec l'ammoniaque.

7. — En résumé, on peut déjà conclure de ces recherches :

a. Que le bismuth se combine en trois proportions avec le chlore formant Bi^2Cl^4, $BiCl^3$, et un troisième chlorure Bi^3Cl^8 non encore décrit.

b. Que le chlorure de M. Weber doit être formulé Bi^2Cl^4, puisqu'il donne un oxychlorure Bi^2ClO^3 non encore décrit, par substitution de l'oxygène au chlore.

c. Que le seul chlorure $BiCl^3$ est assez riche en chlore pour être nettement un chloracide.

d. Que l'acide chlorobismeux hémi, bi et triatomique forme trois combinaisons avec l'ammoniaque qui ne paraissaient pas avoir été encore analysées.

e. Que ces trois combinaisons fixent de l'acide chlorhydrique pour produire trois chlorosels dont un seul est nouveau.

J'ajouterai en terminant que j'ai été aidé dans ces recherches avec beaucoup de zèle par deux de mes élèves, MM. Gaston Tissandier et Anatole Bourgougnon (1).

(1) M. Anatole Bourgougnon est membre de la Société chimique.

Sur quelques matières ulmiques, par **M. E. HARDY.**

Le chloroforme mêlé à une petite quantité d'alcool méthylique, éthylique, amylique, d'acétone, est attaqué par le sodium avec dégagement de gaz et formation de matières fixes.

Les gaz fournis par les alcools éthylique, amylique, l'acétone, sont un mélange d'hydrogène, de gaz des marais et d'oxyde de carbone; ceux produits par l'alcool méthylique contiennent seulement de l'hydrogène et de l'oxyde de carbone. .

Ces résultats dérivent de l'analyse eudiométrique. Cependant des traces de gaz considéré comme oxyde de carbone, et non absorbable par le protochlorure de cuivre, ont fait rechercher si le gaz C^2H, formylène, ne s'y rencontrerait pas à l'état libre.

On a fait passer le mélange gazeux lavé successivement à l'eau, l'alcool, l'acide sulfurique, dans une éprouvette contenant du brome, sous une couche d'eau, et exposée à la lumière solaire. En saturant par la potasse étendue, il se précipite une petite quantité d'un liquide plus dense que l'eau, ayant l'odeur et les propriétés du bromoforme.

De plus, en mettant le mélange gazeux au contact d'acide iodhydrique fumant dans un ballon scellé à la lampe, et en chauffant dans l'eau à l'ébullition pendant 30 heures, on a constaté, en ouvrant le ballon sous le mercure, une absorption considérable. En saturant l'acide par la potasse étendue, il s'est dégagé l'odeur de l'iodoforme; mais la trop faible quantité du gaz employé n'a pas permis d'isoler les produits de la réaction, ni de déterminer si on avait obtenu un éther d'un alcool formylique $C^2H^2O^2$.

De ces expériences ressort donc sinon la certitude, du moins la probabilité de l'existence du formylène C^2H libre de combinaison.

Les matières fixes sont formées de chlorure de sodium et de matières organiques brunes, incristallisables et non volatiles, caractères qui se retrouvent dans leurs différents dérivés. Pour rappeler leur analogie avec les matières ulmiques, on a ajouté le mot *ulmique* à la première syllabe du nom du corps qui a servi à les former. On n'a traité actuellement que des corps obtenus avec les alcools éthylique, méthylique, amylique, c'est-à-dire des composés éthulmique, méthulmique et amylulmique.

SÉRIE ÉTHULMIQUE.

On obtient avec l'alcool deux substances organiques incristallisables :

l'une, soluble dans l'éther, représente un acide chloré; l'autre, soluble dans l'alcool, en est le sel de soude.

$$4C^2HCl^3 + 6C^4H^6O^2 + 11Na = \underset{\substack{\text{Acide chlor-}\\\text{éthulmique.}}}{C^{12}H^9ClO^4} + \underset{\substack{\text{Chloréthulmate}\\\text{de soude.}}}{C^{12}H^8ClNaO^4} + 2C^2H^4$$

$$+ 2C^2O^2 + 15H + 10NaCl.$$

Acide chloréthulmique. L'acide chloréthulmique est brun rougeâtre, d'une odeur aromatique, monobasique.

$$\begin{aligned}&\text{Chloréthulmate de soude} && C^{12}H^8ClNaO^4\\&\text{Chloréthulmate d'argent} && C^{12}H^8ClAgO^4.\end{aligned}$$

Bouilli avec une dissolution de potasse, il se transforme en acides éthulmique et bioxyéthulmique.

$$2(C^{12}H^9ClO^4) + 2(KHO^2) = 2KCl + \underset{\substack{\text{Acide}\\\text{éthulmique.}}}{C^{12}H^{10}O^4} + \underset{\substack{\text{Acide bioxy-}\\\text{éthulmique.}}}{C^{12}H^{10}O^8.}$$

Acide éthulmique. L'acide éthulmique est bibasique.

$$\begin{aligned}&\text{Éthulmate de soude} && C^{12}H^8Na^2O^4\\&\text{Éthulmate d'argent} && C^{12}H^8Ag^2O^4.\end{aligned}$$

Un, deux et trois équivalents d'hydrogène de l'acide éthulmique peuvent être remplacés par un même nombre d'équivalents de chlore, de brome et de vapeur nitreuse; on a obtenu les séries suivantes :

Acide éthulmique	$C^{12}H^{10}O^4$
— chloroéthulmique	$C^{12}H^9ClO^4$
— bromoéthulmique	$C^{12}H^9BrO^4$
— nitroéthulmique	$C^{12}H^9(AzO^4)O^4$
— chloronitroéthulmique	$C^{12}H^8Cl(AzO^4)O^4$
— bromonitroéthulmique	$C^{12}H^8Br(AzO^4)O^4$
— bibromoéthulmique	$C^{12}H^8Br^2O^4$
— bibromonitroéthulmique	$C^{12}H^7Br^2(AzO^4)O^4$
— bromobinitroéthulmique	$C^{12}H^7Br(AzO^4)^2O^4$
— trinitroéthulmique	$C^{12}H^7(AzO^4)^3O^4$
— tribromoéthulmique	$C^{12}H^7Br^3O^4.$

Acide bioxyéthulmique. L'acide bioxyéthulmique donne aussi naissance à des dérivés par substitution :

$$\begin{aligned}&\text{Acide bioxyéthulmique} && C^{12}H^{10}O^8\\&\text{— bioxybromoéthulmique} && C^{12}H^9BrO^8.\end{aligned}$$

L'acide bioxybromoéthulmique, traité lui-même par la potasse, donne lieu à la fixation de 2 molécules d'oxygène

$$C^{12}H^9BrO^8 + KHO^2 = KBr + \underset{\substack{\text{Acide trioxy-}\\\text{éthulmique.}}}{C^{12}H^{10}O^{10}.}$$

L'acide trioxyéthulmique $C^{12}H^{10}O^{10}$ est noir, incristallisable, isomère de la cellulose ; traité par le brome, il reproduit l'acide bioxybromoéthulmique.

BROMURE DE MÉTHULMÈNE.

L'acide bibromoéthulmique, chauffé avec de l'acide sulfurique à 60° environ, donne lieu à un dégagement d'acide carbonique et à la formation d'un carbure d'hydrogène bromé

$$C^{12}H^8Br^2O^4 = C^2O^4 + C^{10}H^8Br^2.$$

Acide bibromo-éthulmique.   Bromure de méthulmène.

Traité par une dissolution de potasse, le carbure d'hydrogène $C^{10}H^8Br^2$ perd un équivalent d'acide bromhydrique

$$C^{10}H^8Br^2 = HBr + C^{10}H^7Br.$$

Bromure de méthulmène.   Méthulmène bromé.

D'où le nom de bromure de méthulmène pour le corps $C^{10}H^8Br^2$, et méthulmène bromé pour $C^{10}H^7Br$. Cependant, en présence des nombreux isomères dont on peut soupçonner l'existence, cette nomenclature a besoin d'être appuyée sur de nouveaux faits pour rester définitive.

Le bromure de méthulmène bouilli avec de l'acide nitrique fumant devient nitrobromure de méthulmène

$$C^{10}H^8Br(AzO^4).$$

L'acide chloréthulmique, traité de même par l'acide sulfurique à 60°, dégage de l'acide carbonique, et il reste du chlorure de méthulmène

$$C^{10}H^8Cl^2.$$

SÉRIE MÉTHULMIQUE.

Le chloroforme, mélangé d'une petite quantité d'alcool méthylique, donne lieu, par l'action du sodium, à une réaction identique à celle obtenue avec l'alcool, sauf, comme on l'a déjà dit, l'absence du gaz des marais dans les produits gazeux. Le résidu fixe est formé par un acide chloré, l'acide chlorométhulmique, et son sel de soude, le chlorométhulmate de soude

$$6C^2HCl^3 + 6C^2H^4O^2 + 17Na = C^{10}H^7ClO^4 + C^{10}H^6ClNaO^4 + 2C^2O^3$$

Acide chloro-méthulmique.   Chlorométhulmate de soude.

$$+ 17H + 16NaCl.$$

Acide chlorométhulmique. Sous l'influence de la potasse, il se décompose comme l'acide chloréthulmique

$$2(C^{10}H^7ClO^4) + 2KHO^2 = 2KCl + C^{10}H^8O^4 + C^{10}H^8O^8.$$

Acide mé-   Acide bioxy-
thulmique.   méthulmique.

L'acide méthulmique donne des dérivés par substitution. On a obtenu les composés suivants :

Acide méthulmique	$C^{10}H^8O^4$
— chlorométhulmique	$C^{10}H^7ClO^4$
— bibromométhulmique	$C^{10}H^6Br^2O^4$
— bioxybromométhulmique	$C^{10}H^8O^8.$

Bromure d'hypométhulmène. L'acide bibrométhulmique, traité par l'acide sulfurique à 60°, donne le bromure d'hypométhulmène

$$C^{10}H^6Br^2O^4 = C^2O^4 + C^8H^6Br^2.$$

Acide bibromo-   Bromure d'hypo-
méthulmique.   méthulmène.

SÉRIE AMYLULMIQUE.

Les réactions obtenues avec le sodium, le chloroforme et les alcools des premières sections se rencontrent encore lorsqu'on remplace ces deux corps par de l'huile de pommes de terre ; il se dégage de l'hydrogène, du gaz des marais, de l'oxyde de carbone, et il reste l'acide chloramylulmique en dissolution. Cet acide est soluble dans l'éther et se purifie difficilemement.

Traité par la potasse, il se décompose en amylulmate et bioxyamylulmate de potasse. L'acide sulfurique précipite le mélange des deux acides.

L'acide chloramylulmique donne des dérivés par substitution ; on a donc les séries :

Acide amylulmique	$C^{18}H^{16}O^4$
— chloramylulmique	$C^{18}H^{15}ClO^4$
— bibroamylulmique	$C^{18}H^{14}Br^2O^4$
— bromonitroamylulmique	$C^{18}H^{14}Br(AzO^4)O^4$
— bioxyamylulmique	$C^{18}H^{16}O^8.$

Bromure de butylulmène. L'acide sulfurique transforme l'acide bibromoamylulmique en bromure de butylulmène $C^{16}H^{14}Br^2$.

Des composés semblables aux précédents se forment avec les homologues des alcools, les aldéhydes, les acétones, etc. Le chloroforme lui-même peut être remplacé par d'autres corps, notamment par les chlorures de carbone.

EXTRAIT DU PROCÈS-VERBAL

DE LA SÉANCE DU MOIS DE MARS.

SÉANCE DU 28 MARS 1862.

Présidence de M. Balard.

M. Arthur DE WICH écrit pour donner sa démission de membre de la Société. —

MM. Henri BUFFET, JOUASSIN, BOUDAULT, Ferd. JEAN sont élus membres résidents.

MM. MOIROUX et USIGLIO sont nommés membres non résidents.

M. E. PELIGOT, de l'Institut, présenté par MM. DUMAS et BALARD, est nommé, séance tenante, membre de la Société.

M. GRANDEAU continue l'exposé de ses recherches sur la présence du rubidium dans divers produits naturels.

M. WURTZ présente, au nom de M. SCHEUBER-KESTNER, de nouvelles recherches sur l'azotate ferrique et sur la dialyse de ce sel.

M. WURTZ communique une note de M. CRAFTS sur la préparation du sulfure d'éthylène.

M. TERREIL fait connaître à la Société qu'il a analysé un azotate de fer violet ne contenant pas de manganèse. Le même chimiste fait connaître quelques nouvelles propriétés de l'acide permanganique.

La Société a reçu dans la précédente séance :

De l'action de l'air atmosphérique sur l'iodure ferreux, par M. G. JANSSEN.

Notice sur les travaux scientifiques de M. P. A. FAVRE.

Sulla preparazione d'il permanganato di potassa, di Fausto SESTINI.

De l'ancienneté de l'espèce humaine, par M. J. DELANOÜE.

De plusieurs phosphures métalliques, thèse de M. VIGIER.

M. M. BERTHELOT, professeur à l'École supérieure de pharmacie, membre du conseil de la Société, a exposé, en séances extraordinaires qui ont eu lieu les 7 et 14 mars, ses recherches sur *les principes sucrés.*

Ces leçons seront imprimées et distribuées.

MÉMOIRES COMMUNIQUÉS A LA SOCIÉTÉ DANS LE MOIS DE MARS.

Sur la présence du rubidium dans les résidus de la raffinerie de salpêtre de Paris et dans les salins de betterave, par M. GRANDEAU.

J'ai pu, grâce à l'obligeance de M. Maurey, directeur de la raffinerie de Paris, poursuivre sur une quantité suffisante de matières les recherches commencées il y a quelques mois et qui m'avaient conduit à trouver du rubidium dans les résidus de la fabrication du salpêtre.

Je me propose de communiquer aujourd'hui à la Société chimique les résultats des analyses quantitatives que j'ai faites de divers produits de la raffinerie.

Les substances que j'ai analysées sont les suivantes :

1° Résidus de l'année 1861 ;

2° Résidus de l'année 1862 ;

3° Eaux-mères que fournissent ces résidus ;

4° Eau provenant du suintement de ces résidus.

Pour chacun de ces produits, j'ai procédé de la manière suivante : J'ai déterminé, sur 2 kilogrammes, la perte par dessiccation et calcination (pour détruire les matières organiques); j'ai dissous dans l'eau acidulée par l'acide chlorhydrique un poids connu (de 20 à 30 grammes) du résidu sec. La liqueur filtrée et convenablement concentrée a été précipitée par le chlorure de platine; le précipité lavé à l'alcool et pesé, puis lavé à l'eau bouillante à plusieurs reprises, en observant les précautions indiquées par MM. Kirchhoff et Bunsen. On n'a cessé les lavages à l'eau bouillante que lorsque le sel de platine introduit dans l'appareil spectral ne donnait plus d'une manière perceptible les raies caractéristiques du potassium.

Ces matières ne contiennent pas trace de lithine; elles renferment principalement du chlore, du sodium, de la potasse, du rubidium, de la magnésie à l'état de chlorures, sulfates, nitrates et carbonates.

Je résume dans le tableau suivant les dosages de rubidium effectués sur chacune de ces matières :

Résidus de 1861 { 1 kilog. résidu fondu corrrespond à 1^k,240 de résidu brut.

1 kilog. résidu fondu contient 2^{gr},64 de chlorure de rubidium.

1 kilog. résidu brut contient 2^{gr},13 de chlorure de rubidium.

Résidus de 1862
- 1 kilog. résidu fondu correspond à $1^k,280$ de résidu brut.
- 1 kilog. résidu fondu contient $3^{gr},74$ de chlorure de rubidium.
- 1 kilog. résidu brut contient $2^{gr},92$ de chlorure de rubidium.

Eaux-mères de 1862
- 1 kilog. résidu fondu correspond à $2^k,100$ d'eau-mère.
- 1 kilog. résidu fondu contient $6^{gr},35$ de chlorure de rubidium.
- 1 kilog. eau-mère contient $3^{gr},02$ de chlorure de rubidium.

Eau de suintement.
- 1 kilog. résidu fondu correspond à $2^k,300$ d'eau.
- 1 kilog. résidu fondu contient $6^{gr},85$ de chlorure de rubidium.
- 1 kilog. eau contient $2^{gr},97$ de chlorure de rubidium.

Il était naturel, en présence de ces quantités relativement considérables de rubidium, de rechercher dans laquelle des matières premières qui servent à préparer le salpêtre était contenu le métal.

M. Maurey m'a appris que la totalité du salpêtre livré à la raffinerie de Paris depuis cinq ou six ans est fabriquée avec du nitrate de soude et du chlorure de potassium indigènes.

Le nitrate de soude ne contient pas trace de rubidium, comme l'ont annoncé MM. Kirchhoff et Bunsen et comme je l'ai vérifié depuis sur une quantité assez considérable de nitre cubique.

Le chlorure de potassium est fourni à l'industrie par deux grandes sources : les eaux de la mer et les vinasses de betterave. J'ai eu occasion de constater que les eaux-mères des marais salants du Midi ne contiennent pas de rubidium ; restait donc les salins de betterave.

M. Lefebvre, de Corbehem (Pas-de-Calais), industriel bien connu par les magnifiques produits qui sortent de ses usines, a bien voulu mettre à ma disposition des salins et des eaux-mères provenant du traitement des vinasses. Ces produits ne contiennent pas trace de lithine ; mais ils renferment des proportions très-notables de rubidium, comme le prouvent les analyses suivantes :

Salins de betterave | 1 kilog. contient $1^{gr},87$ de chlorure de rubidium.
Dern^{res} eaux-mères | 1 kilog. contient $4^{gr},70$ de chlorure de rubidium.

Il est impossible de ne pas admettre, d'après ce qui précède, que ce sont les betteraves qui introduisent le rubidium dans le salpêtre. Cette plante, qui est comme on sait très-riche en potasse, absorbe donc aussi le rubidium contenu dans le sol en quantités si minimes. Je ne doute pas qu'un traitement en grand des vinasses et des salins ne permette de se procurer facilement le nouveau métal.

Dans une autre communication, j'aurai l'honneur d'entretenir la Société du résultat de mes recherches sur la présence du rubidium dans un certain nombre d'autres végétaux dans lesquels je l'ai rencontré, notamment dans le tabac, le café et le thé. Je donnerai également l'analyse de quelques sels bitartrates, tartrates doubles de potasse et d'antimoine, oxalates, chromates, fluosilicates, etc., que je mets aujourd'hui sous les yeux de la Société, mais dont l'analyse n'est pas terminée.

Nouvelles recherches sur l'azotate ferrique. — Dialyse de l'azotate ferrique, par M. A. SCHEURER-KESTNER.

L'azotate ferrique a été obtenu cristallisé avec différentes proportions d'eau. M. Ordway (1), dans un travail étendu sur les sels des sesquioxydes en général, fait mention d'un azotate ne contenant que 6 molécules d'eau, tandis que j'ai obtenu le même corps cristallisé avec 18 molécules d'eau (2). M.Wildenstein (3), dans un travail récent, a publié des analyses qui l'ont conduit à la formule

$$Fe^{vi},6AzO^2O^6 + 12H^2O.$$

J'ai cherché à déterminer dans quelles conditions ont lieu ces différentes cristallisations; j'ai reconnu qu'on obtient en général de l'azotate à 18 molécules d'eau, à moins que la dissolution ferrique n'ait été évaporée à une concentration assez grande, surtout en présence d'azotates basiques.

Par le refroidissement de la dissolution obtenue par l'action directe de l'acide azotique sur le fer, on obtient l'azotate cristallisé en assez grandes quantités, surtout si l'acide azotique a été employé en léger excès. Les azotates basiques entravent la cristallisation, qui n'a plus lieu alors que dans des liqueurs très-concentrées. Mais on obtient toujours de cette manière de l'azotate ferrique contenant 18 molécules d'eau.

Si, au lieu de concentrer ces dissolutions sous une cloche au-dessus de l'acide sulfurique, on les évapore à une douce chaleur de manière à les sursaturer, une partie de l'azotate neutre se décompose; mais en refroidissant la liqueur on obtient une masse de cristaux enchevêtrés qui ne contiennent que 2 molécules d'eau.

(1) *American Journal of Sill.*, T. XXVII, n° 77, p. 197.
(2) *Annales de Chimie et de Physique*, T. LV, p. 337.
(3) *Journal für praktische Chemie*, T. LXXXXIV, p. 243.

1,252 de cristaux ainsi préparés ont produit 0,720 de carbonate de chaux; 1,136 de ces mêmes cristaux ont produit 0,355 d'oxyde ferrique.

Ces nombres correspondent à la formule

$$Fe^{vi}, 6Az O^2, O^6, + 2H^2O,$$

qui exige :

	Trouvé :	Calculé :
Fe	21,87	21,53
Az	16,10	16,18

Le liquide séparé de ces cristaux abandonne au bout de quelque temps des cristaux incolores comme les précédents et qui contiennent, comme ceux analysés par M. Wildenstein, 12 molécules d'eau :

$$Fe^{vi}, 6Az O^2, O^6 + 2H^2O.$$

1,386 de matière ont produit 0,588 de carbonate de chaux
2,100   —   —   0,875   —   —
1,847   —   —   0,417 d'oxyde ferrique
1,632   —   —   0,360   —   —

La formule précédente exige :

	Trouvé :		Calculé :
	I.	II.	
Fe	15,80	15,44	16,00
Az	11,88	11,66	12,00
H^2O	31,00	31,50	30,85

Les cristaux analysés par M. Wildenstein, et qui contenaient comme ceux ci-dessus 12 molécules d'eau, provenaient d'une dissolution qui qui avait été évaporée pour la concentrer.

Dialyse de l'azotate ferrique. On sait par les remarquables expériences de M. Graham qu'il est possible d'obtenir, au moyen de la force osmotique, des dissolutions d'hydrate ferrique presque pur dans l'eau. En soumettant à la dialyse la dissolution de l'hydrate ferrique dans le chlorure du même métal, ce savant a remarqué que de l'acide chlorhydrique chargé de peu de fer traverse la membrane, tandis que la dissolution contenue dans le dialysateur devient de jour en jour plus basique jusqu'à ce que l'hydrate ferrique presque pur y reste à l'état de dissolution dans l'eau.

J'ai essayé l'action de la dialyse sur l'azotate ferrique, soit basique soit neutre.

Je me suis servi, comme dialysateur, d'un manchon de verre garni à sa partie inférieure d'une vessie ordinaire, n'ayant pas à ma disposition le parchemin employé par M. Graham. J'ai introduit dans le dialysateur 300 grammes d'une dissolution d'azotate ferrique basique de la composition suivante :

$$Fe^{vi},4AzO^2,H^2O^6.$$

Ces 300 grammes contenaient $4^{gr},95$ d'oxyde ferrique ; la vessie a été plongée dans l'eau pure.

Pendant vingt-deux jours les liquides se sont modifiés; une grande partie de l'eau pure a pénétré par endosmose dans la dissolution de l'azotate ferrique, tandis que le liquide environnant le manchon s'est chargé peu à peu d'un mélange d'acide azotique et d'azotate ferrique neutre. Afin de suivre les progrès de l'opération, le liquide contenu dans le manchon a été analysé à différentes reprises. Les résultats obtenus ainsi montrent que l'azotate est devenu de jour en jour plus basique.

DURÉE de l'opération.	OXYDE ferrique.	ACIDE azotique.	En centièmes	
			OXYDE.	ACIDE.
»	»	»	42,56	57,44
2ᵉ jour............	0,705	0,880	44,50	55,5
3ᵉ jour	0,500	0,545	48,1	51,9
6ᵉ jour............	0,450	0.410	52,3	47,7
12ᵉ jour............	0,350	0,240	59,2	40,8
20ᵉ jour............	0,337	0,100	77,0	23,0
25ᵉ jour............	0,490	0,135	78,5	21,5

Il a donc été possible, dans cette opération, d'obtenir un produit excessivement basique se rapprochant de la composition :

$$5Fe^{vi},4AzO^2,O^{17},$$

produit qui n'est qu'un mélange d'azotate ferrique neutre et d'hydrate ferrique ou d'acide azotique et d'hydrate ferrique. L'azotate ferrique neutre est lui-même décomposé de cette manière. Ce sel, en dissolution dans l'eau et introduit dans le dialysateur, a donné au bout de trois jours les résultats suivants :

<table>
<tr><td></td><td>Oxyde ferrique
contenu
sur 100 d'acide
azotique.</td></tr>
<tr><td>Liquide intérieur</td><td>60,3</td></tr>
<tr><td>Liquide extérieur</td><td>35,6</td></tr>
<tr><td>L'azotate neutre en contient</td><td>49,38</td></tr>
</table>

On voit donc que l'azotate neutre est devenu basique dans le manchon de verre, tandis qu'un mélange d'acide azotique et d'azotate neutre a traversé la membrane.

Sur le sulfure d'éthylène, par M. G. M. CRAFTS.

Le bromure d'éthylène réagit sur une solution alcoolique de monosulfure de potassium avec beaucoup plus d'énergie que le chlorure du même radical. Au bout de quelques instants les deux liquides se sont pris en masse avec dégagement de chaleur. Le corps blanc résultant de cette réaction a été lavé à l'eau et desséché sur l'acide sulfurique.

Il est d'abord un peu soluble dans l'eau, et la liqueur filtrée donne avec l'azotate de plomb le précipité jaune qui caractérise tant de sulfures organiques légèrement solubles; mais après dessiccation, il devient insoluble.

L'analyse a fait voir que ce corps est un mélange de monosulfure d'éthylène avec un sulfure supérieur du même radical. Il cède à l'éther ou à l'alcool bouillant une petite quantité de sulfure C^2H^4S qui se dépose en cristaux par évaporation du dissolvant.

Chauffé avec de l'éther à 180°, dans un tube scellé, il a donné une quantité beaucoup plus grande des mêmes cristaux avec une huile d'un jaune-orange plus soluble dans l'ether

$$C^2H^4S^2?$$

Ces cristaux, ainsi que l'huile et un résidu de charbon, constituent les produits de la distillation du corps sulfuré blanc. Les cristaux commencent à distiller à 70° et le liquide jaune-orangé vers 220°; lorsque la température dépasse ce point, il y a décomposition partielle de la matière avec dégagement d'hydrogène sulfuré et dépôt de charbon.

L'analyse des cristaux a donné les nombres suivants :

	Trouvé :	Théorie (C^2H^4S)
C	39,9	40,0
H	6,9	6,7
S	53,3	53,3
	100,1	100,0

Le sulfure d'éthylène cristallisé offre beaucoup de ressemblance avec une substance cristallisée de même formule empirique qui a été obtenue par M. Weidenbusch par la substitution du soufre à l'oxygène contenu dans l'aldéhyde; mais il paraît y avoir des différences entre la forme cristalline de ces composés, et leurs propriétés aussi présentent des divergences notables.

J'ai préparé une quantité considérable du corps de M. Weidenbusch et je me propose de faire une étude comparative des réactions de l'un et de l'autre des deux sulfures isomériques, dans l'espoir d'accroître la somme de nos connaissances relatives aux relations qui existent entre les composés isomériques dérivant de l'aldéhyde et de l'éthylène.

En employant le bromure d'éthylène au lieu du chlorure qui avait servi à MM. Lövig et Weidmann, on peut préparer sans peine des quantités considérables de sulfure d'éthylène.

Préparation de l'acide permanganique, par M. A. TERREIL.

Le chimiste Chevillot a constaté le premier que lorsqu'on mélange du permanganate de potasse avec de l'acide sulfurique et que l'on chauffe vers 130°, on obtient des vapeurs violettes condensables en un liquide rouge oléagineux composé, d'après ce chimiste, d'acide sulfurique et d'acide permanganique (1).

Dans ces derniers temps M. H. Aschoff a préparé l'acide permanganique de la même manière, mais en ne recueillant que les gouttelettes qui se forment dans le mélange de permanganate de potasse et d'acide sulfurique concentré (2).

Je viens de nouveau parler de la préparation de l'acide permanganique et faire connaître quelques nouvelles propriétés de cet acide.

L'acide permanganique s'obtient en dissolvant du permanganate de potasse dans de l'acide sulfurique pur étendu d'un 1/2 équivalent d'eau environ, en évitant que la température ne s'élève trop. La dissolution est d'un vert jaunâtre; on l'introduit dans une cornue tubulée communiquant à un ballon bien refroidi. Il faut éviter, dans l'appareil, les bouchons de liége et toute autre matière organique.

La cornue est placée dans un bain-marie et l'on chauffe de manière à ne pas dépasser 60 à 70°. A une température plus élevée, il passe de l'acide sulfurique; l'on voit alors l'appareil se remplir de vapeurs violettes ressemblant aux vapeurs d'iode. Ces vapeurs se condensent bientôt, dans le col de la cornue, sous la forme d'un liquide épais, d'un noir verdâtre, qui ne renferme point d'acide sulfurique ni de chlore : c'est l'acide permanganique.

Il est difficile de préparer une grande quantité de cet acide à la fois; il arrive toujours qu'à un moment donné, et lorsque la proportion d'a-

(1) *Chimie de Berzelius*, т. II, p. 727.
(2) *Répertoire de Chimie pure et appliquée.* 1861, p. 178.

cide distillée commence à être notable, il se décompose spontanément en produisant une faible détonation. Après cette décomposition, on retrouve dans l'appareil un corps solide, d'un noir brun et d'une ténuité extrême, qui présente les propriétés du sesquioxyde de manganèse.

Si l'on abandonne à l'air humide pendant quelque temps la dissolution sulfurique de permanganate de potasse, ou plutôt si l'on y verse quelques gouttes d'eau, on voit l'acide permanganique venir surnager à la surface sous forme de gouttelettes huileuses d'un noir verdâtre et d'un aspect métallique, qui se solidifient quelquefois en tombant au fond de la liqueur. Il est difficile de séparer cet acide de l'acide sulfurique qui le mouille; mais dans cet état l'acide permanganique peut servir aux expériences d'oxydation qui sont décrites plus loin.

L'acide permanganique est un liquide épais, d'un noir verdâtre à reflets métalliques, qui paraît pouvoir se solidifier. Il est très-avide d'eau. Sa dissolution est violette; elle se conserve assez bien lorsqu'elle est étendue et à l'abri de toutes poussières.

Si l'on chauffe brusquement l'acide permanganique, il détone; mais si l'on chauffe modérement il se volatilise en partie en produisant des vapeurs violettes qui possèdent une odeur métallique particulière assez désagréable.

C'est peut-être le composé oxydant le plus énergique; il enflamme à l'instant le papier et l'alcool, ce dernier avec explosion. Il se produit toujours dans ces combustions des vapeurs violettes dues à la volatilisation d'une certaine quantité d'acide permanganique. Il détone brusquement avec émission d'une belle lumière blanche lorsqu'on le met en contact avec un corps gras; dans ce cas, il faut opérer avec très-peu d'acide, car la détonation est très-forte.

Si l'on jette, sur l'acide permanganique, quelques gouttes d'une dissolution de sulfite de potasse, il se produit une réaction très-vive avec dégagement de lumière; une grande quantité d'acide est entraînée à l'état de vapeurs violettes qui se réduisent dans l'air et retombent, sous forme de flocons bruns neigeux, à la manière de l'oxyde de zinc dans la combustion de ce métal au contact de l'air.

Cette réaction curieuse deviendra sans doute une jolie expérience de cours; elle réussit très-bien avec l'acide permanganique qui se forme sur la dissolution sulfurique du permanganate de potasse.

L'acide permanganique est un peu soluble dans l'acide sulfurique concentré; la dissolution est verte. La dissolution dans l'acide sulfurique à 3 équivalents d'eau est violette. Ce changement de couleur semblerait indiquer qu'il existe un acide permanganique anhydre et un acide hydraté.

L'instabilité de l'acide permanganique a empêché jusqu'à présent de déterminer sa composition.

EXTRAIT DU PROCÈS-VERBAL

DE LA SÉANCE DU MOIS D'AVRIL.

SÉANCE DU 25 AVRIL 1862.

Présidence de M. F. Le Blanc.

M. le président annonce le décès de M. COLLINET, l'un des fondateurs de la Société.

MM. CRAFTS, D'OLIVEIRA et D'OLIVEIRA-PIMENTEL, vicomte de Villa-Major, sont élus membres non résidents.

La Société reçoit une note de M. BEILSTEIN sur quelques dérivés de l'acide glycérique et sur la transformation de cet acide en acide acrylique.

M. SCHEURER-KESTNER adresse une note sur la transformation de la nitrobenzine en benzine et ammoniaque.

M. GALL expose ses recherches relatives à l'action du chlore, du brome, de l'iode et de l'acide chlorhydrique sur l'acide acétique anhydre.

Sur l'invitation de M. le président, M. LIEBEN, correspondant du *Répertoire*, présent à la séance, entretient la Société de quelques travaux entrepris par lui et M. Bauer sur une nouvelle série de combinaisons appartenant au groupe des éthers.

M. FRIEDEL expose ses recherches relatives à l'action de l'hydrogène naissant sur la valéraldéhyde et sur l'acétone.

Cette communication donne lieu à une discussion à laquelle prennent part MM. LIEBEN, LE BLANC, LAVEINE et NAQUET.

M. JAMIN, professeur de physique à l'École polytechnique, a exposé en séances extraordinaires qui ont eu lieu les 21 mars, 4 et 11 avril, *les phénomènes de l'émission et de l'absorption des radiations que transmet l'éther.*

Ces leçons seront imprimées et distribuées.

MÉMOIRES COMMUNIQUÉS A LA SOCIÉTÉ DANS LE MOIS D'AVRIL.

Transformation de la nitrobenzine en benzine et ammoniaque, par M. A. SCHEURER-KESTNER.

La méthode de transformation de la nitrobenzine en aniline, que l'on doit à M. Béchamp et qui repose, comme on sait, sur la réduction de la nitrobenzine au moyen de l'acide acétique et du fer, est presque exclusivement employée pour la préparation en grand de l'aniline.

Lorsque M. Béchamp publia son mémoire sur la préparation des alcaloïdes par la réduction des produits nitrés au moyen de l'acétate de fer, il remarqua que l'aniline obtenue ainsi contenait de petites quantités d'un liquide analogue à la benzine. Cette benzine pouvait provenir soit de ce qu'il en restât non transformée dans la nitrobenzine employée, soit de ce que la nitrobenzine ou l'aniline eussent subi une modification plus profonde.

J'ai reconnu que lorsque l'aniline contient de la benzine, ce dernier produit y est toujours accompagné d'ammoniaque.

Plus la réaction entre la nitrobenzine et le mélange de fer et d'acide acétique est vive, plus il se forme de benzine et d'ammoniaque. Ainsi, en employant les proportions indiquées par M. Béchamp, une très-vive réaction a lieu; des torrents de vapeurs se dégagent, et si l'on a soin de les condenser, on observe toujours la présence de petites quantités de benzine et d'ammoniaque.

Si, au contraire, la réaction est lente et qu'on n'ajoute la limaille de fer que peu à peu en empêchant la température du mélange de dépasser 40 à 50° centigrades, on obtient de l'aniline exempte de benzine et d'ammoniaque.

En employant quatre fois autant de fer que la quantité indiquée par M. Béchamp, la transformation de la nitrobenzine en benzine et ammoniaque est presque complète. La réaction est si violente et les vapeurs se dégagent si tumultueusement, que tout serait perdu si l'on opérait dans un vase ouvert. Je me suis servi d'un vase en fonte très-épais, fermé par une vis et pouvant contenir plusieurs kilogrammes de nitrobenzine. J'ai introduit dans ce récipient un mélange composé de 1 partie de nitrobenzine, 8 de fer et 4 d'acide acétique, de manière à ce que la limaille dépasse le liquide. Le mélange ayant été bien opéré, le récipient a été fermé de suite. J'avais eu soin d'y adapter un tube manométrique servant à indiquer la pression intérieure, et par suite la température approchée atteinte par le mélange. La pression s'est élevée à 8 atmosphères 1/2. Après refroidissement, l'appareil a été ouvert, et on en a retiré une pâte homogène brune qui a été soumise à la distillation. Elle fournit deux couches de liquide. La partie supérieure se composait en majeure partie de benzine chargée d'aniline; la partie inférieure était constituée par de l'eau tenant en dissolution de l'acide acétique, un peu d'acétone, de l'aniline et de l'ammoniaque; ce dernier produit en grandes quantités. La benzine a été séparée de l'aniline par distillation fractionnée; son point d'ébullition se trouvait entre 80 et 84° centigrades; elle a pu être transformée en nitrobenzine, puis en aniline. J'ai obtenu ainsi environ 500 grammes de benzine avec $1^k,200$ de nitrobenzine.

Je ne saurais dire si la formation de la benzine et de l'ammoniaque provient d'une décomposition ultérieure de l'aniline formée, ou si ce sont les produits immédiats de la décomposition de la nitrobenzine avec élimination d'eau. Les réactions suivantes représentent ces deux modes de décomposition :

$$\underset{\text{Nitrobenzine.}}{C^6H^5AzO^2} + H^8 = \underset{\text{Benzine.}}{C^6H^6} + AzH^3 + 2H^2O,$$

$$\underset{\text{Aniline.}}{C^6H^7Az} + H^2 = \underset{\text{Benzine.}}{C^6H^6} + AzH^3.$$

Cependant, il semble que la dernière équation est la plus probable, puisque le liquide obtenu à la distillation contient de l'aniline, ce qui n'aurait pas lieu si la nitrobenzine se décomposait simplement en benzine, ammoniaque et eau.

Sur quelques dérivés de l'acide glycérique. Transformation de l'acide glycérique en acide acrylique, par M. F. BEILSTEIN.

L'acide glycérique se forme par l'oxydation de son alcool, la glycérine. Cette réaction permet de lui assigner une constitution analogue à ce dernier corps et de le ranger dans une série avec l'acide propionique et l'acide lactique, qui dérivent de leurs alcools respectifs par une réaction tout à fait analogue.

$$\left.\begin{array}{c}C^3H^7\\H\end{array}\right\}O + O^2 - H^2O = \left.\begin{array}{c}C^3H^5O\\H\end{array}\right\}O,$$
$$\text{Alc. propylique.} \qquad\qquad\qquad \text{Ac. propionique.}$$

$$\left.\begin{array}{c}C^3H^6\\H^2\end{array}\right\}O^2 + O^2 - H^2O = \left.\begin{array}{c}C^3H^4O\\H^2\end{array}\right\}O^2,$$
$$\text{Glyc. propylénique.} \qquad\qquad\qquad \text{Ac. lactique.}$$

$$\left.\begin{array}{c}C^3H^5\\H^5\end{array}\right\}O^3 + O^2 - H^2O = \left.\begin{array}{c}C^3H^3O\\H^3\end{array}\right\}O^3.$$
$$\text{Glycérine.} \qquad\qquad\qquad \text{Ac. glycérique.}$$

Ces formules laissent entrevoir entre les trois acides une relation intime qui a été confirmée pour les acides lactique et propionique par les remarquables travaux de MM. Wurtz et Ulrich. Quant à l'acide glycérique, M. Debus a montré qu'il donne naissance à l'acide lactique par la fusion avec de la potasse caustique. Par l'action des alcalis, l'acide chloropropionique se transforme en acide lactique ; nul doute que l'acide bichloro ou bibromopropionique ne forme dans ce cas de l'acide glycérique.

D'autre part, M. Lautemann a montré que par l'action de l'acide iodhydrique, l'acide lactique est réduit en acide propionique. D'après cela, il était fort probable que l'acide glycérique serait réduit par cet agent en acide lactique ou propionique. J'ai entrepris cette réaction sans toutefois trouver mes prévisions réalisées; il se forme dans ce cas un tout autre corps, de l'acide iodopropionique. Avant de décrire cette réaction, je dirai quelques mots sur la préparation de l'acide glycérique.

MM. Debus et Socoloff ont obtenu l'acide glycérique en décomposant le glycérate de chaux par une quantité exacte d'acide oxalique; mais cette préparation étant longue et ne fournissant pas un produit parfaitement pur, j'ai décomposé le glycérate de plomb par l'acide sulfhydrique.

On traite la glycérine par de l'acide nitrique, comme l'a proposé M. Debus (*Annalen der Chemie und Pharmacie*, т. cvi, p. 97). La liqueur est ensuite évaporée dans des assiettes au bain-marie; on ajoute de l'eau et on neutralise par du carbonate de plomb ou par de la litharge. Dans le dernier cas, il faut soigneusement éviter un excès de litharge; car cet oxyde se dissout dans le glycérate de plomb et forme des solutions basiques qui sont précipitées par l'acide carbonique. On porte le tout à l'ébullition et l'on refroidit brusquement la liqueur filtrée. Le glycérate de plomb se dépose alors en une masse jaunâtre adhérant fortement aux parois du vase. On fait recristalliser le glycérate de plomb brut jusqu'à ce qu'il soit à peine coloré en jaune. On le dissout alors dans de l'eau; on le décompose par l'acide sulfhydrique et on évapore la solution aqueuse de l'acide glycérique au bain-marie jusqu'à ce que sa densité soit égale à 1,26. 52 centimètres cubes de cet acide sont mélangés alors par petites portions (10 à 20 centimètres cubes à la fois) avec 100 grammes d'iodure de phosphore. En chauffant légèrement il se produit une réaction violente qu'on modère de temps en temps en mettant le ballon dans de l'eau froide; il se dégage de l'acide iodhydrique et un gaz d'une odeur alliacée (PH^3?), sans une trace d'iode libre. Si l'acide glycérique employé est blanc, le résidu de la réaction présente, après le refroidissement, une masse cristalline parfaitement blanche; dans le cas contraire, on lave le produit à l'eau froide et on le purifie par des cristallisations dans de l'eau bouillante. Les solutions aqueuses se prennent en une masse cristalline d'un grand éclat. On l'exprime entre des feuilles de papier buvard et on la dessèche sur de l'acide sulfurique; c'est de l'acide iodopropionique parfaitement pur, qui se dépose en écailles brillantes ou en lames minces de ses dissolutions.

L'acide iodopropionique possède une faible odeur alliacée; il est peu soluble dans l'eau froide, mais très-soluble dans l'eau bouillante. Il se dissout aisément dans l'alcool et l'éther; il fond à 82°, mais se décompose si on le chauffe au-dessus de cette température. On ne peut par conséquent obtenir par l'évaporation au bain-marie l'acide iodopropionique contenu dans les eaux-mères; mieux vaut agiter celle-ci avec de l'éther privé d'alcool et évaporer l'éther. La composition répond à la formule $\overline{C}^3H^5I\overline{O}^2$.

	Théorie.		Expérience.							
$\overline{C}^3$	36	18,0	18,1	17,6	17,5	17,3	»	»	»	»
H^5	5	2,5	2,6	2,4	2,3	2,4	»	»	»	»
I	127	63,5	»	»	»	»	63,8	63,7	63,5	63,8
$\overline{O}^2$	32	16,0	»	»	»	»	»	»	»	»
	200	100								

L'acide iodopropionique a une réaction fortement acide; il décompose les carbonates avec effervescence. Cependant les sels paraissent être peu stables; on n'a qu'à chauffer les solutions pour voir de l'iodure se former. J'ai seulement réussi à préparer un éther en faisant passer du gaz chlorhydrique dans une solution alcoolique d'acide iodopropionique; après un certain temps de contact, l'eau en sépare une couche huileuse qui possède une odeur aromatique. On la purifie par des lavages au carbonate de soude; on enlève l'excès d'iode libre par du mercure et on dessèche sur du chlorure de calcium. Cette combinaison ne présente pas un point d'ébullition fixe; le thermomètre monte rapidement à 180° et s'élève jusqu'à 200° vers la fin de la distillation. Cet éther contenait bien plus de carbone que n'en exige un éther de l'acide iodopropionique.

La formation de l'acide iodopropionique par l'acide glycérique peut s'expliquer par la réaction suivante :

$$\overline{C}^3H^6\overline{O}^4 + PhI^2 = \overline{C}^3H^5I\overline{O}^2 + Ph\overline{O}^2$$
$$\text{et} \quad 2Ph\overline{O}^2 + 3H^2\overline{O} = PhH^3\overline{O}^3 + PhH^3\overline{O}^4.$$

Les eaux-mères de l'acide iodopropionique contiennent en effet une grande quantité d'acide phosphorique. Quant à l'acide phosphoreux il pourra bien avoir été décomposé par la chaleur développée pendant la réaction en

$$4PhH^3O^3 = 3PhH^3O^4 + PhH^3.$$

On peut aussi regarder la formation de l'acide iodopropionique comme analogue à la formation de l'iodure d'allyle avec la glycérine

$$\left.\begin{array}{l}C^3H^5\\H^3\end{array}\right\}O^3 \text{ forme } C^3H^5,I$$

$$\left.\begin{array}{l}C^3H^3O\\H^3\end{array}\right\}O^3 \text{ forme } C^3H^3O,I + H^2O = C^3H^5IO^2.$$

J'ai déjà fait remarquer que l'acide iodopropionique est facilement décomposé par les bases avec élimination d'iodure. On devait présumer la formation de l'acide lactique dans ce cas; cependant il n'en est point ainsi : on obtient un tout autre acide que je nommerai *acide hydracrylique*, à cause de sa propriété de se scinder en eau et en acide acrylique par l'action de la chaleur appliquée à ces sels. D'après cela, il est fort peu probable que l'acide iodopropionique soit le véritable analogue aux acides chloro ou bromopropionique obtenus directement avec l'acide propionique. Il serait peut-être plus convenable de le nommer acide isoiodopropionique; cependant je conserve le nom employé déjà jusqu'à ce que des expériences ultérieures aient fixé définitivement la nature du corps en question.

Pour préparer l'acide hydracrylique ou ses sels, il est convenable de traiter l'acide iodopropionique par l'oxyde d'argent; on chauffe légèrement le mélange, et quand tout l'iode est éliminé, on n'a qu'à filtrer la solution de l'hydracrylate d'argent et de décomposer ce dernier par l'acide sulfhydrique pour avoir l'acide hydracrylique à l'état de pureté. On évapore sa solution aqueuse au bain-marie, et l'on obtient alors une masse sirupeuse dans laquelle on entrevoit de fines aiguilles. L'acide hydracrylique est incolore, inodore et possède une forte réaction acide. Ses sels sont, pour la plupart, extrêmement solubles dans l'eau; ils rougissent le sesquichlorure de fer.

L'hydracrylate d'argent est blanc, amorphe, très-soluble dans l'eau. Il se dissout dans l'alcool bouillant et s'en dépose presque entièrement par le refroidissement. Il est insoluble dans l'éther. Un mélange d'alcool et d'éther le précipite de sa solution aqueuse en flocons blancs. On le dessèche dans le vide à l'abri de la lumière; il donne une masse brunâtre et amorphe. Sa composition répond à

$$C^{12}H^{19}Ag^3O^{11}.$$

	Théorie.		Expérience.			
C^{12}	144	21,7	21,7	21,8	»	»
H^{19}	19	2,9	2,9	2,9	»	»
Ag^{3}	324	48,9	»	»	49,0	49,2
O^{11}	176	26,5	»	»	»	»
	663	100,0				

L'*hydracrylate de plomb* est blanc, cristallin et déliquescent. Il est insoluble dans l'alcool. Ce dernier le précipite de sa solution aqueuse sous la forme d'une poudre cristalline. Souvent je ne l'ai obtenu que comme une masse sirupeuse. Il renferme :

$$C^{12}H^{19}Pb^{3}O^{11}.$$

	Théorie.		Expérience.		
C^{12}	144	22,2	21,5	21,8	»
H^{19}	19	2,9	3,0	3,1	»
Pb^{3}	310,5	47,8	»	»	48,1
O^{11}	176	27,1	»	»	»
	649,5	100,0			

Il se décompose au-dessus de 130° en noircissant et en émettant des vapeurs d'acide acrylique. Le sel d'argent, desséché à la température ordinaire, se décompose déjà au-dessous de 100°.

L'*hydracrylate de cuivre* est un vernis d'un bleu vert. Les *hydracrylates de chaux, de baryte et de zinc* sont extrêmement solubles dans l'eau.

Le sel de chaux ne précipite pas les solutions de cuivre, de plomb, de bismuth, de protoxyde de fer, de manganèse, d'alumine et d'urane; mais il est précipité par le sous-acétate de plomb, par le protochlorure d'étain, les solutions de protoxyde et de bioxyde de mercure.

L'*hydracrylate de soude* est blanc, cristallin et très-déliquescent. Le *sel d'ammoniaque* se décompose déjà au bain-marie.

La formation de l'acide hydracrylique peut être expliquée par l'équation :

$$4C^{3}H^{5}IO^{2} + 3H^{2}O = C^{12}H^{22}O^{11} + 4HI.$$

Comme je l'ai déjà fait remarquer, les sels de plomb et d'argent de l'acide hydracrylique se décomposent à une température assez basse. L'acide hydracrylique se scinde dans ce cas en eau et en acide acrylique. Pour opérer cette décomposition, on distille l'hydracrylate de plomb dans une cornue au bain-marie. Il passe premièrement de l'eau, et on ne recueille le produit distillé que quand on remarque l'odeur forte de l'acide acrylique. On sature ce dernier par le carbo-

nate de plomb et l'on obtient alors l'acrylate de plomb, sel caractéristique de l'acide acrylique (1).

Ce sel a pour formule $C^3H^3PbO^2$.

	Théorie.		Expérience.	
C^3	36	20,6	20,0	»
H^3	3	1,7	2,3	»
Pb	103,5	59,3	»	59,0
O^2	32	18,4	»	»
	174,5	100,0		

On peut aussi faire digérer quelque temps l'acide iodopropionique
avec du carbonate de plomb, évaporer la solution filtrée et distiller la
solution concentrée des sels de plomb. La formation de l'acide acrylique s'explique par les équations

$$C^{12}H^{22}O^{11} - 3H^2O = 4C^3H^4O^2,$$
$$\text{et} \quad C^3H^5IO^2 - HI = C^3H^4O^2.$$

On peut donc transformer l'acide glycérique en acide acrylique par
des réactions très-simples. Ce résultat est en parfait accord avec la
transformation de la glycérine en alcool allylique. Il présente en ceci
quelque intérêt théorique, car dans les deux cas nous voyons un radical triatomique se changer en un isomère monoatomique, comme le
font voir les formules suivantes :

Glycérine $\left.\begin{matrix}C^3H^{5'''}\\H^3\end{matrix}\right\}O^3$ passe à $\left.\begin{matrix}C^3H^{5'}\\H\end{matrix}\right\}O$, alcool allylique,

Acide glycérique $\left.\begin{matrix}C^3H^3O^{'''}\\H^3\end{matrix}\right\}O^3$ passe à $\left.\begin{matrix}C^3H^{3'}O\\H\end{matrix}\right\}O$, acide acrylique.

Recherches sur l'acide acétique anhydre, par M. Henri GAL.

Si l'on fait passer pendant plusieurs heures un courant de chlore
sec dans de l'acide acétique anhydre chauffé à 100°, il distille du chlorure d'acétyle et il reste dans la cornue de l'acide monochloracétique.
L'acide acétique anhydre se dédouble donc, dans ces circonstances, en
chlorure d'acétyle et en acide monochloracétique.

L'équation suivante rend facilement compte de cette réaction :

$$C^8H^6O^6 + 2Cl = C^4H^3O^2Cl + C^4H^3O^4Cl.$$

(1) Je dois cette observation à l'obligeance de M. Claus, qui vient de terminer
un intéressant travail sur l'acide acrylique. Il a bien voulu me prêter son concours dans la recherche de l'acide volatil qui prend naissance dans la distillation
sèche des hydracrylates. J'ai pu me convaincre que l'acide acrylique ainsi formé
était en tout point identique avec l'acide acrylique dérivé de l'acroléine.

Le brome détermine aussi le dédoublement de l'acide acétique anhydre en bromure d'acétyle et en acide monobromacétique. Il suffit d'introduire 2 équivalents d'acide et 1 équivalent de brome dans des tubes scellés à la lampe et de les chauffer au bain-marie; la réaction est terminée au bout de quelques heures.

L'iode ne donne avec l'acide acétique anhydre qu'un mélange d'acide iodhydrique et de charbon.

L'acide chlorhydrique agissant dans les mêmes conditions que le chlore, se conduit d'une manière analogue; l'acide acétique anhydre est décomposé, et on obtient du chlorure d'acétyle et de l'acide acétique cristallisable.

Cette expérience démontre une fois de plus que le chlore doit être considéré comme du chlorure de chlore.

Le perchlorure de phosphore agit vivement sur l'acide acétique anhydre en donnant de l'oxychlorure de phosphore et du chlorure d'acétyle.

Sur une nouvelle série de combinaisons appartenant au groupe des éthers, par MM. Ad. LIEBEN et A. BAUER.

Lorsqu'on envisage le parallélisme remarquable de propriétés et de réactions que présentent entre eux tous les corps appartenant aux séries homologues des éthers, alcools, aldéhydes, acides gras, etc., on ne peut pas hésiter à admettre que les combinaisons de la même série homologue ont une constitution parfaitement semblable. En prenant pour point de départ les combinaisons méthyliques, on pourrait présumer que les composés plus riches en carbone et en hydrogène en dérivent par une substitution successive, le radical méthyle venant remplacer l'hydrogène. Ainsi :

$$\left.\begin{array}{l} CH^3 \\ CH^3 \end{array}\right\}O \qquad\qquad \left.\begin{array}{l} CH^2(CH^3) \\ CH^2(CH^3) \end{array}\right\}O = \left.\begin{array}{l} C^2H^5 \\ C^2H^5 \end{array}\right\}O$$

Ether méthylique.　　　　　　　　　　Ether éthylique.

$$\left.\begin{array}{l} C^2H^4(CH^3) \\ C^2H^4(CH^3) \end{array}\right\}O = \left.\begin{array}{l} C^3H^7 \\ C^3H^7 \end{array}\right\}O \qquad\qquad \text{etc.}$$

On finirait de cette manière par considérer toutes les substances actuellement comprises sous les noms de composés éthyliques, propyliques, butyliques, etc., comme de simples combinaisons méthyliques.

La difficulté commence lorsqu'on entreprend de vérifier ces prévisions par l'expérience, car la science ne fournit pas de moyen direct pour remplacer l'hydrogène dans ses combinaisons par un radical alcoolique.

Nous avons borné nos expériences jusqu'ici à la série des éthers simples, et voici comment nous avons opéré :

Nous avons préparé d'abord, par l'action du chlore sur l'éther, de l'éther monochloré, et puis nous avons fait réagir cette substance sur les combinaisons du zinc avec les radicaux alcooliques. Une réaction très-énergique se manifeste, et l'on obtient, selon qu'on a employé du zinc-éthyle ou du zinc-méthyle, des combinaisons présentant les formules

$$\left.\begin{array}{l}C^2H^4(C^2H^5)\\C^2H^4Cl\end{array}\right\}O \quad \text{et} \quad \left.\begin{array}{l}C^2H^4(CH^3)\\C^2H^4Cl\end{array}\right\}O.$$

Ces substances constituent des liquides incolores et neutres, d'une odeur aromatique, insolubles dans l'eau et plus légers qu'elle. La première bout à 137°, la seconde à 118° centigrades. Les formules précitées ont été confirmées par l'analyse et par la densité de vapeur.

Les deux corps dont on vient d'indiquer sommairement la préparation et les propriétés constituent, comme on le voit facilement, les deux premiers termes d'une nouvelle série de combinaisons qui devront être rangées entre les éthers simples proprement dits et leurs premiers produits de substitution chlorés. Il nous semble que l'existence de pareils composés est un argument de plus en faveur des formules doublées pour les éthers.

Si l'on fait réagir une de ces substances, par exemple

$$\left.\begin{array}{l}C^2H^4(C^2H^5)\\C^2H^4Cl\end{array}\right\}O$$

encore une fois sur le zinc-éthyle en chauffant un mélange de ces deux liquides dans un tube scellé, du chlorure de zinc se forme, et l'on obtient un produit liquide de la formule $\left.\begin{array}{l}C^2H^4(C^2H^5)\\C^2H^4(C^2H^5)\end{array}\right\}O$, qui est isomérique ou identique avec l'éther butylique. Nous ne pouvons pas encore nous prononcer à cet égard, n'ayant pas obtenu jusqu'ici cette substance à l'état de pureté parfaite.

Nous sommes occupés à poursuivre ces recherches et à les étendre, notamment à l'éther méthylique monochloré ; mais, dès à présent, nous osons espérer que le procédé que nous avons employé pourra être d'un emploi général, et nous amènera à former par voie synthétique un grand nombre d'éthers artificiels, parmi lesquels se trouveront peut-être aussi les éthers déjà connus.

EXTRAIT DES PROCÈS-VERBAUX

DES SÉANCES DU MOIS DE MAI.

SÉANCE DU 9 MAI 1862.

Présidence de M. F. Le Blanc.

MM. Ferdinand BEILING, Paul MORIN, HOUZEAU, Louis HENRY, sont élus membres non résidents.

M. FRIEDEL communique une note de M. Hugo Schiff (de Berne), sur les acides ditartrique et disuccinique.

M. le docteur C. KOENE, ancien professeur de l'Université de Bruxelles, transmet quelques réflexions au sujet du procédé Uslar et Erdmann, pour l'extraction et la reconnaissance des alcaloïdes vénéneux.

M. FRIEDEL complète la communication faite par lui dans la précédente séance sur les produits de l'hydrogénation de l'acétone.

M. PASTEUR communique à la Société quelques résultats nouveaux relatifs aux fermentations acétique et butyrique, résultats qui sont encore à l'étude, et dont il complétera bientôt les premières indications.

1° L'acide succinique paraît accompagner constamment l'acide acétique dans la transformation de l'alcool en acide acétique par l'oxygène de l'air, sous l'influence du *mycoderma aceti.*

La meilleure méthode à suivre pour constater l'existence de l'acide succinique consiste à faire développer le mycoderme à la surface de liquides alcooliques renfermant du phosphate d'ammoniaque et des phosphates alcalins et terreux dissous à la faveur de petites quantités d'acide acétique. M. Pasteur a reconnu que, dans ces conditions, la plante se développe très-bien, empruntant son carbone à l'alcool ou à l'acide acétique, son azote à l'ammoniaque, ses matières minérales aux phosphates. L'alcool s'acétifie. On obtient de cette manière tous les produits de la fermentation acétique sans autre mélange que des phosphates faciles à éliminer après l'évaporation ménagée du liquide acétique, lequel renferme constamment dans les expériences de M. Pasteur des proportions sensibles d'acide succinique, ainsi que d'autres substances encore indéterminées.

2° M. Pasteur annonce en outre à la Société qu'ayant repris l'étude de la fermentation butyrique du lactate de chaux, il a constaté que l'équation de cette fermentation n'est pas aussi simple qu'on l'admet.

Le rapport des volumes de l'acide carbonique et de l'hydrogène ne correspond pas à beaucoup près à l'équation

$$C^{12}H^{12}O^{12} = C^8H^8O^4 + C^4O^8 + H^4.$$

L'hydrogène est en défaut. Du reste, il y a variation des proportions de ces deux gaz, dans une même fermentation à des époques différentes, ou dans des fermentations distinctes.

Ce fait annonçait la formation de produits hydrogénés non encore aperçus. M. Pasteur a reconnu que ces produits, quelques-uns du moins, sont de la nature des alcools, et il croit pouvoir affirmer que l'alcool butylique est un produit ordinaire de la fermentation butyrique.

Dans certains cas même, il se dégage de l'acide carbonique pur sans traces d'hydrogène ni d'un autre gaz quelconque.

Enfin, M. Pasteur ajoute que, dans ces derniers temps, il a confirmé par des preuves nouvelles la découverte qu'il a fait connaître l'an dernier d'animalcules infusoires vivant sans gaz oxygène libre, et déterminant la fermentation butyrique. Ces animalcules jouissent en outre de la faculté de se développer sans avoir à leur disposition d'autres aliments que des substances hydrocarbonées (au nombre desquelles il faut placer l'acide lactique), de l'ammoniaque et des phosphates.

SÉANCE DU 23 MAI 1862.

Présidence de M. F. Le Blanc.

M. DELAVAUX est élu membre résident.

M. TERREIL expose ses recherches sur les principes minéraux que l'eau enlève aux substances végétales par macération, infusion ou décoction (1). Cette communication donne lieu à quelques remarques de la part de MM. WISSLIN et DEHÉRAIN.

M. FAGET fait connaître à la Société les principales propriétés de l'alcool œnanthylique retiré de l'huile de marc de raisin.

M. BOUIS rappelle à cette occasion les essais qu'il a tentés il y a quelques années, et qu'il poursuit avec M. Carlet, pour transformer l'œnanthol en alcool œnanthylique.

(1) M. Terreil avait communiqué une partie de ces faits dans la séance du 28 février dernier, comme le constate le registre des procès-verbaux.   J. B.

MÉMOIRES COMMUNIQUÉS A LA SOCIÉTÉ DANS LE MOIS DE MAI.

Quelques réflexions au sujet du procédé Uslar et Erdmann pour l'extraction et la reconnaissance individuelle des alcaloïdes vénéneux, par M. le Dr C. J. KOENE, ancien professeur de l'Université de Bruxelles.

Jusqu'ici un bon procédé général pour la constatation d'un cas d'empoisonnement par un alcaloïde quelconque nous a manqué. Cela tenait autant à la difficulté de trouver le véhicule propre à isoler les alcaloïdes vénéneux qu'à celle de savoir bien caractériser l'espèce.

Après avoir jeté un coup d'œil sur les travaux de leurs devanciers, MM. V. Uslar et J. Erdmann ont tenté le succès et ils ont réussi à satisfaire aux besoins des légistes en publiant un mémoire pouvant, sous le rapport de l'exactitude, servir de modèle à ces derniers, et tenir lieu d'avertissement à ceux qui voudraient attenter à la vie de leurs semblables.

La solution la plus importante relative au problème est donnée par la solubilité des alcaloïdes dans l'alcool amylique.

La seconde se rattache à la purification.

Vient ensuite la solution véritablement toxicologique, celle qui a trait à la reconnaissance de chaque alcaloïde en particulier.

C'est à M. Erdmann que revient l'honneur d'avoir apporté un très-haut degré de perfection dans cette partie des sciences exactes en indiquant plusieurs moyens de contrôle.

Mais ce qu'il faut avant tout c'est de l'acide sulfurique pur. Aussi l'auteur insiste-t-il sur la purification de cet acide *par un procédé convenable.*

Cela suppose nécessairement qu'il en existe au moins un.

Comme la condition essentielle est ici d'avoir de l'acide sulfurique sans la moindre trace d'acide azoteux, hypoazotique ou azotique, nous nous sentons obligé d'intervenir, d'autant plus que le savant chimiste ne décrit pas le procédé auquel il a eu recours pour se procurer de l'acide pur. Nous nous permettons même d'exprimer notre doute relativement à la pureté sans réplique de l'acide de M. Erdmann, par la raison qu'il attribue à la brucine la propriété de colorer en rose d'abord, en jaune ensuite, l'acide pur dont il se sert. Cela n'arrive pas si la brucine est pure, et si l'acide sulfurique ne contient aucun oxacide de l'azote.

Voici mon procédé inédit, mais exposé dans mon cours pendant plusieurs années, pour l'obtention d'un acide sulfurique qui ne se colore pas en rose par la brucine pure.

On ajoute à l'acide sulfurique ordinaire 2 fois son volume d'eau. On fait barboter dans ce liquide de l'acide sulfureux d'abord, de l'acide sulfhydrique ensuite, et on se laisse guider par la persistance de l'odeur propre à chaque gaz pour terminer l'opération, puis on laisse déposer. On décante ensuite dans une cornue bien rincée à l'alcali caustique, à l'acide chlorhydrique et à l'eau distillée, et l'on chauffe jusqu'à ce que le point d'ébullition demeure constant. Dès ce moment on adapte un récipient nettoyé de même, et on distille.

Par cette opération on débarrasse l'acide sulfurique de tous les corps étrangers que l'acide du commerce contient ordinairement.

Si l'on ne distillait pas, il pourrait recéler du sulfate ferreux.

Si l'on n'ajoutait pas une quantité d'eau suffisante, la métamorphose de l'acide azoteux serait incomplète.

Et si l'on se contentait de purifier l'acide sulfurique par une simple distillation, et sans le traitement préalable à l'eau et à l'acide sulfureux, les oxacides de l'azote se retrouveraient dans le produit à l'état d'acide azoteux.

Enfin, par le concours de l'acide sulfhydrique, on détruit l'acide sulfureux en excès, et l'on détermine la précipitation du plomb et de l'arsenic respectivement sous forme de sulfni plombique et d'acide sulfo-arsénieux.

Ce sont là des faits dont les principaux ont été consignés dans un travail qui a été soumis au jugement de l'Académie de Stockholm, présidée par l'illustre Berzélius (1).

Dans ce mémoire, j'ai prouvé que si l'on n'ajoute que 3 $\%$ d'acide azotique à de l'acide sulfurique et que l'on chauffe, on observe un dégagement constant d'oxygène à partir de 180° jusqu'à 250°, sans qu'il s'échappe un oxacide de l'azote.

Depuis 250° jusqu'au point d'ébullition de l'acide, il ne se forme plus d'oxygène, et quant à l'acide azotique, on le retrouve dans l'acide sulfurique distillé à l'état d'acide azoteux.

Si l'on ajoute de l'eau à l'acide distillé de manière à avoir $SO^3,3HO$, l'acide azoteux se métamorphose en acide azotique qui reste, et en oxyde azotique qui se dégage.

Fait-on ensuite arriver de l'acide sulfureux, l'acide azotique est ramené à l'état d'acide azoteux, et comme il y a de l'eau libre, ce dernier acide se métamorphose en oxyde azotique et en acide azotique, qui se réduit de nouveau. De sorte que, par les métamorphoses succes-

(1) *Mémoires de Chimie* de M. KOENE, 1ʳᵉ partie, p. 78, 79 et 103, Bruxelles, librairie de M. Larcier, rue des Sols.

sives de l'acide azoteux, qui résulte des réductions constantes de l'acide azotique, celui-ci finit par disparaître complétement sous forme d'oxyde azotique.

Tel qu'il sort des chambres de plomb, l'acide sulfurique contient toujours de l'acide azotique. Pendant la concentration, ce dernier acide devient acide azoteux, et il peut en rester jusqu'à 3 % dans l'acide sulfurique.

Un pareil acide se colore en rose par la brucine, et en rouge si l'on y a ajouté de l'eau. Dans ce dernier cas aussi la morphine produit la couleur rouge violet qu'indique M. Erdmann, mais non dans le premier.

D'où il suit qu'il convient d'exécuter le procédé ci-dessus indiqué pour être certain que l'acide ait le degré de pureté voulu.

Des principes minéraux que l'eau enlève aux substances végétales par macération, infusion ou décoction, par M. TERREIL.

En examinant la nature des principes minéraux que peuvent contenir les macérations, infusions ou décoctions de plantes médicinales connues sous le nom de *tisanes*, j'ai constaté que toutes ces dissolutions renferment une quantité très-sensible d'acide phosphorique, et cela en présence de la chaux, de la magnésie et de l'oxyde de fer dans des liqueurs neutres aux réactifs colorés ou ne possédant qu'une faible réaction acide, quelquefois même la liqueur étant alcaline.

J'ai constaté aussi que des substances végétales, comme la farine et le pain, abandonnent également à l'eau distillée de l'acide phosphorique en même temps que de la chaux, de la magnésie et de l'oxyde de fer.

Je vais décrire quelques exemples des réactions que l'on observe avec les dissolutions aqueuses de plantes médicinales.

Si l'on verse un léger excès d'ammoniaque dans une infusion de fleurs de mauves bien filtrée ou dans une décoction de racine de chiendent, on trouve 24 heures après le verre dans lequel on a opéré recouvert de phosphate ammoniaco-magnésien. Après ce premier dépôt, tout l'acide phosphorique n'est pas précipité, et si l'on ajoute à la liqueur filtrée du sulfate de magnésie saturé de sel ammoniac, il se précipite à l'instant un nouveau dépôt de phosphate ammoniaco-magnésien qui augmente encore avec le temps.

Toutes les dissolutions de plantes médicinales ne précipitent pas du phosphate ammoniaco-magnésien lorsqu'on les traite par l'ammoniaque; mais elles donnent toutes un précipité de ce phosphate lorsqu'on verse dedans du sulfate de magnésie saturé de sel ammoniac.

Le phosphate ammoniaco-magnésien qu'on obtient de ces liqueurs contient toujours une certaine quantité d'oxyde de fer précipité peut-être à l'état de phosphate.

Toutes ces dissolutions végétales contiennent de la chaux, mais l'ammoniaque ne la précipite pas à l'état de phosphate; cependant la liqueur provenant de la macération de la farine ou du pain dans l'eau à 40°, produit avec l'ammoniaque un précipité de phosphate de chaux.

La tisane de feuilles de ronces présente ce fait singulier que par l'ammoniaque elle donne un abondant précipité jaune-rouille, brunissant fortement à l'air, qui renferme de la chaux combinée avec un acide organique brun sans trace d'acide phosphorique, tandis que la liqueur ammoniacale séparée de ce précipité donne une grande quantité de phosphate ammoniaco-magnésien quand on y verse du sulfate de magnésie saturé de sel ammoniac.

Parmi les tisanes les plus employées que j'ai examinées, celles des fleurs de mauves, du chiendent, du bouillon blanc et de la camomille romaine fournissent du phosphate ammoniaco-magnésien dans l'espace de 12 heures lorsqu'on les traite par l'ammoniaque, et un précipité du même phosphate lorsqu'on ajoute à la liqueur filtrée un sel de magnésie ne précipitant plus par l'ammoniaque.

Les infusions ou décoctions de tilleul, de rue, de capillaires, de ronces, de rhubarbe et de thé ne produisent un précipité de phosphate ammoniaco-magnésien qu'autant qu'on ajoute à la liqueur du sulfate de magnésie saturé de sel ammoniac.

La proportion d'acide phosphorique contenue dans les plantes médicinales est souvent considérable. Ainsi les fleurs de mauves, telles qu'on les trouve dans les pharmacies, ont fourni à l'analyse 1,20 % de leur poids d'acide phosphorique, les cendres totales laissées par les plantes après calcination étant en moyenne de 12 à 13 %. Le chiendent a fourni à l'analyse 0,82 d'acide phosphorique, les cendres totales laissées par cette racine n'étant en moyenne que de 4,5 %.

Les nombres qui suivent, résultant de l'analyse faite sur des fleurs de mauves dans leur état normal et sur les mêmes fleurs après la décoction, donneront une idée des quantités de substances minérales que l'eau peut enlever aux végétaux :

	Fleurs de mauves avant la décoction et desséchées à 100°.	Fleurs de mauves après la décoction et desséchées à 100°.
Cendres	12,93	9,33
Acide phosphorique	1,20	0,51

Ainsi, par la décoction, les fleurs de mauves ont abandonné à l'eau 3,60 % de leur poids de matières minérales, c'est-à-dire un peu plus du quart de la totalité de leurs cendres et presque la moitié de leur acide phosphorique. Par une décoction prolongée les fleurs de mauves perdent 50 % de leur poids. Ces mêmes fleurs, épuisées par l'éther, ont fourni 0,87 de leur poids d'une matière grasse contenant du phosphore et de la chaux.

La farine de froment et le pain mis en contact pendant un quart d'heure environ avec de l'eau distillée à la température ordinaire, ou mieux à 35 ou 40°, fournissent après filtration des liqueurs incolores qui, additionnées d'ammoniaque, précipitent lentement du phosphate de chaux. Après qu'on a séparé ce précipité, si l'on verse dans la liqueur filtrée du sulfate de magnésie saturé de sel ammoniac, on obtient presque à l'instant un précipité de phosphate ammoniaco-magnésien. La liqueur obtenue avec la farine avait une réaction acide; elle jaunissait par l'action de l'ammoniaque; la liqueur obtenue avec la farine était alcaline.

Il résulte des faits que je viens d'exposer que le phosphate de chaux et le phosphate de magnésie existent dans les plantes dans un état particulier, qu'ils y sont solubles dans l'eau à la faveur des matières organiques et peuvent alors être entraînés facilement dans la circulation du végétal et se fixer dans les parties où ils sont nécessaires à son développement.

Enfin, en s'appuyant sur cette solubilité on peut admettre 1° que les macérations, infusions ou décoctions de plantes médicinales, et qu'on appelle *tisanes*, doivent peut-être une partie de leur action sur l'économie à l'acide phosphorique ou aux phosphates qu'elles renferment; 2° que le phosphate de chaux des os ainsi que le phosphate de magnésie contenu dans l'urine des animaux ne proviennent que des phosphates que les végétaux apportent à l'état soluble, et qui peuvent alors circuler dans l'économie au moyen des liquides absorbés par les organes de la nutrition; 3° que l'absorption des phosphates insolubles par les plantes ne se fait qu'à la faveur des matières organiques contenues dans le sol et qui donnent de la solubilité aux principes minéraux insolubles, que ces matières organiques soient acides, neutres ou alcalines.

Je terminerai ce mémoire en rappelant que dans un travail lu à l'Académie le 26 août 1811 et ayant pour titre : *Examen chimique des feuilles de pastel et principe extractif qu'elles contiennent*, M. Chevreul cite entre autres faits qu'il a obtenu du jus des feuilles de pastel une matière insoluble dans l'alcool, mais qui, dissoute dans l'eau, lui a fourni un liquide brun à réaction acide, précipitant du phosphate ammoniaco-magnésien par l'ammoniaque et renfermant encore, après ce premier précipité, de l'acide phosphorique, de la chaux et de l'oxyde de fer, en même temps qu'une matière azotée et un principe colorant jaune.

Sur l'alcool œnanthylique, par M. V. FAGET.

Si l'on rectifie sur de la potasse les huiles de marc de raisin, il arrive un moment où la température dépasse 133°. La portion qui distille en ce moment renferme plusieurs alcools supérieurs à l'alcool amylique. J'ai déjà fait connaître l'alcool caproïque $C^{12}H^{14}O^2$.

Ma communication a pour but de mettre au jour l'existence de l'alcool œnanthylique.

En soumettant à des distillations fractionnées les liquides bouillant au-dessus de 133°, je mis à part une portion recueillie de 155 à 173°; celle-ci, plusieurs fois rectifiée sur de la potasse, me donna environ 15 centimètres cubes d'un liquide incolore très-mobile, très-réfringent. Son odeur, voisine de celle de l'alcool caproïque, rappelait plus particulièrement l'odeur spéciale des distilleries de vin. Ce liquide avait été recueilli de 155 à 160°; j'ai pu avec cette petite quantité de matière faire quelques expériences assez décisives pour mettre l'existence de l'alcool œnanthylique hors de doute. Je dois dire que chaque expérience était précédée d'une rectification préalable.

L'analyse du liquide a donné pour sa composition élémentaire :

	I.	II.	III.	Calcul :
C	71,60	72,43	72,77	72,40
H	13,25	13,84	13,68	13,80
O	15,05	13,73	13,55	13,80

On remarquera facilement que l'analyse II concorde avec la composition théorique. Les analyses I et III s'en éloignent, au contraire. Ce fait s'explique assez facilement : le liquide brut avait été recueilli de 155 à 173°, c'est-à-dire après la portion contenant l'alcool caproïque moins riche en carbone, et avant la portion renfermant l'alcool caprylique plus riche en carbone. L'alcool œnanthylique était donc accompagné de deux alcools dont la présence devait avoir quelque influence sur les résultats analytiques; mais il est clair qu'en le soumettant à plusieurs rectifications, et en rejetant les premières et les dernières portions, je devais arriver à obtenir de l'alcool œnanthylique à peu près pur. C'est un pareil liquide qui a servi à l'analyse II et c'est sur lui qu'ont été faites les expériences qui vont suivre.

La densité de vapeur a été trouvée égale à 4,16.

$$\Delta \text{ calculé} = 4,07.$$

Le liquide recueilli dans le ballon à densité a fourni :

C	72,75
H	13,52
O	13,73

Une portion du liquide II a été chauffé en présence d'un excès de chaux potassée. J'ai obtenu le dégagement d'une quantité considérable d'hydrogène; le résidu a pu être transformé en un sel d'argent laissant pour résidu 45,96 d'argent; c'était de l'œnanthylate; le calcul exigeait 45,56. L'acide de ce sel possédait l'odeur de sueur aigre particulière à l'acide œnanthylique.

Une portion du liquide II fut traitée par de l'acide chlorhydrique en présence d'un excès d'acétate de potasse. J'obtins ainsi de l'éther acétique. Ce liquide, qui prenait l'odeur de l'alcool œnanthylique sous l'influence de la potasse, m'a fourni les données analytiques suivantes :

		Calcul :
C	68,10	68,35
H	11,59	11,39
O	20,31	20,26

$$\Delta = 5,33 \qquad \text{Calcul} \qquad 5,46$$

Enfin le liquide recueilli après le refroidissement de la vapeur dans le ballon à densité a donné :

C	68,70
H	11,31
O	19,99

Ainsi l'alcool œnanthylique me paraît suffisamment caractérisé :

1° Par sa composition élémentaire ;

2° Par la densité de sa vapeur ;

3° Par la propriété qu'il a de donner de l'œnanthylate, après dégagement d'hydrogène, sous l'influence des alcalis.

4° Par les données analytiques de son éther acétique.

EXTRAIT DES PROCÈS-VERBAUX

DES SÉANCES DU MOIS DE JUIN.

SÉANCE DU 13 JUIN 1862.

Présidence de M. Perrot.

M. PIRIA, professeur à l'Université de Turin, est élu **membre non** résident.

M. TERREIL fait connaître l'analyse de divers échantillons de kaolins et d'une argile rouge de la province d'Alméria (Espagne). Il indique en outre comme réactif des sels de protoxyde d'étain et de l'acide arsénieux, le tartrate cupropotassique qui est réduit à la manière du glucose.

M. PERSONNE confirme ce qu'il a déjà dit sur la réduction du perchlorure de fer par l'action de la chaleur. Il fait ensuite une réclamation relative à une note sur la préparation de l'acide permanganique, insérée dans le *Bulletin* de la Société. M. Terreil, auteur de cette note, regrette de n'avoir pas eu connaissance du travail de M. Personne et cherche à expliquer les résultats différents qu'il a obtenus. M. Personne rappelle aussi que le procédé de préparation du permanganate de potasse publié par M. Béchamp dans les *Annales de Chimie*, T. LIX, 1859, n'est que la reproduction du procédé qu'il a publié dans le *Journal de pharmacie.*

M. PASTEUR entretient la Société de quelques faits nouveaux au sujet des levûres alcooliques.

SÉANCE DU 27 JUIN 1862.

Présidence de M. A. Wurtz.

M. REALE, directeur de la pharmacie de l'hospice des incurables à Naples, est élu membre non résident.

M. E. MARTIN fait hommage à la Société d'un ouvrage intitulé : *L'atomisme opposé au dynamisme dans la solution des grandes questions de chimie et de physique.*

M. WURTZ présente, au nom de M. Camille Saintpierre, une note sur la réduction du perchlorure de fer par le platine, le palladium et l'or, et sur la réduction des chlorures d'or et de palladium par le platine.

M. Reboul transmet un travail sur les trois derniers termes de la série des bromures d'éthylène bromés.

Cette communication donne lieu à des observations de la part de MM. Cloez, Wurtz, Friedel, Lieben, qui rappellent des transformations de plusieurs substances, soit spontanément, soit sous la plus faible influence.

M. Pasteur continue l'exposé de ses recherches sur la fermentation butyrique.

M. Lucien Corvisart adresse une note sur la décomposition de l'acide oxalique par la lumière.

Le fait de cette décomposition, annoncé par M. Seekamp (1), est connu depuis trois ans et est dû à MM. Corvisart et Niepce de Saint-Victor (2).

Suivant eux, l'acide oxalique en solution additionnée d'une faible trace d'azotate d'urane, se décompose d'une manière instantanée, visible et rapide, avec production d'oxyde de carbone, dès qu'on l'expose aux rayons solaires. Rien de semblable ne se passe à l'obscurité, même à une température de $+ 100°$.

L'un des points seulement de leur Mémoire avait été inséré en 1859 dans le *Répertoire de Chimie appliquée*, т. i, p. 349, où l'on avait omis le nom d'un des auteurs.

M. Corvisart ajoute dans la présente note qu'il a étudié, à cette époque, la question de savoir si l'acide du sel d'urane ne jouerait pas le principal rôle dans cette action, question soulevée à propos de l'amidon par M. Barreswil, et la résout en déclarant que le même effet de dédoublement de l'acide oxalique sous l'influence de la lumière a lieu :

Même en présence de *l'oxyde jaune* d'urane; de *l'oxyde vert* d'urane; et même, mais beaucoup plus faiblement, de *l'oxyde noir* (3).

M. Lucien Corvisart soumet à la Société des observations sur une note de M. William Marcet relative au suc gastrique, aux peptones et à leur action sur la lumière polarisée.

M. Friedel complète ce qu'il a précédemment dit sur l'hydrogénation de l'acétone.

M. Cloez fait connaître un produit qu'il a extrait des feuilles de lierre et auquel il donne le nom de *Héderane*.

(1) *Annalen der Chemie und Pharmacie*. Avril 1862. Et *Répertoire de Chimie pure*. Juin 1862, p. 229.

(2) Mémoire présenté le 5 septembre 1859 à l'Académie des sciences.

(3) Quant à la saccharification des fécules, c'est, suivant M. Corvisart, une action *infiniment moins intense* que celle que présente l'acide oxalique.

MÉMOIRES COMMUNIQUÉS A LA SOCIÉTÉ DANS LE MOIS DE JUIN.

Analyse de divers échantillons de kaolins et d'une argile rouge de la province d'Alméria (Espagne), par M. TERREIL.

Les kaolins dont je donne l'analyse ici se trouvent dans les montagnes qui bordent le cap Cabo de Gâta, dans la province d'Alméria, à 2 kilomètres de la mer et à 28 kilomètres d'Alméria. L'argile rouge a été prise dans la même province, où elle existe en grande quantité dans une ancienne exploitation où les Maures, suivant les gens du pays, fabriquaient les ornements en terre cuite qui décorent les anciens monuments d'Espagne. Les kaolins portent les noms des montagnes où ils ont été pris ; ils ont fourni à l'analyse, ainsi que deux échantillons de l'argile rouge, les compositions suivantes :

	KAOLIN d'Almanzor.	KAOLIN de Moabdil.	KAOLIN ordinaire d'Alambra.	KAOLIN lavé d'Alambra.	ARGILE rouge ordinaire.	ARGILE rouge très-fine.
Silice..................	37.99	47.17	61.40	41.63	26.84	15.17
Alumine	31.07	30.13	24.21	31.81	35.42	48.26
Peroxyde de fer........	traces	traces	traces	traces	9.81	7.67
Vanadium.............	»	»	»	»	tr. sens.	tr. sens.
Potasse à l'état de silicate	0.98	traces	0.65	0.18	traces	traces
Chlorure de potassium..	1.60	1.32	1.26	traces	1.62	0.82
Chlorure de sodium.....	traces	traces	traces	»	traces	traces
Chaux et magnésie.....	traces	traces	traces	traces	traces	traces
Sulfate de chaux.......	1.00	»	»	»	0.54	traces
Eau..................	28.30	22.31	12.19	26.32	26.65	27.21
Matières organ. azotées.	traces	traces	traces	traces	traces	traces
	99.94	100.93	99.71	99.94	100.88	99.13

Le kaolin d'Almanzor et le kaolin lavé d'Alambra correspondent à la formule $2(Al^2O^3),3(SiO^3),10HO$; le rapport de l'oxygène de la silice à l'oxygène de l'alumine et à l'oxygène de l'eau est comme $4 : 3 : 5$.

Le kaolin de Moabdil peut être représenté par la formule

$$Al^2O^3,2(SiO^3),4HO ;$$

le rapport de l'oxygène de la silice à l'oxygène contenu dans l'alumine et dans l'eau est comme $5 : 3 : 4$.

Le kaolin ordinaire d'Alambra correspond à la formule

$$Al^2O^3,3(SiO^3),3HO ;$$

le rapport de l'oxygène de la silice à l'oxygène de l'alumine et de l'eau étant comme 6 : 2 : 2.

Dans les argiles rouges le rapport de l'oxygène de la silice à l'oxygène des bases et à l'oxygène de l'eau est comme 3 : 4 : 5 pour l'argile ordinaire, et comme 1 : 3 : 3 pour l'argile très-fine.

Par leur composition les kaolins du cap Cabo de Gâta se rapprochent sensiblement des kaolins de Limoges ; ils sont blancs, happent fortement à la langue et laissent dans la bouche une saveur salée due à du chlorure de potassium et non à du chlorure de sodium, comme leur proximité de la mer pourrait le faire croire. Ils ne sont pas trop pulvérulents, mais ils s'écrasent facilement sous le pilon ; ils ne présentent aucune trace de silice sous forme quartzeuse, ni de partie micacée. Quelques fragments de ces kaolins, chauffés au chalumeau à gaz, ont fondu sur leurs arêtes en un émail blanc translucide ; d'autres fragments ont résisté à cette température et se sont cuits en porcelaine seulement.

L'argile rouge diffère, par sa composition, des argiles ordinaires ; elle renferme beaucoup d'alumine et peu de silice, ce qui fait qu'elle est réfractaire au plus haut degré. En effet, chauffée au chalumeau à gaz et à air, elle n'a pas changé d'aspect, elle ne s'est même pas cuite en porcelaine. Cette propriété, éminemment réfractaire, devra faire rechercher l'argile rouge du cap Cabo de Gâta pour la construction des fours ou fourneaux devant supporter les plus hautes températures.

Nouveau réactif des sels de protoxyde d'étain et de l'acide arsénieux pouvant servir au dosage de ces composés, par M. TERREIL.

Le protoxyde d'étain dissous dans la potasse possède la propriété de réduire le tartrate cupro-potassique à la manière du glucose.

La sensibilité de ce réactif est extrême ; des traces de protoxyde d'étain suffisent pour déterminer un dépôt de protoxyde de cuivre.

Etant donné un sel de protoxyde d'étain, on traite sa dissolution par un petit excès de potasse, de manière à redissoudre le précipité qui se forme d'abord. On ajoute alors à la dissolution alcaline du tartrate cupro-potassique et l'on fait bouillir ; il se forme à l'instant un précipité abondant de protoxyde de cuivre ; quand il n'existe dans la liqueur que des traces d'oxyde d'étain, le précipité, qui n'est pas apparent dans les premiers instants, se rassemble et devient parfaitement visible après 10 ou 12 heures de repos.

Dans cette réaction le protoxyde d'étain passe à l'état d'acide stannique, qui ne réagit plus sur le réactif cupro-potassique.

L'analyse a prouvé qu'un équivalent de protoxyde d'étain 837,50, en réagissant sur 2 équivalents de bioxyde de cuivre, précipite 1 équivalent de protoxyde de cuivre 893,20, comme le démontre la formule suivante :

$$SnO + 2CuO = SnO^2 + Cu^2O.$$

En d'autres termes, 1,000 en poids de protoxyde de cuivre obtenus par la réduction du tartrate cupro-potassique correspondent à 0,937 de protoxyde d'étain ou à 0,825 d'étain métallique. L'acide arsénieux dissous dans la potasse réduit également le réactif cupro-potassique, en passant à l'état d'acide arsénique ; la réduction ne se fait pas aussi facilement qu'avec le protoxyde d'étain ; cependant elle est complète. 1 équivalent d'acide arsénieux, 1237,50, en se transformant en acide arsénique, réagit sur 4 équivalents de bioxyde de cuivre, et précipite 2 équivalents de protoxyde de cuivre :

$$AsO^3 + 4(CuO) = AsO^5 + 2(Cu^2O).$$

1,000 de protoxyde de cuivre obtenus par la réduction du réactif cupro-potassique correspondent à 0,692 d'acide arsénieux ou à 0,524 d'arsenic métallique.

Tous les autres oxydes métalliques solubles dans la potasse, ainsi que les sulfites, n'ont aucune action sur le réactif cupro-potassique.

Note sur la réduction du perchlorure de fer par l'action de la chaleur et sur son pouvoir chlorurant, par M. J. PERSONNE.

Une dissolution de perchlorure de fer parfaitement pure et neutre, marquant 30° à l'aréomètre de Baumé, soumise à l'ébullition, perd peu à peu du chlore ; à mesure que la dissolution se concentre, la perte de chlore devient de plus en plus sensible, et même assez forte pour permettre de décolorer l'indigo.

Cette observation, que j'avais été à même de faire depuis longtemps, me donnait l'explication du fait observé par MM. Béchamp et Camille Saintpierre, sur *la chloruration du platine par une dissolution de perchlorure de fer*, travail présenté à l'Académie des sciences au mois d'avril 1861.

Après avoir vérifié de nouveau l'exactitude des faits que j'avais observés, et constaté de plus que cette même dissolution de perchlorure de fer, additionnée d'acide chlorhydrique, se comportait de même, je communiquai mes observations à la Société chimique : je fis voir qu'elles expliquaient parfaitement les faits observés par MM. Béchamp et Camille Saintpierre, et qu'on pouvait comparer l'action du perchlorure de fer Fe^2Cl^3 à celle du perchlorure d'antimoine $SbCl^5$; ce dernier perd, en effet, facilement 2 équivalents de chlore par la simple chaleur : aussi est-il un chlorurant très-énergique; tandis que le perchlorure de fer, fournissant moins de chlore et le perdant moins facilement, est un chlorurant plus faible.

Dans une note présentée à l'Académie par M. Camille Saintpierre (mai 1862), ce chimiste cherche à démontrer qu'il n'y a aucune relation entre les faits qu'il présente et mes observations : il s'appuie pour cela sur ce qu'une dissolution étendue de perchlorure de fer n'éprouve aucune perte de chlore par l'action de la chaleur.

Cette relation est, au contraire, des plus évidentes pour moi. En effet, si la dissolution concentrée de perchlorure de fer perd du chlore par la simple action de la chaleur, sans qu'aucune affinité chimique soit mise en jeu, à plus forte raison cette perte aura-t-elle lieu si on fait intervenir une affinité chimique quelconque. La perte de chlore ou le pouvoir chlorurant sera en raison de l'affinité mise en jeu. C'est ainsi que la réduction du perchlorure de fer se produira, dans des liqueurs étendues et à froid, par l'alcool, le sucre, etc. ; à l'aide d'une légère ébullition avec l'iodure de potassium ou les iodures alcalins, comme l'a démontré M. Bouis, dans la recherche de très-petites quantités d'iode ; et enfin, à l'aide d'une ébullition plus ou moins prolongée, avec le platine, l'or et le palladium, comme l'ont fait MM. Béchamp et Camille Saintpierre.

Quelques faits nouveaux au sujet des levûres alcooliques, par M. L. PASTEUR.

J'appelle levûres alcooliques les productions cellulaires ou ferments organisés qui se développent dans les liquides sucrés neutres ou légèrement acides, tels que le moût de bière, le moût de raisin, les jus sucrés de la poire, de la pomme, etc. Ces productions, qui déterminent la fermentation alcoolique du sucre dissous dans ces liquides, varient assez sensiblement de volume, de forme, de structure suivant la composition du liquide naturel ou artificiel qui leur a donné naissance. C'est une question de savoir si ces ferments sont des variétés d'une même levûre, ou bien s'il existe plusieurs levûres alcooliques distinctes spécifiquement. L'incertitude est plus grande encore, malgré les affirmations anciennes et récentes de divers auteurs, lorsqu'il faut se prononcer sur l'origine de ces productions. Les uns n'hésitent pas à dire que les spores de diverses mucédinées peuvent se transformer en levûre, et réciproquement que celle-ci peut passer à l'état des mucédinées ordinaires. D'autres, au nombre desquels, je crois, il faut placer

Mitscherlich, pensent que les petits infusoires du genre *Bacterium* précèdent toujours l'apparition de la levûre. Pour M. Turpin, les granulations de la farine d'orge étaient des globulins-séminules de la levûre de bière, et tous les jus des végétaux, même l'albumine de l'œuf, renfermaient des globulins punctiformes, premiers termes de toutes les levûres alcooliques. Ceci est l'une des formes de la théorie encore for répandue de la génération spontanée de la levûre.

Je désirerais prendre date pour quelques observations nouvelles propres à éclairer certains points de ce sujet difficile dont je continue l'étude.

Existe-t-il une relation d'origine entre les bacteriums et les levûres alcooliques? — Levûres du raisin.

Si l'on abandonne à une fermentation spontanée des jus sucrés naturels ou artificiels, neutres, ou très-peu acides, les bacteriums apparaissent presque constamment les premiers ; puis à leur suite ou simultanément se montrent les cellules de telle ou telle levûre alcoolique. Les auteurs dont l'attention n'a pas été appelée sur l'influence des conditions d'acidité ou de neutralité des liqueurs, dans le développement de ces productions diverses, et qui n'ont eu l'occasion d'étudier la formation des levûres alcooliques que dans des cas particuliers, ont pu voir des bacteriums toujours mélés aux cellules de levûre et précéder celle-ci, et croire dès lors à une relation d'origine entre ces êtres. De même, ceux qui, à l'exemple de M. Turpin, ont étudié des liquides naturels remplis de granulations punctiformes, ont pu croire que les levûres provenaient de ces granulations. Il y a même des auteurs qui, n'ayant observé sans doute la formation des levûres que dans des jus troubles remplis de cellules arrachées aux pulpes des fruits, ont affirmé que ces cellules parenchymateuses se transformaient en cellules de levûre.

Pour se convaincre que l'apparition des cellules de levûre n'a rien de commun avec les bacteriums, les granulations ou les cellules de la pulpe des fruits, il suffit de provoquer la formation spontanée (par là j'entends la formation des levûres sans semence ajoutée directement) des levûres dans des liquides sucrés assez acides pour qu'ils ne donnent pas naissance aux bacteriums, et d'ailleurs filtrés à limpidité parfaite. Le jus des raisins mûrs est très-propre à ce genre d'essais. Son acidité naturelle s'oppose entièrement à la production des bacteriums; il convient d'ailleurs très-bien à la formation spontanée des levûres. Enfin la filtration peut l'amener à un état de limpidité aussi grand que celui de l'eau distillée. Or le moût de raisin donne lieu dans ces conditions à des cellules de levûre qui n'offrent de mélange avec quoi que ce soit d'étranger à leur nature, si ce n'est dans certains cas à de petits cristaux limpides, brillants, de tartrate de chaux. Cette observation si simple et si facile à reproduire ne démontre-t-elle pas que l'on n'a pas de motifs sérieux de penser que l'apparition des levûres est liée à la présence des bacteriums. Pour moi, l'existence simultanée de ces productions dans les liquides sucrés n'est qu'une coïncidence fortuite, occasionnée par la facilité avec laquelle ces productions peuvent naître dans de tels milieux lorsqu'ils sont neutres, ou d'une acidité à peine sensible. Le jus sucré des poires, par exemple, donnera toujours des bacteriums mêlés à la levûre, mais il ne fournira que de la levûre si on a soin de le rendre préalablement un peu acide par l'addition de quelques millièmes d'acide tartrique.

Si l'on remarque d'ailleurs que la levûre formée dans le jus de raisin filtré ne présente pas toutes les tailles de globules depuis le point apercevable; qu'au contraire il n'y a jamais de très-petits globules isolés, on acquerra bien vite la conviction que tous ces globules naissent les uns des autres, et non à même les matières en dissolution.

La *fig.* 1 représente une levûre alcoolique développée spontanément

en 24 heures dans du moût de raisin (Pulsard-Arbois) filtré à limpidité parfaite. Cette levûre est très-différente d'aspect de la levûre de bière ordinaire.

Les *fig.* 2 et 3 représentent, dessinées à la

Fig. 1.

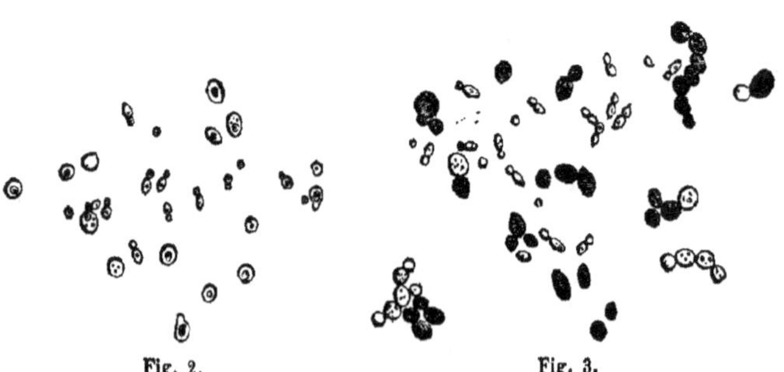

Fig. 2.　　　　Fig. 3.

chambre claire, cette petite levûre mêlée aux cellules de la levûre de bière ordinaire, afin de mieux indiquer leurs dissemblances.

Le moût du raisin donne ordinairement une autre levûre plus volumineuse, en articles plus ou moins allongés, qui est même, à proprement parler, la véritable levûre du raisin. La *fig.* 4 la représente mêlée à quelques rares articles de la précédente.

La *fig.* 5 représente de la levûre de vendange observée le 8 octobre 1861, et qui avait été amenée la veille de la vigne. On voit nettement le mélange des deux levûres.

La *fig.* 6 représente la levûre du même tonneau, observée le 9 octobre. La petite espèce a presque entièrement disparu, ou mieux les premiers articles

Fig. 4.

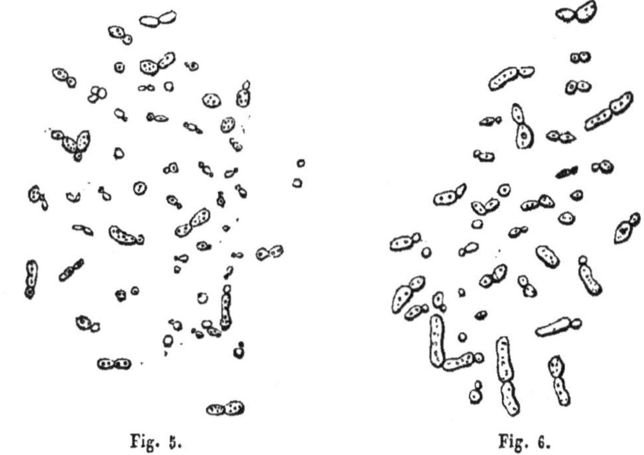

Fig. 5.   Fig. 6.

formés ne sont plus délayés qu'en si petite quantité parmi les articles de l'autre espèce ou variété, qu'elle ne se montre dans le champ que par quelques articles.

A mesure que la fermentation de la vendange poursuit son cours, la levûre change peu à peu d'aspect; elle perd sa structure allongée. Il faut entendre par là que les nouveaux articles qui prennent naissance sont plus globuleux, plus sphériques et aussi plus granuleux. Cet effet est dû à la soustraction de l'air. J'ai reconnu que toutes les levûres alcooliques sont plus translucides, plus allongées dans un sens, mieux portantes, si je puis ainsi dire, plus actives lorsqu'elles se forment sous l'influence de l'air qui est en dissolution dans les liquides à l'origine de la fermentation. (Voir ma Note des *Comptes rendus* du 17 juin 1861.)

La *fig.* 7 nous montre la levûre du même tonneau dont je viens de parler, mais étudiée le 10 octobre. On voit qu'elle a déjà changé beaucoup de caractère. La petite levûre de la *fig.* 1 paraît avoir complétement disparu. Son développement s'est arrêté, et ses premiers globules ou articles sont maintenant délayés dans une si grande quantité des cellules de l'autre qu'on n'en voit plus dans le champ. Il faudrait la rechercher avec

Fig. 7.

des soins particuliers pour la retrouver dans la masse du liquide. Malheureusement la figure rend mal ce que j'avance.

Un mot en passant sur le bourgeonnement de la levûre. Je ne sache pas que personne l'ait suivi *de visu*. Voici comment les premiers observateurs se sont assurés de l'existence réelle du mode de multiplication de la levûre par gemmation. Que l'on étudie au microscope un échantillon de globules de levûre de bière ordinaire des brasseries : les globules sont en général isolés, disjoints et ne portent pas de bourgeons. Semons alors ces globules dans un liquide sucré albumineux et observons-les de nouveau le lendemain. On les verra couverts de bourgeons ou ayant déjà fourni des chapelets de cellules, qui seront elles-mêmes en voie de propagation par gemmation. Est-il possible dès lors de se refuser à admettre que les globules semés ont bourgeonné, que les bourgeons ont grossi, sont devenus des cellules-mères qui en ont donné d'autres plus jeunes, et ainsi de suite? Les partisans de la génération spontanée de la levûre ont cependant imaginé que tout ceci n'était qu'illusion et que les cellules nouvelles, après avoir apparu tout à fait spontanément dans le liquide sous forme de granulations très-ténues, sont venues aussitôt se fixer sur les cellules plus grosses pour vivre par association. Donnons-nous donc la satisfaction de voir bourgeonner la levûre.

Le 12 octobre 1861, à 10 heures du matin, j'écrase des grains de raisin sans filtrer le jus qui s'en écoule. Puis, de temps à autre, dans la journée, j'étudie ce jus au microscope jusqu'au moment où je distingue un couple de cellules de la petite espèce de levûre de la *fig.* 1. A 7 heures du soir seulement j'en découvre un que j'ai représenté *fig.* 8, *a.* Dès ce moment je ne quitte plus de l'œil ces cellules soudées. A 7 heures et 10 minutes je les vois séparées et un peu éloignées l'une de l'autre, *fig.* 8, *b.* De 7 heures à 7 heures 1/2 je vois naître et grossir peu à peu sur chacune de ces cellules un très-petit bourgeon. Ces bourgeons se sont développés à très-peu près au point de suture, là où la disjonction venait d'avoir lieu. A 7 heures 3/4 les bourgeons sont beaucoup plus volumineux, *fig.* 8, *c.* A 8 heures ils ont atteint le volume des cellules mères. A 9 heures chaque cellule de chaque couple a poussé un bourgeon nouveau, *fig.* 8, *d.* A partir de ce moment je n'ai plus suivi la multiplication des cellules. On voit qu'en 2 heures 2 globules en avaient fourni 8, en y comprenant les 2 globules mères.

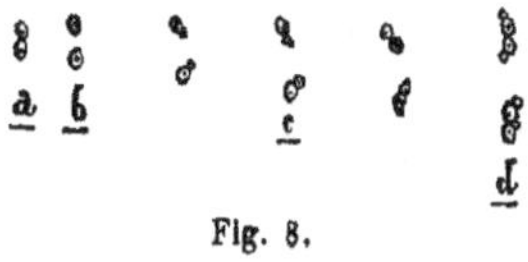

Fig. 8.

La levûre alcoolique de la bière est-elle identique avec les levûres alcooliques du raisin?

Je ne suis pas encore en mesure de résoudre définitivement cette question. J'ai à réunir des faits plus nombreux, mieux étudiés dans toutes leurs circonstances. Ceux dont je vais parler méritent cependant une attention sérieuse, comme indices de différences peut-être plus profondes et plus radicales qu'on ne serait porté à le croire.

J'ai semé dans du jus de raisin filtré quelques milligrammes de globules de levûre de bière très-fraîche. Je m'attendais à voir ces globules de levûre se développer rapidement en déterminant une active fermentation. A côté du flacon s'en trouvait un autre identique, mais sans semence de levûre.

Le lendemain, aucun trouble dans le liquide des deux flacons; pas de fermentation; température extérieure 12°,5. Le surlendemain le jus sans semence est tout trouble par la présence de la levûre *fig.* 1, et la fermentation s'annonce par des bulles microscopiques. Chose singulière, le liquide de l'autre flacon n'est pas trouble, la levûre semée ne s'est pas développée d'une manière sensible à l'œil, et il n'y a aucune trace de fermentation apparente.

J'étudie au microscope le dépôt de ce flacon, dépôt à peine appréciable, et seulement près du point où est tombé le petit fragment de levûre de bière. La *fig.* 3 représente fidèlement l'aspect de ce dépôt. Les globules semés sont tout granuleux, paraissent tout à fait morts, très-colorés en brun parce qu'ils se sont teints de la matière colorante du jus, et plusieurs sont comme vidés par un effet d'endosmose. A côté d'eux il y a des globules pareils, mais translucides ou à peine ombrés, à contours peu accusés, en voie de bourgeonnement et évidemment nés des globules semés. Il y en a très-peu. Enfin on voit bon nombre d'articles de la petite levûre, *fig.* 1, formés spontanément comme ceux du vase voisin privé de semence, et où les cellules ont apparu plus tôt et plus nombreuses, précisément parce qu'il n'y avait pas de semence. Celle-ci en effet s'empare de l'oxygène de l'air en dissolution et retarde ainsi l'apparition et le développement de la petite levûre spontanée.

Mais ce qui doit surprendre, c'est le développement si pénible de la levûre ensemencée. Que l'on sème au contraire de la levûre de raisin dans du moût de raisin, le développement sera facile et la fermentation très-prompte à se déclarer. N'est-on pas porté à croire dès lors à l'existence de différences peut-être spécifiques entre les levûres alcooliques du raisin et de la bière?

On gagne quelque chose pour la facilité du développement de la levûre de bière dans le jus de raisin, lorsque préalablement on étend d'eau ce liquide sucré. Les conditions d'acidité et de densité du jus, par suite d'endosmose, paraissent donc jouer un rôle dans ces phénomènes.

Les faits suivants accusent encore une différence possible entre la levûre de bière et la deuxième levûre du raisin, celle qui est représentée *fig.* 4, 5, 6.

Je filtre, après ébullition, du moût d'orge d'une brasserie dans lequel le houblon n'a pas été encore ajouté. Le lendemain, dans deux portions égales du liquide limpide, je sème d'une part quelques globules ou articles de la levûre du raisin, et de l'autre des globules de levûre de bière fraîche. Vingt-quatre heures après j'observe un développement considérable de la levûre du raisin avec commencement de fermentation.

La *fig.* 9 représente la levûre du dépôt de ce flacon, levûre toute rameuse en articles allongés, comme il arrive lorsque cette levûre se multiplie dans des liquides sucrés aérés à l'origine.

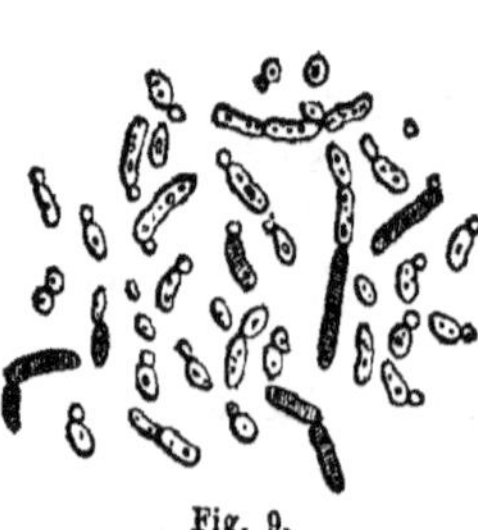

Son développement a été pour le moins aussi facile que si l'on avait ajouté la semence à du jus de raisin. La levûre de bière s'est également développée dans l'autre flacon, en conservant son caractère habituel; mais, quoique semée dans du moût d'orge, elle s'est multipliée moins rapidement que la levûre de raisin. Le dépôt est sensiblement moindre, et la fermentation n'a pas encore commencé dans ce flacon.

Fig. 9.

On voit donc que la levûre de raisin semée dans le moût d'orge,
c'est-à-dire dans le liquide propre par excellence au développement
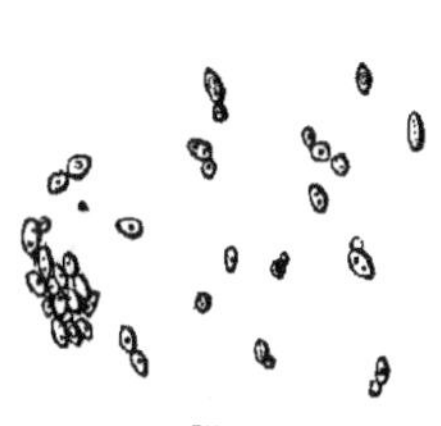
de la levûre de bière, s'y multiplie très-bien, mieux
même que ne fait la levûre de bière, et qu'elle y conserve son aspect et sa manière d'être habituels.

La *fig.* 10 représente la levûre de bière du deuxième
flacon. On distingue nettement les globules nouveaux
des globules semés, plus granuleux, plus colorés,
moins bourgeonnés.

Fig. 10.

Sur le mycoderma vini ou cervisiæ.

Je terminerai par une observation qui corrobore les vues nouvelles
que j'ai fait connaître à l'Académie dans sa séance du 17 juin 1861. On
connaît la fleur du vin, le *mycoderma vini ou cervisiæ*, plante cellulaire .
qui se rapproche beaucoup de la levûre de bière, et mieux encore de
la levûre du raisin par sa forme et par son mode de propagation. Elle
a besoin de gaz oxygène pour vivre et elle dégage de l'acide carbonique. En même temps qu'elle se multiplie, elle détermine des phénomènes de combustion souvent très-énergiques en portant l'oxygène de
l'air sur les substances qui se trouvent en dissolution dans le liquide à
la surface duquel elle se développe. (Voir *Comptes rendus*, 10 fév. 1862.)

J'ajoute une certaine quantité de cette plante, dont une des formes
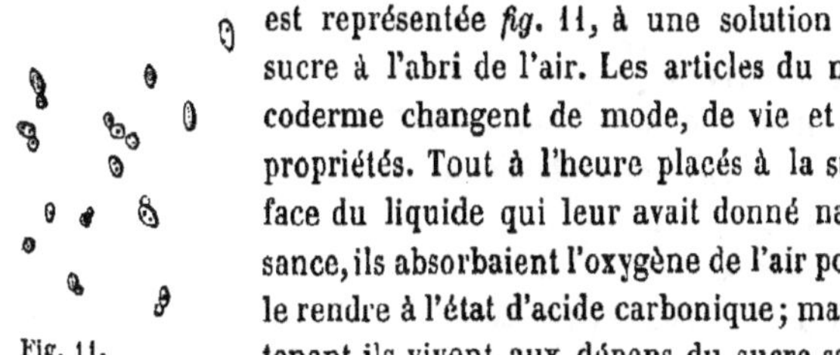
est représentée *fig.* 11, à une solution de
sucre à l'abri de l'air. Les articles du mycoderme changent de mode, de vie et de
propriétés. Tout à l'heure placés à la surface du liquide qui leur avait donné naissance, ils absorbaient l'oxygène de l'air pour
le rendre à l'état d'acide carbonique; maintenant ils vivent aux dépens du sucre sans

Fig. 11.

gaz oxygène libre, et, chose curieuse, ils deviennent ferment, levûre
alcoolique pour ce sucre. La levûre ainsi produite se rapproche beau-
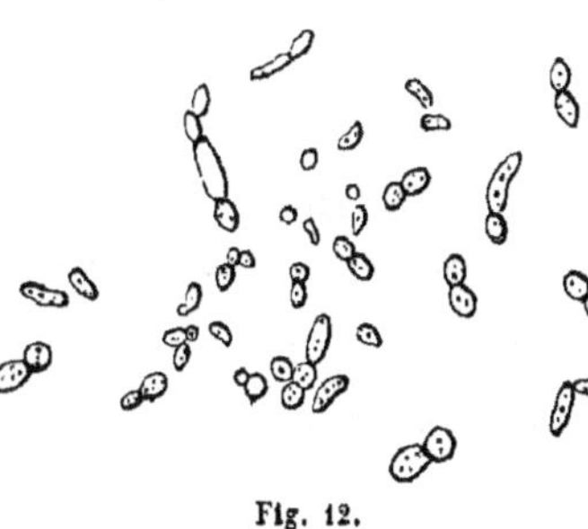
coup de celle du jus de raisin,
qui affecte la forme d'articles
allongés.

La *fig.* 12 représente cette
levûre de transformation des
articles de *mycoderma vini.*
Comme on le voit d'ailleurs
par ce dessin, la plante affecte
dans cette nouvelle condition

Fig. 12.

(où sans doute elle vit aux dépens de l'oxygène du sucre, circonstance qui la rend ferment pour ce sucre) un volume, une structure, enfin une manière d'être et des propriétés physiologiques qui la distinguent essentiellement en apparence des articles plus grêles de *mycoderma vini*. Elle se distingue encore de la levûre de bière par une plus grande durée dans la fermentation, et je crois par les proportions des substances qui prennent naissance. Ceci est un point intéressant sur lequel je reviendrai, et qu'il est nécessaire de suivre avec attention si l'on veut arriver à quelques conclusions certaines au sujet de l'identité ou de la différence des diverses levûres alcooliques.

Seconde note sur la réduction du perchlorure de fer par le platine, le palladium et l'or.
Réduction des chlorures d'or et de palladium par le platine, par M. Camille SAINTPIERRE (1).

Cette note fait suite aux travaux précédemment publiés en commun avec M. Béchamp. (Voir *Comptes rendus* de 1861. — Société chimique, 1861.)

J'ai poursuivi les recherches relatives à la réduction du perchlorure de fer par le platine sur deux métaux voisins du platine, le palladium et l'or.

Réduction de Fe^2Cl^3 *par le palladium.*

(A) $0^{gr},14$ de palladium, bouillis avec du perchlorure de fer légèrement acidulé, ont été dissous au bout d'une heure. Le sel ferrique était réduit. Rien dans un ballon témoin.

(B) On a constaté que les quelques gouttes d'acide chlorhydrique ajoutées pour empêcher la formation d'un oxychlorure basique insoluble n'intervenaient pas dans la réaction. $0^{gr},011$ de palladium ont été bouillis pendant 5 heures avec de l'acide chlorhydrique assez étendu pour ne pas attaquer le métal. Au contraire, le palladium a été attaqué rapidement par l'addition d'un peu de perchlorure de fer avec réduction du sel ferrique.

Réduction de Fe^2Cl^3 *par l'or.*

(C) L'or en feuilles et l'or en poudre réduisent encore le chlorure ferrique, mais plus difficilement que le palladium, et celui-ci le réduit moins énergiquement encore que le platine.

---

(1) Cette note, envoyée le 5 juin à l'un des vice-présidents, absent de Paris, n'est parvenue à la Société que le 27 juin.   J. B.

*Réduction des chlorures d'or (Au²Cl³) et de palladium (PdCl²)
par le platine.*

(D) Une lame de platine bien décapée pesait $1^{gr},177$. Chauffée en tube scellé et au bain-marie avec une solution étendue de chlorure de palladium, elle ne pesait plus, après 20 heures, que $1^{gr},175$. Du palladium métallique était précipité.

(E) Une lame de platine pesant $1^{gr},5820$, chauffée 18 heures en tube scellé au bain-marie, avec du chlorure d'or étendu, a été dorée et pesait $1^{gr},5855$.

Si l'on calcule d'après l'équation

$$2Au^2Cl^3 + 3Pt = 3PtCl^2 + 4Au,$$

on voit que l'augmentation de poids, en tenant compte du platine dissous, est dans un rapport convenable avec la réduction du chlorure d'or, puisque pour 300 de platine il se dépose 400 d'or à peu près.

Le platine a été constaté dans la liqueur aurique, où il s'était dissous.

Sur les trois derniers termes de la série des bromures d'éthylène bromés, par M. REBOUL.

On sait, d'après les recherches de M. Sawitsch, que lorsqu'on décompose le bromure d'éthylène bromé C^4H^3Br,Br^2 par une dissolution alcoolique de potasse, il se dédouble en acide bromhydrique qui reste fixé par l'alcali et en éthylène bibromé ; qu'il se forme en outre un produit volatil spontanément inflammable, de nature inconnue, ainsi qu'une petite quantité d'un corps appartenant à la série de l'acétylène, puisque les vapeurs qui se dégagent pendant la réaction donnent, lorsqu'on les dirige à travers une solution ammoniacale d'oxydule de cuivre, un précipité rouge foncé ressemblant, par ses propriétés, à l'acétylure cuivreux (1). Ayant eu besoin de me procurer une certaine quantité d'éthylène bibromé pour des recherches que je poursuis encore en ce moment, j'ai été amené à étudier de près la réaction qui donne naissance à ce corps et à déterminer la nature des composés qui l'accompagnent.

Si l'on fait tomber goutte à goutte du bromure d'éthylène bromé dans un excès d'une solution alcoolique bouillante de potasse contenue dans une fiole dont on a préalablement chassé l'air par une ébullition de quelques instants, et si on débarrasse les vapeurs formées par la

(1) Sawistch, *Comptes rendus.* 1860.

réaction de l'alcool et de l'éthylène bibromé (bouillant vers 88°) qu'elles contiennent, en les faisant barboter dans l'eau de deux ou trois flacons laveurs dont on a remplacé l'air par de l'acide carbonique, on obtient une notable quantité d'un gaz qu'on peut recueillir sur le mercure et qu'on purge de son acide carbonique au moyen d'une solution aqueuse de potasse. 20 centimètres cubes de bromure donnent environ $1^{lit.},5$ d'un produit gazeux, spontanément inflammable au contact de l'air, totalement absorbable soit par une dissolution ammoniacale d'oxydule de cuivre, soit par le nitrate d'argent ammoniacal. Je reviendrai prochainement sur la composition de ce gaz, qui n'est qu'un mélange d'acétylène et d'acétylène bromé ; je n'ai en vue, dans cette communication, que de montrer la tendance qu'ont l'acétylène et son dérivé bromé à repasser dans la série de l'éthylène, d'où ils proviennent. Il suffit, en effet, de les mettre en présence d'un excès de brome pour qu'ils en fixent immédiatement 4 atomes en donnant naissance aux deux avant-derniers termes de la série des bromures d'éthylène bromés, c'est-à-dire aux composés

$$C^4H^2Br^2,Br^2 \quad et \quad C^4HBr^3,Br^2.$$

Lorsqu'on fait passer le mélange gazeux obtenu et lavé comme il vient d'être dit, à travers du brome placé sous une couche d'eau dans un tube entouré d'eau froide (car avec du brome seul et non refroidi il y a bientôt inflammation et destruction des produits bromés), le liquide résultant de l'absorption du gaz par le brome, débarrassé de l'excès de celui-ci par la potasse aqueuse, laisse bientôt déposer, si la température est assez basse, un produit cristallisé abondant, qu'on purifie en le faisant recristalliser dans l'alcool. Ce corps est du bromure d'éthylène tribromé.

L'analyse a donné :

	Expérience.		Théorie.
C	= 5,51	C	= 5,64
H	= 0,37	H	= 0,25
Br	= 94,25	Br	= 94,11

C'est un corps d'une odeur camphrée, fusible vers 48° — 50° comme le protobromure de carbone ; mais tandis que celui-ci cristallise de sa solution alcoolique sous forme d'écailles nacrées, l'autre cristallise en aiguilles soyeuses de sa solution alcoolique bouillante, et en prismes aciculaires sur lesquels on a pu mesurer un angle de 75°,40' et qui atteignent près de 1 centimètre de longueur si on a recours à l'évaporation spontanée. En outre, la chaleur le décompose tandis qu'elle vo-

latilise le protobromure. Il est insoluble dans l'eau, aisément soluble
dans l'alcool et dans l'éther, surtout bouillants.

Le produit liquide (α) qui surnage le bromure d'éthylène tribromé
qu'il a laissé déposer, est une dissolution de ce dernier corps dans du
bromure d'éthylène bibromé, qui est liquide, et qui le dissout avec
une très-grande facilité. Voici, en effet, les résultats de l'analyse du liquide (α) :

Bromure d'éthylène tribromé.	Liquide (α).	Bromure d'éthylène bibromé.
C = 5,64	C = 6,15	C = 6,94
H = 0,25	H = 0,40	H = 0,58
Br = 94,11	Br = 93,70	Br = 92,48

L'explication de ces faits devient facile si on remarque que, dans
l'acétylène comme dans son dérivé bromé, les affinités du groupe C^4
ne sont points satisfaites. C^4 étant hexatomique, on conçoit très-bien
qu'en présence d'un excès de brome les 4 unités de combinaison encore libres soient employées à fixer 4 atomes de brome, d'où résultent
directement le bromure d'éthylène bibromé pour le premier, le bromure d'éthylène tribromé pour le second.

Ce qui semble prouver que ces deux bromures se forment tous deux
simultanément par synthèse directe et proviennent chacun d'un gaz
différent, c'est que si on fait passer du gaz acétylène pur dans du
brome, on n'obtient que le premier des deux bromures sans traces
sensibles du second. Dans ce cas pourtant, au moment où l'excès de
brome va disparaître par évaporation, le bromure d'éthylène bibromé
laisse déposer une petite quantité d'un composé cristallisé en écailles
rhomboïdales très-minces, infusible à 100°, volatil sans décomposition
notable, et qui n'est ni du protobromure de carbone ni du sesquibromure de carbone, ni du bromure d'éthylène tribromé. Je reviendrai
sous peu sur la composition de ce corps.

L'acétylène pur employé dans la réaction précédente a été obtenu
au moyen du bromure d'éthylène bromé par une méthode qui sera
prochainement publiée. On sait, d'un autre côté, que l'acétylène obtenu au moyen de l'éther a donné à M. Berthelot, par son action sur
un excès de brome dans les mêmes conditions que les précédentes, le
bromure $C^4H^2Br^2$. Cette propriété singulière de fixer Br^4 ou Br^2 tient-
elle à une trace d'un corps étranger dans l'un des deux acétylènes ou
est-ce là un nouveau cas fort curieux d'isomérie? C'est ce que l'expérience apprendra plus tard, mais ce qu'il est impossible pour le moment de décider.

Il est plus commode de préparer le bromure d'éthylène bibromé par l'action directe du brome sur l'éthylène bibromé (bouillant vers 88°) que l'on retire par rectification du produit liquide qui se trouve au fond du premier flacon laveur lorsqu'on fait réagir le bromure

$$C^4H^3Br,Br^2$$

sur la potasse alcoolique. C'est un liquide d'une densité de 2,88 à 22°, insoluble dans l'eau, se décomposant en partie à la distillation en donnant des vapeurs de brome et d'acide bromhydrique.

L'analyse a donné :

	Expérience.		Théorie.
C	= 6,9	C	= 6,9
H	= 0,7	H	= 0,6
Br	= 92,4	Br	= 92,5

Le dernier terme de la série des bromures d'éthylène bromés ou sesquibromure de carbone s'obtient par l'action directe du brome sur

$$C^4HBr^5$$

ou sur un mélange de celui-ci et de $C^4H^2Br^4$ (comme le liquide (α) par exemple), mais avec le concours de la pression et de la chaleur. Vient-on à chauffer en tubes clos à 100° pendant 15 à 20 heures ou pendant quelques heures à 180° du brome, de l'eau et un mélange de

$$C^4HBr^5 \quad \text{et de} \quad C^4H^2Br^4,$$

il se forme de l'acide bromhydrique, et on trouve au fond du tube, après refroidissement, des cristaux, infusibles à 100°, de sesquibromure de carbone. Le liquide restant, abandonné à l'évaporation spontanée pour chasser le brome, laisse déposer un mélange de sesquibromure et de bromure d'éthylène tribromé, qu'il est facile de séparer par l'alcool bouillant.

Le sesquibromure de carbone est un corps peu soluble dans l'alcool et l'éther, même bouillants; mais il se dissout aisément dans le sulfure de carbone qui, par une évaporation lente, l'abandonne sous forme de gros cristaux durs et transparents. M. Friedel, qui a bien voulu les déterminer et que je remercie de son obligeance, a trouvé que leur forme primitive est un prisme rhomboïdal droit de 121°,18'. Ce prisme est surmonté par un biseau a^1 de 122°,0' et modifié par une face g^1 tangente aux arêtes latérales du prisme.

La face a' fait avec la face M du prisme un angle de 114°,54', et g^1 avec M un angle de 119°,17'. De ces données on déduit pour le rapport du prisme à sa hauteur 1 : 0,54336, pour celui de la base à la petite

diagonale 1 : 0,98028, et pour celui de la base à la grande diagonale
1 : 1,74328.

Soumis à l'action de la chaleur, le bromure C^4Br^6 se détruit vers 200
à 210° sans fondre et se dédouble en brome et protobromure de carbone fusible et volatil. Celui-ci, chauffé au bain d'eau bouillante et en tube clos avec du brome, se transforme intégralement en sesquibromure. Sous le double rapport de sa forme cristalline et de ses propriétés principales, ce corps offre donc le parallélisme le plus complet avec son homologue chloré.

Son analyse a donné :

Expérience.	Théorie.
C = 4,6	C = 4,7
Br = 95,4	Br = 95,3

Observations sur une note de M. William Marcet relative au suc gastrique, aux peptones et à leur action sur la lumière polarisée, par M. Luc. CORVISART [1].

Relativement au suc gastrique, M. Marcet déclare que celui-ci n'a aucune action optique. M. Corvisart objecte que le procédé employé pour exciter la sécrétion du suc ayant consisté à irriter la membrane muqueuse de l'estomac avec une baguette de verre, ne donne souvent lieu à l'écoulement que d'un liquide aqueux et acide mais non digestif.

Le meilleur moyen, selon lui, pour obtenir *le vrai suc gastrique*, c'est d'exciter sa sécrétion par la présence *d'aliments solides et très-tardivement solubles* (2) et de recueillir le fluide sécrété dès les dix premières minutes de l'expérience (3).

Or le suc gastrique obtenu dans ces conditions par M. Corvisart chez des chiens pourvus de fistule stomacale, tels que ceux que M. Marcet a observés, dévie à gauche de 8 à 10° le plan de la lumière polarisée (appareil de Soleil), effet qui paraît tenir à la présence de la pepsine. La pepsine digestive séparée du suc gastrique conserve ce pouvoir optique.

Relativement aux peptones, M. Marcet a publié des observations desquelles il résulte que la digestion des cartilages par le suc gastrique, en

(1) *Annalen der Chemie und Pharmacie.* Nov. 1861. Et *Répertoire de Chimie pure.* Mai 1862, p. 208.

(2) Le ligament cervical des chevaux ou des bœufs, lavé, puis desséché depuis plusieurs mois, est éminemment propre à cet usage.

(3) On est ainsi certain qu'aucune parcelle de l'aliment n'est encore entré en dissolution dans le suc gastrique.

faisant entrer en dissolution dans celui-ci la substance connue depuis Mialhe et Lehman sous le nom d'albuminose ou peptone, communique à ce suc un pouvoir optique dont l'intensité correspond à la quantité de chondrine-peptone dissoute de telle façon que 0^{gr},096 de celle-ci dans 100 centimètres cubes d'eau (0^{gr},024 dans 25 centimètres cubes) dévierait à gauche le plan de polarisation de 1°.

M. Marcet regrette de n'avoir pu examiner à ce point de vue toutes les peptones. Des expériences faites il y a quatre ans par M. Corvisart lui permettent de compléter la recherche de M. Marcet.

M. Corvisart a vu :

1° *Que toutes les peptones dévient à gauche le plan de polarisation.*

2° Que toutes le dévient d'une manière inégale; pour obtenir un degré de déviation dans l'appareil de Soleil, il faut observer une dissolution de :

0^{gr},080 de fibrine-peptone \
0^{gr},100 de musculine-peptone \
0^{gr},104 de gélatine-peptone \
0^{gr},140 d'albumine-peptone   }   dans 100 centim. cubes d'eau.

La peptone de fibrine aurait le pouvoir le plus haut, celle d'albumine le plus bas.

3° Que, somme toute, les peptones ont *exactement* le même degré d'action sur la lumière polarisée que l'aliment azoté particulier dont elles émanent.

EXTRAIT DES PROCÈS-VERBAUX

DES SÉANCES DES MOIS DE JUILLET ET AOUT.

SÉANCE DU 11 JUILLET 1862.

Présidence de M. Latour.

Sont nommés membres non résidents :

MM. CHANDELON, professeur de chimie à l'Université de Liége, et CANNIZZARO, professeur à l'Université de Palerme.

M. CARLET rend compte d'un travail qu'il a entrepris en commun avec M. BOUIS sur la formation de l'alcool œnanthylique.

M. FRIEDEL annonce à la Société qu'en traitant la butyrone par l'hydrogène naissant et l'iodure de phosphore, il a obtenu un liquide auquel il croit pouvoir attribuer la composition de l'iodure d'œnanthyle.

SÉANCE DU 25 JUILLET 1862.

Présidence de M. F. Le Blanc.

M. BINNING est nommé membre non résident.

M. DEWILDE, professeur à l'Institut de Gembloux, adresse une note sur la séparation du cuivre et du nickel par la précipitation du cuivre à l'état d'oxydule au moyen du tartrate de potasse et du sucre.

MM. LE BLANC et CARLET font observer que M. Péligot s'est occupé il y a quatre ans de la même question, et qu'il a suivi un procédé analogue pour le dosage du cuivre dans les alliages.

M. DEHÉRAIN expose la suite de ses recherches relatives à l'action de l'ammoniaque sur les chlorures.

M. BAUER rend compte d'expériences qu'il a entreprises sur l'amylène.

M. FRIEDEL communique un travail de M. Hugo Schiff sur les acides condensés.

M. NAQUET entretient la Société des essais qu'il a tentés pour obtenir le toluène trichloré.

SÉANCE DU 8 AOUT 1862.

Présidence de M. F. Le Blanc.

M. Debray expose ses recherches sur quelques composés cristallisés, dont quelques-uns sont identiques avec des minéraux naturels.

M. Naquet fait deux communications, l'une au nom de M. Oppenheim sur les chlorhydrates d'hydrocarbures; l'autre, au nom de M. Crafts, sur des composés dérivant du sulfure d'éthylène.

M. Debray montre à la Société un sel très-bien cristallisé, qui peut être considéré comme une combinaison de bichromate anhydre de potasse et de bisulfate hydraté de la même base.

M. Bouis complète les renseignements que M. Carlet avait donnés dans une précédente séance sur la formation de l'alcool œnanthylique.

M. le Président annonce que la Société ne se réunira que le 14 novembre prochain.

MÉMOIRES COMMUNIQUÉS DANS LES MOIS DE JUILLET ET AOUT.

Sur la séparation du cuivre et du nickel, par M. P. DEWILDE,
professeur à l'Institut de Gembloux.

Le procédé de séparation de ces deux métaux, basé sur la précipitation du cuivre par l'hydrogène sulfuré, laisse beaucoup à désirer à cause de la facilité avec laquelle le sulfure de cuivre passe à l'état de sulfate lors du lavage, et aussi parce que la précipitation du cuivre entraîne toujours une quantité assez considérable de nickel, qui passe à l'état de sulfure dans le précipité.

Un bon mode de séparation présenterait cependant une importance réelle, depuis que l'on fait servir les alliages de cuivre et de nickel à la fabrication des monnaies, comme cela a lieu en Belgique, en Suisse et ailleurs.

Le procédé suivant a été étudié à la demande de M. Melsens, qui m'avait engagé à prendre pour point de départ la propriété que possède le glucose de précipiter le cuivre à l'état d'oxydule quand ce métal se trouve sous forme de tartrate dissous à la faveur de la potasse caustique. Voici la manière d'opérer :

On dissout dans l'acide chlorhydrique additionné d'acide nitrique environ 2 grammes d'alliage ; l'excès d'acide est évaporé, et le mélange des deux chlorures est dissous dans environ 50 grammes d'eau. On ajoute à cette dissolution de la crème de tartre pure représentant le double en poids de l'alliage employé. On chauffe légèrement pour favoriser la dissolution, et on ajoute peu à peu une dissolution de potasse caustique à l'alcool. Les premières portions d'alcali ajoutées précipitent l'oxyde de cuivre et l'oxyde de nickel à l'état d'hydrates ; mais un excès de potasse redissout le tout, les tartrates de cuivre et de nickel étant solubles dans la potasse.

On obtient ainsi un liquide bleu, qui est traité après refroidissement par une dissolution de glucose pur ou de sucre interverti, et porté à l'ébullition pendant une ou deux minutes.

Le cuivre se précipite sous forme d'oxydule d'un beau rouge gagnant rapidement le fond du vase, mais qui se présente quelquefois sous forme de flocons difficiles à laver si l'on ne refroidit pas la dissolution avant d'ajouter le glucose.

On s'assure de l'alcalinité de la liqueur et de la complète précipitation du cuivre en ajoutant une goutte de la liqueur sucrée.

Le précipité d'oxydule de cuivre est lavé, desséché et calciné. On le transforme en nitrate de cuivre, dans lequel on peut doser le cuivre par la méthode des volumes de M. Pelouze, ou en transformant le nitrate en oxyde par la calcination.

La liqueur filtrée contenant le nickel est évaporée à sec, et le résidu soumis à l'incinération. On lave pour enlever le carbonate de potasse, et comme l'incinération n'est jamais complète à cause de la présence de ce sel, on soumet le résidu à une seconde incinération.

Le résidu, formé en majeure partie d'oxyde de nickel, est dissous dans l'eau régale, d'où l'on précipite l'oxyde de nickel hydraté par la potasse. Le lavage de cet oxyde très-volumineux est très-difficile, sinon impossible ; aussi préférons-nous nous contenter d'un lavage incomplet, dessécher et calciner légèrement l'oxyde. Si alors on le pulvérise dans un mortier en agate, on parvient facilement à le débarrasser de la dernière trace de potasse par un lavage à l'eau chaude. L'oxyde ainsi obtenu est réduit dans un creuset de platine, dans une atmosphère d'hydrogène. Le nickel métallique est pesé.

Voici, entre autres analyses, quelques résultats obtenus en partant d'alliages que nous nous sommes procurés à la Monnaie de Bruxelles :

Alliage n° 1.

	I.	II.	III.
Cuivre	74,40	74,32	74,38
Nickel	25,55	25,58 ·	25,57
	99,95	99,90	99,95

Alliage n° 2.

	I.	II.
Cuivre	74,33	74,30
Nickel	25,60	25,61
	99,93	99,94

Ces deux alliages étaient exempts de fer et de zinc, mais contenaient une trace de silicium. Le titre légal de l'alliage binaire de cuivre et de nickel adopté pour la monnaie belge est cuivre 75, nickel 25.

Nous nous sommes assurés (en opérant sur 2 grammes d'alliage) que la précipitation du cuivre entraînait à peine 2 milligrammes de nickel, et que le nickel ne renfermait qu'une trace à peine appréciable de cuivre.

Sur les hydrates de l'essence de térébenthine, par **M. OPPENHEIM**.

Nous devons aux recherches de MM. Wiggers, List, Deville et Berthelot la connaissance de cinq différents hydrates de l'essence de térébenthine.

Les circonstances dans lesquelles ces corps prennent naissance sont tellement exceptionnelles que les hydrates de la térébenthine sont encore parfaitement isolés dans le système de la chimie.

Il n'existe, pour marquer le passage de ces hydrates aux hydrocarbures $C^{10}H^{16}$, que quelques combinaisons chlorhydriques, bromhydriques et iodhydriques, qui se rattachent à eux comme les éthers chlorhydriques se rattachent aux alcools.

Comme d'un autre côté ces combinaisons chlorhydriques, etc., renferment des hydrocarbures isomères différents, on parvient à la conclusion que les hydrates de l'essence de térébenthine peuvent être regardés comme des alcools formés avec des hydrocarbures isomères et polymères d'une atomicité différente.

Dans le tableau suivant, on a désigné les hydrocarbures d'après la nomenclature proposée par M. Berthelot. On a attaché les lettres α et β

aux combinaisons qui sont connues dans des modifications solides et liquides.

	II.	IV.		II.	VI.
Hydrocarb...	$C^{10}H^{16}\,\alpha\beta$ Camphène.	$C^{10}H^{16}$ Terpil. (citr.)	—	$C^{20}H^{32}$ Ditérébène (coloph.)	$C^{20}H^{32}$ Dipyrolène.
Ethers	$C^{10}H^{17}Cl\,\alpha\beta$	$C^{10}H^{18}Cl^2\,\alpha\beta$	—	$C^{20}H^{33}Cl$	$C^{20}H^{35}Cl^3$
	$C^{10}H^{17}Br\,\alpha\beta$	$C^{10}H^{18}Br^2$	—	$C^{20}H^{33}Br$	—
	$C^{10}H^{17}I\,\alpha\beta$	—	—	$C^{20}H^{33}I$	—
Hydrates....	$C^{10}H^{18}O$	$C^{10}H^{20}O^2\,\alpha\beta$ Terpine anh.	$C^{10}H^{22}O^3$ Terpine hyd.	$C^{20}H^{34}O$ Terpinole.	— (1)

L'essence de térébenthine et ses hydrates offrent les mêmes relations que l'acétylène, l'alcool acétylique et le glycol.

$$C^2H^2 \qquad C^2H^4O \qquad C^2H^6O$$
$$\text{Acétylène.} \qquad \text{Alc. acétylique.} \qquad \text{Glycol.}$$

$$C^{10}H^{16} \qquad C^{10}H^{18}O \qquad C^{10}H^{20}O^2.$$

Mais cette manière d'envisager les hydrates de l'essence de térébenthine est encore loin d'être justifiée par les faits. Il y a même une grave objection à lui faire, savoir : que d'après l'expérience de M. Berthelot, tous les hydrates donnent du bichlorhydrate avec l'acide chlorhydrique gazeux.

Si cependant on fait attention à la facilité avec laquelle les différents hydrocarbures isomères $C^{10}H^{16}$ se transforment l'un dans l'autre ou se doublent et se dédoublent, on ne peut pas regarder cette expérience comme une preuve concluante. On doit au contraire s'efforcer de modifier les réactions de telle manière qu'on obtienne des chlorhydrates correspondants avec chaque hydrate.

J'ai commencé cette recherche en étudiant l'action des chlorures, bromures et iodures de phosphore sur la terpine hydratée, et je me propose d'étudier plus tard leur action sur les autres hydrates de l'essence de térébenthine.

La première question qui se présente est celle-ci : Existe-t-il des terchlorhydrates correspondants à l'hydrate $C^{10}H^{22}O^3$?

On a introduit peu à peu 1 équivalent de ce corps dans une fiole bien refroidie contenant 2 équivalents de protochlorure de phosphore. Après 24 heures on a versé le liquide obtenu dans l'eau pour le laver; ensuite on l'a séparé de l'eau et on l'a exposé à la température d'un mélange réfrigérant. Dans ces conditions le liquide se prend en masse. On l'a exprimé rapidement entre du papier joseph et on l'a fait cris-

---

(1) Dans les formules précédentes le carbone et l'oxygène doivent être représentés par C et O.

talliser dans de l'éther. On a obtenu ainsi des cristaux nacrés de bichlorhydrate de terpilène.

$0^{gr},137$ de substance ont donné $0^{gr},108$ d'eau et $0,290$ d'acide carbonique.

	Trouvé.	Calculé.
C^{10}	57,66	57,60
H^{18}	8,74	8,60
Cl^2	»	»

La réaction peut être exprimée par l'équation :

$$C^{10}H^{22}O^3 + 2PCl^3 = C^{10}H^{18}Cl^2 + 4HCl + P^2O^3.$$

Quand on n'a pas assez refroidi pendant la réaction, la masse reste
liquide et donne au bout de quelque temps des cristaux identiques
avec les précédents. L'eau-mère ne peut pas être distillée. Elle paraît
contenir du bichlorhydrate liquide mélangé avec une petite quantité
d'un produit contenant plus de chlore. Elle a donné à l'analyse 54,85 %
de carbone.

On a comparé le bichlorhydrate de terpilène ainsi préparé avec des
cristaux obtenus directement avec l'essence de térébenthine et l'acide
chlorhydrique aqueux, en prenant soin d'employer la même essence
pour la préparation de la terpine et du bichlorhydrate. Les produits
des deux préparations se ressemblent parfaitement par l'aspect et par
l'odeur; ils fondent tous les deux à 48° centigrades.

Si au lieu de prendre le protochlorure de phosphore on prend le
perchlorure, la réaction paraît être identique, quoiqu'elle fournisse
moins de cristaux.

Le protobromure de phosphore donne avec la terpine une quantité
presque théorique de bibromhydrate de terpilène. Cristallisé au sein
d'une solution éthérée ce corps constitue une masse nacrée; mais les
eaux-mères se déposent sous forme de prismes hexagonaux très-aplatis.

I. $0^{gr},365$ de substance ont donné $0^{gr},206$ d'eau et $0^{gr},545$ d'acide carbonique.
II. $0^{gr},519$ — — $0^{gr},282$ — $0^{gr},769$ —
III. $0^{gr},305$ — — $0^{gr},384$ de bromure d'argent.

Le point de fusion du bibromhydrate de terpilène est situé à 42° centigrades.

		Trouvé.		
	Calculé.	I.	II.	III.
C^{10}	40,27	40,12	40,41	»
H^{18}	6,04	6,26	6,03	»
Br^2	53,69	»	»	53,16

Comme on le remarque pour le mono et le bichlorhydrate, il existe aussi entre les deux bromhydrates un corps intermédiaire qui s'obtient d'une manière analogue à celle indiquée par M. Berthelot pour la préparation de la première substance. On dissout l'essence de térébenthine dans de l'acide acétique et on sature la solution par l'acide bromhydrique. On obtient ainsi un liquide qui, lavé avec une solution étendue de carbonate de potasse, a donné les résultats suivants à l'analyse :

I. $0^{gr},399$ de substance ont donné $0^{gr},251$ d'eau et $0^{gr},639$ d'acide carbonique.

II. $0^{gr},261$ — — $0^{gr},267$ de bromure d'argent.

	Trouvé.
C	47,33
H	7,02
Br	43,03

La formule $C^{20}H^{35}Br^3$ exige :

C	46,60
H	6,80
Br	46,60

Toutefois, le liquide exposé à l'air attire de l'humidité et ne donne pas, comme fait le chlorhydrate intermédiaire, des cristaux de l'éther plus saturé d'acide.

Le perbromure de phosphore agit sur la terpine comme le protobromure.

On a enfin essayé l'action de l'iodure de phosphore sur la terpine en mêlant dans un mortier 2 équivalents de biiodure de phosphore avec 2 équivalents d'iode, et en ajoutant peu à peu 1 équivalent de terpine. On a abandonné ce mélange à lui-même. Au bout de 48 heures la réaction était terminée. Le résultat était une masse jaunâtre qui cristallisait au sein d'une solution éthérée en prismes hexagonaux incolores. Au bout d'un temps très-peu long ces prismes se convertissent en une masse noire et liquide.

Au commencement de la décomposition il n'y a pas d'iode libre dans ce liquide, qui finit par en renfermer en quantité considérable. Il paraît impossible d'empêcher cette décomposition spontanée.

Sous la machine pneumatique les cristaux commencent à brunir en quelques minutes. A l'air ils peuvent se conserver un ou deux jours; mais même dans une atmosphère d'acide carbonique et à l'abri de la lumière, la décomposition s'accomplit en moins de trois jours.

Pour analyser ces cristaux on les a pressés dans du papier joseph et desséchés pendant 2 ou 3 minutes sous la machine pneumatique.

I. $0^{gr},372$ de substance ont donné $0^{gr},161$ d'eau et $0^{gr},427$ d'acide carbonique.

II. $0^{gr},482$ — — $0^{gr},209$ — $0^{gr},550$ —

III. $0^{gr},334$ — — $0^{gr},392$ d'iodure d'argent.

Ces analyses conduisent à la formule $C^{10}H^{18}I^2$.

	Calculé.	Trouvé.		
		I.	II.	III.
C	30,61	31,10	31,12	»
H	4,59	4,56	4,56	»
I	64,79	»	»	63,49

Les cristaux de biiodhydrate de terpinyle fondent à 48°; ils se décomposent au-dessous de 70° centigrades.

On a ensuite traité la terpine avec moitié moins d'iodure de phosphore que dans l'expérience précédente, espérant produire ainsi une iodhydrine; mais le résultat a été le même qu'auparavant. Seulement la masse de cristaux produits était moins forte.

On pourrait essayer de diminuer encore la quantité du réactif pour voir si dans ces conditions on pourrait obtenir d'autres combinaisons que celles qu'on vient de décrire. Il reste aussi à étudier l'action du chlorure de phosphore et des corps analogues sur les autres hydrates de l'essence de térébenthine.

Je crois déjà pouvoir affirmer avoir obtenu un autre bromhydrate, tant avec l'hydrate de ditérébène qu'avec l'hydrate de terpilène, quoique le produit obtenu ne soit pas encore assez pur pour me permettre de formuler une conclusion définitive.

En attendant j'ai abordé la question des relations qui existent entre les hydrates de térébenthine avec les combinaisons chlorhydriques.

Le bibromhydrate de terpilène réagit vivement sur l'acétate d'argent. Il réagit même à froid sur une solution alcoolique d'acétate de potasse; mais le produit de la dernière réaction ne peut pas être séparé complétement de sa solution dans l'alcool. Il paraît cependant être identique avec le produit obtenu avec l'acétate d'argent.

En mêlant lentement dans un mortier ces deux corps, on obtient un liquide qui possède en même temps l'odeur piquante de l'acide acétique et celle de l'essence d'orange. En distillant ce liquide avec l'eau et saturant le produit de la distillation avec le carbonate de potasse, on obtient une huile qui ressemble d'autant plus à l'essence d'orange que la réaction a été plus lente.

Cette huile se décompose par la distillation; desséchée sur du chlorure de calcium, elle a donné à l'analyse les nombres qu'exige l'hydrate de ditérébène (le terpinole de MM. Wiggers et List) $C^{20}H^{34}O$.

$0,288^{gr}$ de substance ont donné $0,291^{gr}$ d'eau et $0,873^{gr}$ d'acide carbonique.

	Calculé.	Trouvé.
C^{20}	82,75	82,64
H^{34}	11,73	11,11
O	5,52	»

La réaction qui donne naissance à ce corps paraît être le suivante :

$$2C^{20}H^{18}Br^2 + 4C^2H^3AgO^2 = 4AgBr + \left.\begin{matrix}C^2H^3O \\ C^2H^3O\end{matrix}\right\}O + 2C^2H^4O^2 + C^{20}H^{34}O.$$

M. Wiggers a observé le premier la production de cet hydrate en faisant réagir les acides étendus sur la terpine. M. Gerhardt doutait de l'existence de ce corps. M. Berthelot cependant a produit le même hydrate par l'action de la potasse sur le bichlorhydrate de terpilène. Comme la décomposition que ce corps éprouve par la distillation empêche d'en prendre la densité de vapeur, on doit chercher une preuve de sa composition dans les produits de sa distillation.

On a distillé le produit 3 fois; il commence à bouillir à 165°, les dernières gouttes passent à 208°. Le produit de la distillation possède une odeur empyreumatique toute différente de celle du produit non distillé.

On a analysé le produit de 165° à 175°, et celui qui passe de 190 à 208°.

Le premier renferme :

$$C - 84,42 \qquad \text{et} \qquad H - 11,05$$

Le second :

$$C - 80,06 \qquad \text{et} \qquad H - 11,41$$

Il est donc évident que la distillation tend à décomposer le semi-hydrate en un hydrocarbure $C^{10}H^{16}$ et en un hydrate plus élevé.

Le point d'ébullition donné par MM. Wiggers et List, qui a suscité les doutes de M. Gerhardt, semble en effet être inexact.

En préparant le terpinole d'après leur méthode, à plusieurs reprises, je n'ai jamais pu obtenir un produit d'un point d'ébullition stable. J'ai obtenu le même corps par l'action de l'ammoniaque en solution alcoolique sur le biiodhydrate.

Comme le bibromhydrate ne donne pas un acétate avec l'acétate d'argent, on a eu recours à la terpine anhydre et au chlorure de benzoyle pour essayer de former un éther oxygéné du terpinyle.

Pour préparer la terpine anhydre on a vivement chauffé la terpine, qu'on a ensuite refroidie dans le vide.

Le chlorure de benzoyle dissout la terpine anhydre $C^{10}H^{20}O^2$ à froid. En chauffant cette solution à 100° pendant 12 heures dans un matras, on a converti la solution en une pâte cristalline et en gaz chlorhydrique qui sort lorsqu'on ouvre le matras.

On a lavé le produit pâteux avec une solution étendue de carbonate d'ammoniaque, qui enlève les acides et laisse une huile qu'on a desséchée et distillée. Le point d'ébullition monte de 165 à 170°, et alors subitement à 310°. Il reste dans la cornue un liquide bouillant au-dessus de 350°.

Le premier produit contient une petite quantité d'un corps chloré ; mais il est très-voisin, par sa composition, de l'hydrocarbure $C^{10}H^{16}$. Le dernier produit a donné à l'analyse des nombres qui s'accordent parfaitement avec cette formule.

Le chlorure de benzoyle produit donc avec la terpine les mêmes corps que l'acide sulfurique avec l'essence de térébenthine. La terpine le décompose en des hydrocarbures dont plusieurs sont condensés.

Ces recherches ont été faites au laboratoire de M. Wurtz.

Note sur quelques composés qui dérivent du sulfure d'éthylène, par M. J. M. CRAFTS.

(Suite d'une communication faite à la séance du 28 mars.)

Le brome et le sulfure d'éthylène se combinent directement lorsqu'on les ajoute l'un à l'autre ; mais la combinaison peut facilement se détruire, pour peu que la température s'élève pendant la réaction. Un meilleur moyen de la préparer consiste à mêler ensemble les dissolutions de brome et de sulfure d'éthylène dans le sulfure de carbone.

Le bromure de sulfure d'éthylène se précipite sous la forme d'un corps jaune, qu'on peut facilement purifier d'un excès de ses composants en le lavant avec du sulfure de carbone.

L'analyse de ce corps donne des chiffres correspondant à la formule $C^2H^4SBr^2$.

	I.	II.	Théorie.
C =	10,90	»	10,91
H =	1,70	»	1,82
Br =	72,58	72,53	72,72
S =	»	»	14,54

L'analyse (I) a été faite sur une portion traitée par le brome en excès; (II) est le dosage de brome qui a été fait sur la partie du précipité qui se formait d'abord quand le sulfure d'éthylène était encore en grand excès dans la dissolution. On a constaté de cette manière que le sulfure d'éthylène ne se double pas, comme l'oxyde d'éthylène, en se combinant avec le brome dans ces conditions.

Le bromure de sulfure d'éthylène se détruit déjà à une température inférieure à 100°, en dégageant de l'acide bromhydrique et en laissant une matière résineuse.

Il est insoluble dans l'alcool et dans l'éther, mais il se décompose après peu de temps lorsqu'on le laisse en contact avec l'alcool.

Il se dissout dans l'eau en se décomposant ; de l'acide bromhydrique est mis en liberté, et on trouve un corps oxygéné en dissolution dans l'eau. La dissolution, traitée par l'oxyde d'argent pour la débarrasser de l'acide bromhydrique, filtrée et évaporée, abandonne ce corps presque pur. Dans cette réaction, le brome est remplacé par l'oxygène, et il se produit un corps identique à un composé oxygéné qu'on va décrire plus loin.

$$\text{Trouvé.}$$

	Trouvé.	Théorie.
C =	31,78	31,58
H =	5,49	5,26

L'acide nitrique ordinaire, ou mieux encore l'acide fumant, attaque le sulfure d'éthylène très-énergiquement, en donnant un produit très-soluble dans un excès d'acide. Si l'on évapore la dissolution sur un bain-marie à siccité, et qu'on lave le résidu d'abord avec un peu d'eau, et ensuite avec de l'alcool jusqu'à ce qu'il ne donne plus de réaction acide au papier-tournesol, il reste un corps blanc, cristallin, qui, desséché à 100°, donne à l'analyse les chiffres suivants :

	Trouvé.	Théorie.
C =	31,45	31,58
H =	5,41	5,26
S =	41,82	42,10
O =	»	21,06

Cette analyse conduit à la composition C^2H^4SO, qui est la même que celle du produit de décomposition du bromure par l'eau. Si l'on évapore l'eau du premier lavage, elle ne donne que des traces d'acide sulfurique et une petite quantité du corps cristallin qui avait été dissous dans l'eau : ainsi cet oxyde C^2H^4SO, est le seul produit de l'action de l'acide nitrique sur le sulfure d'éthylène à une température qui ne dépasse pas 100°.

L'oxyde de sulfure d'éthylène cristallise en petits rhomboèdres aigus.

Il est insoluble dans l'alcool, mais soluble dans l'eau. Sa dissolution est neutre au papier-tournesol.

Il se détruit lorsqu'on le chauffe à environ 200°.

Il n'entre pas en combinaison lorsqu'on le fait bouillir avec une dissolution aqueuse d'ammoniaque.

Il se décompose si on le chauffe à 100° avec une dissolution de potasse, et on trouve du sulfure d'éthylène parmi les produits de sa décomposition.

Pour obtenir les composés plus oxygénés de sulfure d'éthylène, il faut opérer à une température plus haute. 12 grammes de l'oxyde C^2H^4SO, additionnés de 60 grammes d'acide nitrique fumant, ont été chauffés dans trois tubes de verre bien scellés à la lampe : d'abord jusqu'à 120° pendant une heure, il n'y avait pas de réaction perceptible. On a chauffé ensuite pendant une demi-heure à 150°. L'oxydation a eu lieu à cette température, et la plus grande partie de la substance s'est déposée sous la forme de petits cristaux blancs, qui ne sont que très-peu solubles dans le liquide, fortement chargé d'acide hyponitrique ; ce dernier n'exerce qu'une faible pression lors de l'ouverture des tubes froids; mais il se dégage en grande quantité lorsqu'on chauffe l'acide nitrique qui l'a absorbé. Les cristaux sont solubles dans l'acide nitrique monohydraté pur, mais ils se déposent de la dissolution dès qu'elle se charge d'acide hyponitrique ; ils sont insolubles dans l'acide nitrique ordinaire et dans l'eau, même bouillante.

Ces cristaux, bien lavés à l'eau bouillante et desséchés à 100°, ont donné à l'analyse :

$$C = 26,92 ; \quad H = 4,89.$$

La formule $C^2H^4SO^2$ exige :

$$C = 26,08 ; \quad H = 4,35.$$

Il y avait encore une partie de l'oxyde C^2H^4SO, qui avait échappé à l'oxydation, dissoute dans l'eau de lavage, ce qui me porta à croire que l'excès de carbone trouvé dans l'analyse pourrait provenir d'un peu de cet oxyde renfermé dans les cristaux. En effet, on trouve moyen de purifier ceux-ci en les dissolvant dans l'acide nitrique monohydraté, et en les précipitant ensuite par l'addition de l'eau. Le corps ainsi obtenu, lavé à l'eau pour le débarrasser de l'oxyde soluble, et desséché, donne

à l'analyse des chiffres qui correspondent exactement à la formule
$C^2H^4SO^2$.

	Trouvé.	Théorie.
C =	26,00	26,08
H =	4,72	4,35
S =	34,45	34,78
O =	»	34,78

En chauffant davantage, on peut obtenir des cristaux qui ressemblent complétement aux premiers, mais qui contiennent un peu moins de carbone. Il se forme, en outre, à mesure que la température s'élève, une plus grande quantité des derniers produits de l'oxydation du corps $C^2H^4SO^2$, savoir, l'acide sulfurique et l'acide carbonique. Les cristaux obtenus, en chauffant pendant une heure à 180°, avec l'acide nitrique fumant, ont donné à l'analyse C = 25,20; H = 4,80; et d'autres, chauffés à trois reprises pendant une demi-heure à 200°, ont donné C = 25,22; H = 4,37; dans la dernière expérience, on a eu soin de laisser refroidir les tubes et de les ouvrir après chaque opération, afin de diminuer la pression du gaz. Il s'est dégagé chaque fois une quantité considérable d'un gaz permanent, sans doute l'acide carbonique, et la présence de l'acide sulfurique dans le liquide a été constatée.

Le bioxyde de sulfure d'éthylène a été chauffé à 150° dans un bain d'air sans qu'il ait perdu de son poids; et, chauffé dans un tube dans un bain d'huile, il a supporté une température supérieure à 200° sans se décomposer.

Il se dissout sans noircir lorsqu'on le chauffe avec une dissolution étendue de potasse caustique, et il n'est pas précipité par l'addition d'un acide en excès. Si l'on évapore la dissolution dans la potasse après avoir ajouté un excès d'acide hydrochlorique, et qu'on dessèche bien le résidu à 100°, il reste, outre le chlorure de potassium, un corps soluble dans l'eau, et doué d'une réaction faiblement acide.

Le bioxyde ne se dissout pas dans une dissolution bouillante d'ammoniaque.

J'ai donné provisoirement les noms d'oxyde et de bioxyde à ces composés oxygénés, qui dérivent du sulfure d'éthylène, pour les désigner; mais j'espère qu'une étude ultérieure fera ressortir des propriétés qui me permettront de les classer.

Formation de l'alcool œnanthylique, par MM. Jules BOUIS et H. CARLET.

Les aldéhydes œnanthylique et caprylique sont parfaitement distinctes; leurs propriétés sont nettement définies, et il n'est pas possible de les confondre. Si donc l'on parvenait à reconstituer leurs alcools correspondants, on aurait un moyen certain de contrôle, et l'on donnerait ainsi d'une manière précise les caractères comparés de ces deux corps, que l'on a quelquefois confondus; notre travail a eu aussi pour but de combler une lacune dans la série des alcools.

Connaissant déjà les propriétés de l'alcool caprylique, que l'un de nous a signalées, nous avons commencé notre étude par l'aldéhyde œnanthylique. •

L'œnanthol parfaitement pur a été soumis sans succès à divers traitements qu'il est inutile de rapporter ici, mais dont nous indiquerons plus tard les résultats. Le procédé qui nous a le mieux réussi consiste à dissoudre l'œnanthol dans l'acide acétique, à ajouter de la grenaille de zinc, et à soumettre ce mélange à une certaine pression pour faciliter la réaction de l'hydrogène.

L'hydrogène naissant s'unit à l'aldéhyde, et l'alcool formé en présence de l'acide acétique produit de l'éther œnanthylacétique.

En effet, en lavant le produit de la réaction à l'eau, le traitant ensuite par le bisulfite de soude pour enlever l'œnanthol non attaqué, nous avons obtenu un liquide oléagineux surnageant l'eau, insoluble dans ce véhicule, d'une odeur aromatique et bouillant vers 180°. Soumis à l'analyse, il a donné sensiblement la composition de l'éther œnanthylacétique $C^{14}H^{15}O,C^4H^3O^3$. Du reste, traité par la potasse, il s'est dédoublé en acétate de potasse et en un liquide incolore, bouillant sans décomposition vers 165°, et donnant la composition de l'alcool œnanthylique $C^{14}H^{16}O^2$.

Traité par l'acide sulfurique ordinaire, l'alcool œnanthylique se dissout en se colorant légèrement, et l'addition de l'eau n'en sépare rien. La liqueur acide saturée par les carbonates de baryte, de chaux ou de potasse, a donné les sulfosels correspondants.

Le sulfœnanthylate de baryte est soluble dans l'eau et dans l'alcool; il cristallise en paillettes micacées, grasses au toucher, qui supportent la température de 100° sans se décomposer.

L'analyse de ce sel lui attribue la formule

$$S^2O^6,C^{14}H^{15}O,BaO.$$

Les sulfosels de potasse et de chaux sont également solubles dans l'eau et l'alcool, et ont une composition analogue.

L'alcool œnanthylique distillé sur du chlorure de zinc fondu donne naissance à un liquide très-mobile, très-léger, insoluble dans l'eau, bouillant au-dessous de 100°. La composition et la densité de vapeur de ce liquide conduisent à la formule $C^{14}H^{14} = 4$ vol. vapeur.

C'est donc l'œnanthylène dérivant de l'alcool œnanthylique par la perte de 2 équivalents d'eau.

L'ensemble de ces réactions nous permet de conclure que l'aldéhyde œnanthylique, sous l'influence de l'hydrogène naissant, se transforme en son alcool correspondant.

Nous ajouterons que l'aldéhyde œnanthylique, traitée comme précé-demment par l'acide acétique et le zinc, a fourni dans plusieurs opé-rations un liquide qui, distillé sur la potasse concentrée, bout à 173°.

La composition de ce liquide, son point d'ébullition de 173°, sa den-sité de vapeur, représentent la moyenne théorique entre l'alcool œnanthylique et son éther acétique. Nous reviendrons prochainement sur cette particularité, qui nous paraît présenter quelque intérêt.

Sur la production de l'acide tungstique et de quelques tungstates cristallisés, par M. H. DEBRAY (1).

On obtient facilement l'acide tungstique anhydre et cristallisé en faisant passer sur du tungstate de soude, mélangé de carbonate de soude, un courant d'acide chlorhydrique. Le mélange, contenu dans une nacelle de platine, est chauffé au rouge vif dans un tube de por-celaine; l'acide tungstique est mis en liberté par l'acide chlorhydrique et cristallise, dans le sel marin formé, en prismes rectangulaires ou en trémies de couleur vert-olive foncé. Aucun des cristaux ainsi obtenus ne présente de modifications sur les arêtes ou sur les faces du prisme, inclinées entre elles de 90°; on ne peut donc décider s'ils appartien-nent au système régulier ou à l'un des systèmes prismatiques droits. Mais en opérant dans un courant rapide d'acide chlorhydrique et en chauffant au rouge blanc, il est possible de transporter complétement l'acide tungstique qui se dépose en cristaux modifiés sur les parois du tube.

L'acide tungstique naturel constitue des croûtes jaunâtre formées de très-petits cristaux transparents, mais de forme peu nette et mal connue. Au premier abord cet acide diffère beaucoup de celui que

(1) *Comptes rendus*, T. LV, p. 287.

je viens de décrire et qui constitue des cristaux assez volumineux, presque noirs et opaques; mais la différence paraît surtout tenir au volume des cristaux. En effet, si l'on chauffe fortement de l'acide tunsgtique ordinaire dans un courant très-rapide d'acide chlorhydrique, on déplace complétement l'acide tungstique, qui va se condenser dans les parties antérieures du tube en cristaux de dimension et d'aspect très-variables.

Cette volatilisation apparente de l'acide tungstique dans le gaz chlorhydrique rentre évidemment dans les phénomènes remarquables récemment découverts par M. H. Sainte-Claire Deville, concernant l'action de l'acide chlorhydrique sur les oxydes amorphes, et s'explique de même. On sait maintenant que la plupart des oxydes amorphes simples ou composés, chauffés dans ce gaz, s'y transforment en matières cristallisées. Il faut donc admettre d'abord une réaction de l'acide sur l'oxyde, d'où résultent un chlorure et de l'eau qui réagissent ensuite l'un sur l'autre d'une manière inverse en donnant de l'acide ClH et un oxyde cristallisé sur lequel l'acide chlorhydrique a moins de prise que sur l'oxyde amorphe. Si ces réactions s'opèrent dans un courant très-lent, comme cela a lieu dans les expériences de M. H. Sainte-Claire Deville, la transformation de l'oxyde s'opère sur place sans transport apparent; dans mes expériences, au contraire, le chlorure et la vapeur d'eau formés sont entraînés par le courant d'acide chlorhydrique, et la réaction inverse ne s'opère plus qu'à une certaine distance de la nacelle. Il est même possible ici que l'abaissement de température éprouvé par le mélange gazeux soit de nature à troubler l'équilibre existant dans certaines parties chaudes du tube entre l'eau, le chlorure et l'acide chlorhydrique, où l'acide tend à détruire l'oxyde que l'eau tend ensuite à régénérer en décomposant le chlorure.

Le tungstate de chaux mélangé de chaux se transforme dans le courant de gaz chlorhydrique en tungstate neutre de chaux, qui cristallise dans l'excès de chlorure de calcium formé. On obtient ainsi le schéelin calcaire, cristallisé comme le produit naturel en octaèdres réguliers, et dont la composition est représentée par la formule

$$\text{Ca O, WO}^3.$$

Enfin j'ai reproduit le fer tungsté, mais sans manganèse, en chauffant à une température élevée, dans un courant rapide de gaz chlorhydrique, un mélange à proportions quelconques d'acide tungstique et d'oxyde de fer. Le fer tungsté artificiel est identique de forme avec le wolfram naturel.

EXTRAIT DES PROCÈS-VERBAUX
DES SÉANCES DES MOIS DE NOVEMBRE ET DÉCEMBRE.

SÉANCE DU 14 NOVEMBRE 1862.

Présidence de M. Balard.

M. Édouard CALMELS est nommé membre résident.

La Société a reçu :

Deux livraisons de l'*Annuaire des engrais et des amendements pour 1862*, par M. ROHART.

Deux numéros des *Annales de la Société des sciences industrielles de Lyon.*

Une brochure intitulée : *Etudes sur les divers becs employés pour l'éclairage au gaz*, par MM. Paul AUDOUIN et Paul BÉRARD.

M. JANSSEN adresse une note sur une préparation pharmaceutique.

M. DEHÉRAIN continue l'exposé de ses recherches sur les chlorures métalliques.

M. GUIGNET rend compte de ses expériences sur la dialyse. Quelques remarques sont faites sur cette question par MM. BOUIS et TERREIL.

M. MORIN expose à la Société les résultats qu'il a obtenus dans l'examen des gaz extraits de l'urine.

SÉANCE DU 28 NOVEMBRE 1862.

Présidence de M. Le Blanc.

MM. VERGUIN et Gérard JANSSEN sont élus membres non résidents.

La Société reçoit une thèse sur le henné, soutenue devant l'École de pharmacie par M. ABD-EL-AZIZ.

M. NAQUET rend compte d'un travail de M. Lautemann sur l'action de l'acide iodhydrique sur l'acide picrique.

M. PASTEUR communique, au nom de M. DESSAIGNES, un travail sur l'oxydation de la sorbine par l'acide azotique, et il termine cet exposé par quelques réflexions.

SÉANCE DU 12 DÉCEMBRE 1862.

Présidence de M. Balard.

MM. ABD-EL-AZIZ et FERREIRA LOPA sont nommés membres non résidents.

M. FRIEDEL expose les recherches de M. Mitscherlich fils sur les raies du spectre produites par les chlorures ou les sels oxygénés de divers métaux.

M. CLOEZ entretient la Société sur la détermination des matières organiques dans les eaux naturelles.

M. BOUIS ajoute quelques faits concernant les matières organiques azotées contenues dans les eaux thermales sulfureuses.

M. WURTZ expose ses recherches sur une nouvelle classe de composés isomériques avec les alcools. Il a obtenu d'abord un composé isomérique avec l'alcool amylique, qu'il nomme hydrate d'amylène. Il obtient ce composé en faisant réagir l'oxyde d'argent et l'eau sur l'iodhydrate d'amylène C^5H^{10},IH, produit de l'action de l'acide iodhydrique sur l'amylène. L'hydrate d'amylène $C^5H^{10}H^2O$ perd de l'eau sous l'influence de divers réactifs, comme l'acide sulfurique, le brome, l'acide chlorhydrique.

M. Wurtz a obtenu l'iodhydrate d'hexylène (point d'ébullition 148°), en faisant réagir l'acide iodhydrique sur l'hexylène C^6H^{12}. Par l'action de l'oxyde d'argent et de l'eau cet iodhydrate se transforme en hydrate d'hexylène $C^6H^{12}H^2O$ (point d'ébullition environ 130°).

L'hydrate d'amylène et l'hydrate d'hexylène sont isomériques avec l'hydrate d'amyle (alcool amylique) et l'hydrate d'hexyle (alcool caproïque).

SÉANCE DU 26 DÉCEMBRE 1862.

Présidence de M. Balard.

M. Prosper LAGRANGE est nommé membre résident.

M. BARDY, obligé de quitter Paris, demande à être nommé membre non résident.

M. LE PRÉSIDENT annonce à la Société que le Conseil a décidé qu'à

partir de 1863, le *Répertoire de Chimie pure* et le *Bulletin de la Société* seraient fondus en une seule publication, qui paraîtra par les soins d'un
comité de rédaction nommé par le Conseil, et dont les secrétaires de la
Société feront partie. Cette détermination a été prise dans le but de
donner une plus grande extension au *Bulletin de la Société chimique*
et une plus grande homogénéité aux diverses publications de la
Société.

M. Wurtz expose le résultat de ses recherches sur la génération d'une
série de carbures d'hydrogène avec l'alcool amylique. L'action du
chlorure de zinc sur cet alcool donne naissance non-seulement à de
l'amylène, du diamylène, du triamylène, mais encore à une série
d'hydrogènes carbonés intermédiaires. Après avoir traité le mélange
des carbures d'hydrogène par le sodium, M. Wurtz les a séparés par
distillation fractionnée ; il a réussi à isoler de l'hexylène, de l'hep-
tylène et de l'octylène, dont il a déterminé la densité de vapeur.
L'hexylène a été combiné avec l'acide iodhydrique et avec le brome.
M. Wurtz interprète la formation de tous ces carbures d'hydrogène
par des équations telles que la formation du diamylène n'apparaît que
comme un cas particulier de la formation de tous ces carbures.

M. Friedel communique, au nom de M. Crafts, quelques essais sur
une nouvelle méthode de doser le soufre dans les composés organiques. Cette méthode consiste à chauffer le produit dans un tube scellé
à la lampe, non pas avec de l'acide azotique, comme le fait M. Carius,
mais avec un mélange d'acide chlorhydrique et de chlorate de potasse.

M. Carlet rend compte d'une réduction curieuse du chlorure double
de potassium et de platine sous l'influence d'une faible proportion
d'alcool.

MÉMOIRES COMMUNIQUÉS DANS LES MOIS DE NOVEMBRE ET DÉCEMBRE.

Sur la dialyse; par M. Ernest GUIGNET.

Tous les chimistes connaissent les admirables résultats de la nouvelle méthode d'analyse désignée sous le nom de *dialyse* par M. Tho-
mas Graham. Le mémoire de l'éminent chimiste anglais a été reproduit dans les *Annales de chimie et de physique* (juin 1862).

Ayant essayé d'appliquer la dialyse à la séparation de quelques principes immédiats d'une purification difficile, j'ai trouvé plus avantageux de remplacer le *dialyseur* de M. Graham (formé d'un tambour de papier parchemin) par les vases poreux usités pour les piles. Je crois qu'il serait mieux d'employer des vases de forme plate, comme des assiettes de terre de pipe peu cuite, qu'on pourrait se procurer aisément dans les fabriques.

Les diverses expériences de M. Graham peuvent être facilement reproduites avec les vases poreux. C'est ainsi que j'ai pu séparer en peu de temps la gomme et le sucre, le caramel et le bichromate de potasse, etc.

J'ai réalisé d'autres expériences avec des liquides qui attaquent le parchemin végétal, et n'auraient pu être faites avec les dialyseurs de M. Graham. C'est ainsi qu'en plongeant un vase poreux rempli d'eau pure dans une dissolution de coton dans le réactif ammoniaco-cuivrique, l'oxyde de cuivre ammoniacal traverse *seul* le vase poreux. En prolongeant suffisamment la durée de l'expérience, peut-être obtiendra-t-on du coton sous une modification soluble ; du moins, c'est dans ce but que j'ai fait cet essai.

On peut réaliser la dialyse avec des liquides autres que l'eau, par exemple avec le sulfure de carbone, l'essence de térébenthine, dans lesquels on fait dissoudre différents corps inégalement diffusibles.

On sait qu'un amalgame d'or, filtré à travers une peau de chamois, abandonne ainsi du mercure presque pur, tandis qu'on trouve dans la peau un amalgame plus riche en or.

Je pense que cette séparation n'est autre chose qu'une espèce de dialyse et qu'on peut l'étendre à d'autres cas ; la difficulté, c'est de trouver un corps poreux qui puisse être *mouillé* par le mercure, et plus généralement par les métaux en fusion. Pourtant je crois pouvoir arriver à réaliser quelques expériences de *dialyse par voie sèche*, méthode qui serait féconde en résultats intéressants.

Sur une ammoniaque composée triatomique dérivée de l'acide carbazotique, par M. LAUTEMANN.

(Communiqué par M. A. NAQUET.)

On sait que M. Lautemann a découvert l'action réductrice que l'acide iodhydrique exerce sur les substances organiques. C'est à l'aide de cette réaction qu'il a pu réduire l'acide lactique en acide propionique, et que naguère encore il a transformé l'acide quinique en acide benzoïque. Cette seconde transformation, encore inconnue en France, mérite que nous nous y arrêtions un instant; elle s'accomplit d'après la réaction suivante :

$$C^7H^{12}O^6 + 8HI = 6HI + 4H^2O + 2I + C^7H^6O^2$$
Ac. quinique.   Ac. benzoïque.

Il est probable que la réaction s'accomplit en deux phases, comme le montrent les formules suivantes :

$$1° \quad C^7H^{12}O^6 + 8HI = 8I + 4H^2O + C^7H^{12}O^2$$
Ac. quinique.   (Corps inconnu.)

$$2° \quad C^7H^{12}O^2 + 8I = 2I + 6HI + C^7H^6O^2$$
(Corps inconnu.)   Ac. benzoïque.

Ce qui donne quelque poids à cette hypothèse, c'est que si l'on met du phosphore dans le tube scellé où l'on chauffe le mélange d'acide iodhydrique et d'acide quinique, afin d'empêcher l'iode de rester libre, on n'obtient plus d'acide benzoïque, mais une huile non analysée qui pourrait bien être le corps hypothétique

$$C^7H^{12}O^2.$$

Poursuivant ses recherches sur l'action réductrice de l'acide iodhydrique, M. Lautemann a fait agir cet acide sur l'acide carbazotique.

A cet effet, une solution aqueuse d'acide carbazotique faite à chaud est mise en contact avec de l'iodure de phosphore contenant un léger excès de phosphore ; il se manifeste aussitôt une réaction très-vive ; puis, quand elle est terminée, on évapore, on laisse cristalliser et l'on obtient un sel dont la formule est :

$$(C^6H^3)'''H^9I^3.$$

Cet iodure se dissout dans l'eau; lorsqu'on le traite par du perchlorure de fer on obtient une belle nuance bleue. Si les dissolutions sont concentrées, il se dépose même des cristaux d'un gris d'acier. Avec tous les sels haloïdes de cette base le perchlorure de fer donne la nuance et les cristaux dont nous venons de parler; avec les sels oxygénés, au contraire, on obtient encore la coloration bleue, mais on n'obtient plus les cristaux.

Tous les efforts qu'a faits M. Lautemann pour isoler la base, soit par l'oxyde d'argent, soit par les oxydes des métaux alcalino-ferreux, ont été vains; la base s'oxyde toujours dans ces circonstances, et donne naissance à une substance bleue.

En faisant agir sur son iodure l'acide sulfurique en solution aqueuse, M. Lautemann a obtenu un sel qui a pour formule :

$$\left.\begin{array}{l}C^6H^3,H^9\\S\,O^2\end{array}\right\}O^2 + 4Aq = C^6H^{12}S\,O^4I + 4Aq.$$

Ce sel présente un phénomène curieux : la dissolution aqueuse ne peut pas perdre la totalité de son acide sulfurique par double décomposition au moyen des sels de baryte.

Lorsqu'au lieu de faire réagir l'iodure sur de l'acide sulfurique en présence de l'eau on opère en présence de l'alcool, on obtient un sulfate entièrement exempt d'iode.

Des phénomènes analogues aux précédents s'observent avec l'acide phosphorique, qui, selon qu'on le fait agir en présence de l'eau ou de l'alcool, donne un phosphate contenant encore de l'iode ou un phosphate qui ne contient plus d'iode.

En faisant bouillir l'iodure avec de l'acide chlorhydrique on a obtenu de belles aiguilles d'un corps chloré (le chlorure de la base peut-être) qui n'a pas été soumis à l'analyse.

Un chlorure probablement identique au corps précédent a été obtenu en réduisant l'acide picrique par l'hydrogène naissant, produit à l'aide de l'amalgame de sodium et de l'acide chlorhydrique.

Enfin M. Lautemann n'a pas pu réussir à préparer un acétate de sa base en réduisant l'acide picrique au moyen du zinc et de l'acide acétique; la réaction a été vive, mais il ne s'est formé que des matières noires et incristallisables.

Je regrette de ne pouvoir donner plus de détails sur ces travaux; mais M. Lautemann ayant oublié en partant de me laisser les notes dont j'avais besoin, je suis obligé d'écrire d'après les seules indications que ma mémoire me fournit et qui me font souvent défaut. Ceci ne doit donc être considéré que comme une prise de date. Plus tard, M. Lautemann publiera ces travaux avec beaucoup plus de détails.

Note sur deux acides nouveaux dérivés de la sorbine,
par M. DESSAIGNES.

La production de l'acide tartrique par l'oxydation du sucre de lait, qui tourne dans le même sens que lui le plan de polarisation de la lumière; celle de l'acide racémique par l'oxydation de la dulcine, corps sucré inactif, m'avait fait espérer, il y a quelque temps, que l'on pourrait obtenir directement l'acide tartrique gauche en traitant, par l'acide nitrique, la sorbine, qui, comme l'on sait, dévie à gauche le plan de polarisation.

J'ai consacré à cet essai environ 500 grammes de ce sucre que je possédais. A une dissolution de sorbine, chauffée au bain-marie, j'ai ajouté peu à peu l'acide jusqu'à ce que parût un faible dégagement de vapeurs rouges et d'acide carbonique. L'opération a duré plusieurs jours. Quand la potasse ne colorait plus que faiblement en jaune un essai de la liqueur, j'ai concentré à une douce chaleur et saturé à moitié par l'ammoniaque ; il s'est ainsi déposé un sel peu soluble, que des cristallisations successives ont séparé en deux portions. La première, moins soluble, d'où j'ai extrait de l'acide racémique bien caractérisé par toutes ses réactions ; son sel de chaux est soyeux et contient 21,63 de chaux, ce qui répond à la formule du racémate de chaux ordinaire. La seconde portion, plus soluble, était un mélange de biracémate et de bitartrate. J'en ai isolé les acides, que j'ai séparés par des cristallisations multipliées.

L'acide tartrique provenant de la sorbine n'est pas l'acide gauche. Mélangé en parties égales avec l'acide ordinaire, il ne forme pas d'acide racémique. De plus, M. Chautard s'est assuré, à ma prière, qu'il dévie à droite la lumière polarisée.

Le sirop brun, d'où le biracémate et le bitartrate s'étaient déposés, était assez abondant et acide. J'ai cherché à isoler les acides qu'il pouvait contenir. Dans ce but, je l'ai dilué et j'y ai versé un peu d'acétate de chaux. Il a paru un faible précipité, d'où j'ai extrait de l'acide racémique ; la liqueur, séparée de ce précipité, a été traitée par l'acétate de plomb, ce qui a donné un sel de plomb insoluble, que j'ai décomposé par l'acide sulfurique. A l'acide brut ainsi obtenu, j'ai ajouté un peu d'ammoniaque et j'ai concentré. Il s'est formé un faible dépôt qui contenait du biracémate et du bitartrate.

Dans la liqueur filtrée, j'ai ajouté de l'acétate de chaux, qui a produit un précipité A, qui, en quelques jours, s'est resserré en cristallisant. Ce sel de chaux, bien lavé, dissous dans l'acide nitrique, a donné, par l'acétate de plomb, un précipité d'où j'ai isolé un acide particulier A qui sera décrit plus loin. Enfin, la liqueur, séparée par le filtre du sel de chaux A, a été précipitée par l'acétate de plomb ; et le sel de plomb, décomposé, a donné une liqueur acide, colorée, qui, concentrée, a déposé des cristaux d'un second acide B. L'eau-mère de cet acide, à demi saturée par l'ammoniaque, m'a donné du biracémate, et l'eau-mère du biracémate, traitée par l'acétate de plomb et H^2S, a fourni encore des cristaux de l'acide B.

L'acide tartrique ordinaire, soumis pendant environ 400 heures à l'action de l'acide chlorhydrique bouillant, donne, comme je l'ai déjà fait connaître, de l'acide racémique et un sirop qui finit par se prendre en une masse molle, imitant les circonvolutions du cerveau. J'avais négligé l'examen de ce résidu, présumant qu'il consistait surtout en acide métatartrique. En faisant cristalliser l'acide A tiré de la sorbine, l'eau-mère a laissé une masse présentant l'aspect particulier que je viens de rappeler. Cette ressemblance m'a engagé à soumettre à de nouvelles recherches le résidu provenant de l'acide tartrique chauffé longtemps avec l'acide chlorhydrique. Je me suis d'abord assuré que l'on pouvait obtenir en quelques jours ce résidu en chauffant à 120° l'acide tartrique mêlé d'acide chlorhydrique concentré, scellé à la lampe; mais le produit est toujours faible. J'ai saturé à demi par l'ammoniaque et séparé ainsi beaucoup de bitartrate. L'eau-mère concentrée a donné de magnifiques cristaux, compliqués par de nombreuses facettes; ils sont rarement isolés et sont alors rhomboédriques; ils sont très-faciles à purifier. L'acide que j'en ai extrait avait la même forme et les mêmes réactions que l'acide A de la sorbine; de plus, ce même acide A de la sorbine, à demi saturé par l'ammoniaque, a formé de gros cristaux absolument semblables aux précédents.

L'action prolongée de l'acide chlorhydrique bouillant change le sens du pouvoir rotatoire d'une partie de l'acide tartrique, puisqu'il se forme de l'acide racémique. Je me suis demandé ce que produirait l'acide racémique sous la même influence. J'ai, à cet effet, chauffé cet acide avec l'acide chlorhydrique dans une cornue dont le col, terminé par un long tube, était relevé. Après cinquante heures d'ébullition, je séparais l'acide racémique non altéré par des cristallisations, et je l'employais à une nouvelle opération.

J'ai ainsi réuni une assez grande quantité d'un sirop acide coloré; ce sirop, dépouillé autant que possible d'acide racémique par cristallisation et d'acide chlorhydrique par concentration au bain-marie, a été au tiers saturé par l'ammoniaque, puis précipité par l'acétate de chaux en faible excès. Le précipité cristallise promptement, en se resserrant beaucoup. Il a été lavé et dissous par l'acide nitrique et la solution précipitée par l'acétate de plomb. Le sel de plomb se resserre en formant une poudre cristalline. L'acide extrait de ce dernier sel est à demi saturé par l'ammoniaque. On obtient ainsi un peu de biracémate d'ammoniaque, et enfin de gros cristaux présentant absolument le même aspect que les cristaux provenant de l'acide A de la sorbine et de l'acide A de l'acide tartrique. J'en ai extrait un acide identiquement le même que les deux premiers.

L'acide provenant de ces trois sources, et que j'appellerai *acide métatartrique*, se présente sous forme de tables rectangulaires se recouvrant en partie, ou de prismes irrégulièrement isolés. Je l'ai obtenu aussi en prismes isolés, offrant une trémie sur une de leurs faces.

Il est très-soluble; 100 parties d'acide se dissolvent à 15° dans 80 parties d'eau. Dans le vide, il s'effleurit en perdant de l'eau, mais très-lentement; exposé à l'air, il reprend rapidement son poids primitif. Chauffé à 100°, il se déshydrate complétement, en perdant 11 pour 100 de son poids.

J'ai analysé l'acide provenant : I de l'acide tartrique; II de l'acide racémique; III de la sorbine, et j'ai obtenu :

	I.	II.	III.	Calcul.	
C	28,20	28,22	28,31	C^8	28,57
H	4,90	4,76	4,94	H^{16}	4,76
				O^{14}	66,67
					100,00

On voit que cet acide, cristallisé et séché à l'air, a la composition de l'acide racémique. Comme lui, il perd H^4O^2 à 100°. Soumis à cette température pendant 22 heures, puis dissous dans peu d'eau et amené promptement à cristalliser, il forme de gros cristaux ressemblant à l'acide tartrique, et qui, comme lui, n'ont pas d'eau de cristallisation. Ces cristaux redissous reprennent à la longue de l'eau et reproduisent les cristaux primitifs.

L'acide mésotartrique chauffé fond à 140°; à 195° il émet un peu de gaz et se colore légèrement; il distille alors un liquide sans couleur, d'odeur acide, et dans lequel, au moyen du sulfate ferreux et du sulfate de cuivre, j'ai pu reconnaître la présence de l'acide pyruvique.

L'acide mésotartrique ressemble en général, par ses réactions, à l'acide tartrique; mais il en diffère par un caractère important. Il ne forme pas de précipité cristallin lorsqu'on y ajoute peu à peu, soit de l'ammoniaque, soit de l'acétate de potasse; il se distingue de l'acide racémique en ce qu'il ne précipite pas le sulfate de chaux; mais il s'en rapproche en ce que son sel neutre de chaux, dissous dans l'acide chlorhydrique, donne par l'ammoniaque un précipité qui se dissout très-peu par l'agitation. Son sel de chaux, chauffé avec une dissolution de potasse, se comporte comme le tartrate. L'acide libre n'est pas précipité par le nitrate mercurique; son sel neutre d'ammoniaque ne précipite ni le chlorure mercurique ni le nitrate cuivrique. Par ces trois réactions, il diffère encore de l'acide tartrique. Le nitrate d'argent précipite son bisel ammoniaque; le précipité se change, à une douce chaleur, en cristaux transparents, brillants et assez gros, dans lesquels j'ai trouvé 56,52; 56,45, 56,39 d'argent. Chauffés à 100°, ils perdent 4,59 d'eau. La formule $C^8H^8Ag^2O^{12},H^4O^2$ répond à 56,25 d'argent et 4,71 d'eau.

Lorsque l'on verse de l'acétate de chaux dans l'acide libre, le précipité qui se forme d'abord se change en peu de temps .en cristaux brillants qui, séchés à l'air, contiennent, d'après mes analyses, 21,10; 21,32 de chaux ; ce qui répond à la formule $C^8H^8Ca^2O^{12},H^{16}O^8$, qui demande 21,53.

Le sel de plomb s'obtient aussi en cristaux brillants bien distincts. J'y ai trouvé 55,33 de plomb, ce qui s'accorde avec la formule $C^8H^8Pb^2O^{12},H^4O^2$.

L'acide tartrique inactif de M. Pasteur prend naissance dans des circonstances qui ne s'éloignent pas beaucoup de celles qui déterminent la formation de l'acide mésotartrique. Ces deux acides sont-ils identiques ? Je ne suis pas à même de répondre à cette question, sur laquelle M. Pasteur pourra facilement prononcer. En attendant, il m'a semblé que je pourrais donner un nom particulier à un acide qui s'éloigne de l'acide tartrique par deux caractères importants : sa composition à l'état cristallisé et sa réaction avec les sels de potasse.

Je propose d'appeler *aposorbique* le second acide B fourni par l'action de l'acide nitrique sur la sorbine; il a les propriétés suivantes : il cristallise en lames confusément enchevêtrées. J'ai observé rarement des rhomboèdres aigus et minces, dont quelques-uns isolés; il est un peu moins soluble que l'acide mésotartrique. 100 parties d'acide à 15° exigent 163 parties d'eau pour se dissoudre. Il ne s'effleurit pas dans le vide et ne perd pas de son poids à 100°; il fond vers 110°, en dégageant de l'eau qui n'est pas acide ; à 170°, il bouillonne et se colore un peu ; le liquide distillé est peu acide et ne contient pas d'acide pyruvique. A 200° il laisse une masse noire bulleuse. Voici les nombres que j'ai obtenus par l'analyse de l'acide séché sur l'acide sulfurique.

L'acide de la première analyse était moins pur que celui de la deuxième.

	I.	II.	Calcul.	
C	32,92	33,10	C^{10}	33,33
H	4,30	4,65	H^{16}	4,44
			O^{14}	62,23
				100,00

Le sel d'argent n'est pas cristallin, comme le mésotartrate; séché sur l'acide sulfurique, il m'a donné :

	I.	II.	III.	Calcul.	
C	15,19	»	»	C^{10}	15,23
H	1,63	»	»	H^{12}	1,52
Ag	»	54,54	54,75	Ag^2	54,82
				O^{14}	28,43
					100,00

Le sel de chaux préparé avec l'acétate de chaux et l'acide libre cristallise à une douce chaleur, mais après vingt-quatre heures seulement; les cristaux sont moins brillants que ceux du mésotartrate; séchés à l'air, ils m'ont donné 19,77 de chaux. D'après la formule $C^{10}H^{12}Ca^{2}O^{14} + H^{16}O^{8}$, ils doivent en contenir 19,31.

Le sel de plomb préparé par l'acide libre et l'acétate de plomb est une poudre blanche qui refuse de cristalliser. J'y ai trouvé 67,54 de plomb, ce qui répond à la formule $C^{10}H^{12}Pb^{2}O^{14},2PbO$.

L'acide aposorbique, à demi saturé par l'ammoniaque, ne donne pas de précipité cristallin, et son bisel d'ammoniaque forme des houppes soyeuses bien solubles; il ne précipite pas par l'acétate de potasse ni par le nitrate mercurique, et son sel neutre d'ammoniaque ne précipite point le nitrate de cuivre; mais il ressemble beaucoup à l'acide tartrique par ses autres réactions, et surtout par la manière dont il se comporte avec le chlorure de calcium et par la solubilité de son sel de chaux dans le sel ammoniac et la potasse.

Dans l'eau-mère provenant de l'action de l'acide chlorhydrique sur l'acide tartrique, d'où les cristaux du bimésotartrate d'ammoniaque avaient été retirés, j'ai encore obtenu un sel acide d'ammoniaque en lames minces, dont j'ai isolé et purifié l'acide, qui est l'acide pyrotartrique. En effet, il fond à 112°; il est très-soluble dans l'éther; il ne précipite point le nitrate d'argent; avec le nitrate mercureux, il donne un léger trouble. Son sel neutre de soude est insoluble dans l'alcool. Ce même sel ne précipite ni le chlorure barytique, ni l'acétate de plomb. Par tous ces caractères, il diffère de l'acide succinique, auquel il ressemble en ce qu'il est volatil sans décomposition.

L'acide pyrotartrique ni son sel d'ammoniaque ne sont précipités par l'acétate de plomb, et cependant c'est d'un semblable précipité que je l'ai obtenu. Pour expliquer ces deux faits contradictoires, je dois dire que du sel de plomb brut j'ai extrait deux acides, l'un déliquescent, précipitant l'acétate de plomb, et l'autre l'acide pyrotartrique, qui aura été sans doute précipité par entraînement.

Ainsi, l'acide tartrique, par l'action prolongée de l'acide chlorhydrique et de la chaleur, se transforme en partie en acides racémique, mésotartrique et pyrotartrique.

[Remarques au sujet de la note précédente de M. Dessaignes,
par M. L. PASTEUR.

En m'adressant la note qui précède avec prière de la communiquer à la Société chimique, M. Dessaignes a eu l'obligeance de m'envoyre des échantillons de l'acide qu'il appelle *acide mésotartrique*, afin que j'essaye de décider la question soulevée par lui-même de l'identité possible de cet acide avec l'acide tartrique inactif.

L'examen que j'ai fait de ces échantillons cristallisés m'autorise à affirmer que le nouvel acide de M. Dessaignes est, en effet, identique avec *l'acide tartrique inactif* que j'ai rencontré pour la première fois, mêlé à l'acide paratartrique, parmi les produits de transformation, sous l'influence de la chaleur, des tartrates droits ou gauches (et des paratartrates) de certaines bases organiques. C'est encore ce même acide qui s'est trouvé récemment, et toujours associé à l'acide paratartrique, dans les produits tartriques que MM. Perkin et Duppa ont réussi à préparer à l'aide de l'acide succinique.

Les réactions très-intéressantes que vient de nous faire connaître M. Dessaignes permettront d'obtenir facilement et assez abondamment l'acide tartrique inactif.

**Sur les raies spectrales des combinaisons métalliques,
par M. Alexandre MITSCHERLICH.**

M. Alexandre Mitscherlich a remarqué que le spectre fourni par le chlorure de barium en présence d'un excès d'acide chlorhydrique est tout différent du spectre propre du barium; tenté d'abord d'attribuer ce fait à la présence d'un nouveau métal, il a approfondi la question en opérant d'une façon synthétique. La disposition qu'il a adoptée est très-simple : il place dans un tube de verre, fermé à sa partie supérieure et ayant sa partie inférieure étirée en pointe et relevée à peu près à angle droit, la solution qu'il veut examiner; celle-ci s'écoule lentement par un faisceau de fils fins de platine engagés dans la pointe, et qui permettent en même temps la rentrée de l'air dans le tube. Les solutions qu'il emploie sont additionnées généralement d'un sel d'ammoniaque destiné à faciliter la volatilisation du sel dissous.

Pour étudier le spectre du chlorure de barium, il a rempli un de ces tubes d'une solution d'acétate de baryte additionnée d'acétate d'ammoniaque, et dans un second tube, d'acide chlorhydrique concentré. En introduisant dans la flamme l'extrémité du premier tube seulement, il a vu se manifester les raies caractéristiques du *barium;* l'acide chlorhydrique concentré seul ne donne de son côté aucune raie; mais en mettant les faisceaux de platine de ces deux tubes en présence l'un de l'autre dans la flamme, il a vu se former le spectre qu'il avait observé directement avec le *chlorure de barium.*

L'auteur a observé des faits analogues avec les chlorures de calcium et de strontium.

Des expériences tentées sur les iodures, fluorures et sulfures des terres alcalines n'ont pas conduit aux mêmes résultats ; les spectres étaient ceux qui caractérisent les métaux eux-mêmes ; la cause est due sans doute à l'action réductrice de la flamme.

Les combinaisons du cuivre offrent des résultats assez remarquables : ainsi le chlorure, l'iodure et le cuivre métallique donnent des spectres très-différents ; les chlorures de cuivre eux-mêmes, et les iodures, donnent des spectres distincts suivant l'ordre de combinaison auquel ils appartiennent. Le sulfure de cuivre ne donne aucun spectre ; on serait tenté d'attribuer ce fait à la fixité de cette combinaison ; mais l'expérience suivante éloigne cette explication : une dissolution de chlorure de potassium en présence de sel ammoniac et d'un excès d'acide chlorhydrique ne donne aucun spectre; malgré la volatilité du chlorure de potassium, tandis que ce sel seul, beaucoup plus dilué, donne les raies caractéristiques du potassium. Cela tient à ce que dans le dernier cas la réduction du sel peut s'opérer par la flamme, ce qui ne peut avoir lieu dans le premier cas.

Un fait qu'il est important de noter, c'est que certaines raies du spectre d'un métal peuvent s'effacer par la présence dans la flamme d'une substance différente ; ainsi la raie bleue du *chlorure de strontium* disparaît en présence du spectre fourni par la présence du chlorure de cuivre additionné de sel ammoniac.

Voulant aller plus avant, M. Mitscherlich a cherché si les raies d'un métal sont produites par le métal lui-même à l'état de liberté, ou par son oxyde; pour cela il fallait se mettre à l'abri de l'influence réductrice de la flamme. A cet effet, il a chauffé au rouge la combinaison dans un tube de porcelaine fermé par des glaces à ses deux extrémités ; il commençait par recevoir sur l'appareil spectral la lumière émanée de l'intérieur du tube contenant la combinaison réduite partiellement en vapeur. Cette lumière étant très-faible, il plaçait à l'autre extrémité du tube chauffé une flamme éclairante ; de cette manière les raies que peut fournir la substance peuvent encore être observées; seulement elles sont renversées. Les expériences de M. Mitscherlich ont principalement porté sur la soude, le sodium, le chlorure de sodium et le carbonate de soude; le sodium seul dans ces circonstances a fourni un spectre.

Il résulte de ces dernières recherches que c'est au métal libre seul que sont dues les raies qui le caractérisent, et que si on les observe

avec ses combinaisons, c'est qu'il y a réduction par le carbone et l'hydrogène de la flamme.

Il semble encore ressortir de ces expériences que l'atmosphère solaire ne contient pas assez d'oxygène pour oxyder tout le sodium qui s'y trouve, et que tous les métaux qui ont moins d'affinité que le sodium pour l'oxygène sont à l'état de liberté ; on peut encore admettre que, s'il existe dans l'atmosphère du soleil des métaux combinés avec les éléments électro-négatifs, malgré la présence du sodium libre, les affinités se trouvent interverties à la température élevée qui existe dans cette atmosphère. On voit en outre que si l'on n'y trouve pas les raies de certains métaux, on ne saurait se prononcer sur leur absence ; car ils peuvent s'y trouver à l'état de combinaison qui, comme le chlorure de potassium, ne donne pas de spectre par lui-même.

BULLETIN DES SÉANCES DE 1862.

TABLE DES MATIÈRES.